“南北极环境综合考察与评估”专项

北极海域地球物理考察

国家海洋局极地专项办公室　编

海洋出版社

2016年·北京

图书在版编目（CIP）数据

北极海域地球物理考察/国家海洋局极地专项办公室编．—北京：海洋出版社，2016.6

ISBN 978-7-5027-9531-3

Ⅰ．①北…　Ⅱ．①国…　Ⅲ．①北极-海域-海洋地球物理学-科学考察　Ⅳ．①P941.62②P738

中国版本图书馆 CIP 数据核字（2016）第 164950 号

BEIJI HAIYU DIQIU WULI KAOCHA

责任编辑：杨传霞
责任印制：赵麟苏
海洋出版社　**出版发行**

http://www.oceanpress.com.cn
北京市海淀区大慧寺路 8 号　邮编：100081
北京朝阳印刷厂有限责任公司印刷　新华书店北京发行所经销
2016 年 6 月第 1 版　2016 年 6 月第 1 次印刷
开本：889mm×1194mm　1/16　印张：14.25
字数：360 千字　定价：98.00 元
发行部：62132549　邮购部：68038093　总编室：62114335

极地专项领导小组成员名单

组　长： 陈连增　国家海洋局

副组长： 李敬辉　财政部经济建设司

曲探宙　国家海洋局极地考察办公室

成　员： 姚劲松　财政部经济建设司（2011—2012）

陈昶学　财政部经济建设司（2013—）

赵光磊　国家海洋局财务装备司

杨惠根　中国极地研究中心

吴　军　国家海洋局极地考察办公室

极地专项领导小组办公室成员名单

专项办主任： 曲探宙　国家海洋局极地考察办公室

常务副主任： 吴　军　国家海洋局极地考察办公室

副主任： 刘顺林　中国极地研究中心（2011—2012）

李院生　中国极地研究中心（2012—）

王力然　国家海洋局财务装备司

成　员： 王　勇　国家海洋局极地考察办公室

赵　萍　国家海洋局极地考察办公室

金　波　国家海洋局极地考察办公室

李红蕾　国家海洋局极地考察办公室

刘科峰　中国极地研究中心

徐　宁　中国极地研究中心

陈永祥　中国极地研究中心

极地专项成果集成责任专家组成员名单

组　长：潘增弟　国家海洋局东海分局

成　员：张海生　国家海洋局第二海洋研究所

余兴光　国家海洋局第三海洋研究所

乔方利　国家海洋局第一海洋研究所

石学法　国家海洋局第一海洋研究所

魏泽勋　国家海洋局第一海洋研究所

高金耀　国家海洋局第二海洋研究所

胡红桥　中国极地研究中心

何剑锋　中国极地研究中心

徐世杰　国家海洋局极地考察办公室

孙立广　中国科学技术大学

赵　越　中国地质科学院地质力学研究所

庞小平　武汉大学

《北极海域地球物理考察》专著编写人员名单

主　　编：张　涛

撰写人员：

国家海洋局第二海洋研究所

高金耀　沈中延　管清胜　王　威　杨春国

吴招才　罗孝文　肖文涛　张　登

国家海洋局第一海洋研究所

李官保　韩国忠　华清锋　刘晨光　孟祥梅

国家海洋局第三海洋研究所

胡　毅　王立明　李海东

武汉大学

杨元德　鄂栋臣

序 言

“南北极环境综合考察与评估”专项（以下简称极地专项）是2010年9月14日经国务院批准，由财政部支持，国家海洋局负责组织实施，相关部委所属的36家单位参与，是我国自开展极地科学考察以来最大的一个专项，是我国极地事业又一个新的里程碑。

在2011年至2015年间，极地专项从国家战略需求出发，整合国内优势科研力量，充分利用“一船五站”（“雪龙”号、长城站、中山站、黄河站、昆仑站、泰山站）极地考察平台，有计划、分步骤地完成了南极周边重点海域、北极重点海域、南极大陆和北极站基周边地区的环境综合考察与评估，无论是在考察航次、考察任务和内容、考察人数、考察时间、考察航程、覆盖范围，还是在获取资料和样品等方面，均创造了我国近30年来南、北极考察的新纪录，促进了我国极地科技和事业的跨越式发展。

为落实财政部对极地专项的要求，极地专项办制定了包括极地专项“项目管理办法”和“项目经费管理办法”在内的4项管理办法和14项极地考察相关标准和规程，从制度上加强了组织领导和经费管理，用规范保证了专项实施进度和质量，以考核促进了成果产出。

本套极地专项成果集成丛书，涵盖了极地专项中的3个项目共17个专题的成果集成内容，涉及了南、北极海洋学的基础调查与评估，涉及了南极大陆和北极站基的生态环境考察与评估，涉及了从南极冰川学、大气科学、空间环境科学、天文学以及地质与地球物理学等考察与评估，到南极环境遥感等内容。专家认为，成果集成内容翔实，数据可信，评估可靠。

“十三五”期间，极地专项持续滚动实施，必将为贯彻落实习近平主席关于“认识南极、保护南极、利用南极”的重要指示精神，实现李克强总理提出的“推动极地科考向深度和广度进军”的宏伟目标，完成全国海洋工作会议提出的极地工作业务化以及提高极地科学研究水平的任务，做出新的、更大的贡献。

希望全体极地人共同努力，推动我国极地事业从极地大国迈向极地强国之列！

陈连增

目　次

第1章 总论

“北极海域地球物理考察”是“南北极环境综合考察与评估”专项“北极地区环境、资源综合考察与评估”项目的第三专题，专题编号03－03。专题工作目的是通过水深、重力、磁力、地震/浅剖、热流等海洋地球物理调查，查明北极海域重点海区的地球物理场特征、地形地貌、沉积地层、地壳结构和区域地质构造等特征，为极地数据库系统提供标准、规范的地球物理基础数据资料，为北极周缘海域地质环境特征和构造演化研究、油气资源潜力评估提供科学依据。在“十二五”期间，专题借助“雪龙”船，分别于2012年7—9月和2014年7—9月参与我国第五次北极科学考察和第六次北极科学考察的现场考察，考察范围覆盖北极太平洋扇区、中心区和大西洋扇区，航迹见第2章中的图2－1。主要考察内容包括双频GPS、水深、重力（含码头基点测量）、磁力（含船载、水面和近海底磁力）、反射地震和热流测量。国家海洋局第二海洋研究所负责总体的协调、设计与实施，并具体负责双频GPS、水深、船载磁力、近海底磁力、反射地震和热流的测量工作；国家海洋局第一海洋研究所负责海洋重力测量工作；国家海洋局第三海洋研究所负责海面拖曳式磁力测量工作；武汉大学负责陆地基点码头以及卫星测高反演工作。通过两次科学考察，专题共完成重力测线7 118 km（数据量480 MB），海面拖曳式地磁测线3 242 km（231 MB），船载三分量磁力测线8 200 km（12 GB），近海底磁力测线592 km（26 MB），反射地震测线757 km（52 GB），热流站点20个（346 MB），并全程采集了双频GPS（28 GB）和水深数据（82 GB）。

结合搜集的公开资料，对实测数据进行了处理、解释和成图，形成了北冰洋区域的测线分布、水深等值线、空间重力异常、布格重力异常、均衡重力异常、地磁ΔT异常、化极磁异常、莫霍面埋深、地壳厚度、地层厚度、岩石圈热结构、综合剖面解释和构造区划图共十三大类106幅成果图件，完成调查图册一册（106幅），发表论文27篇，其中12篇被SCI（EI）收录。

结合历史调查资料，专题利用实测资料重点探讨了新生海洋岩石圈形成过程中的岩浆和构造活动的相互作用、残留陆块的沉降过程和历史、残留海盆的形成年代等地质问题，并利用双频GPS和反射地震剖面等资料，探讨了北极区域水汽年变化和沙波形成机制等与极地环境相关的科学问题。

目前我国北极调查航次均为综合航次，各专业共享船时与平台，尽量同站位作业，但是各专业的作业方式和重点研究区域均存在较大区别。实际测量区域为各专业相互协调的结果，一定程度上影响了调查数据的质量，降低了调查本身的科学意义。专题组建议在“十三五”期间执行专业化的航次，从根本上突破地球物理作业时间短、作业区域相对独立以及现场作业人员紧张的限制。

在极地调查中，各学科的船时需求均较大，而目前海上调查平台“雪龙”船本身补给任务较重，难以完全满足各专业对调查航次的需求。建议在“十三五”期间吸纳国内外具有调查和配套能力的优秀调查船只执行极地考察任务，丰富极地考察平台。

第2章 考察的意义和目标

2.1 考察的背景和意义

北冰洋内含有丰富的典型构造单元类型，如超慢速扩张洋中脊、残留陆块、残留海盆和大火成岩省等。由于其特殊地理位置和气候环境，北冰洋的地质地球物理资料相对较少。这极大地限制了我们对北冰洋区域众多基础地质问题的认识，如美亚海盆的扩张历史、摩恩（Mohns）洋中脊的非对称扩张以及北冰洋内各地形高地的来源等。美亚海盆占整个北冰洋海洋岩石圈面积的2/3，周边围绕众多板块。由于其目前的扩张模式主要来源于周边多解性较强的陆缘地质证据（Lane，1997；Grantz et al.，1998，2011；Embry，2014），它因此被称为板块重构中最后几块重要的“拼图”之一（Jerome Dyment，CNRS，交流）；摩恩洋中脊具有超慢速扩张、斜向扩张和非对称扩张的特点并且受到了冰岛热点的影响，是研究以上因素相互作用的极佳环境；加克洋中脊是世界上扩张速率最慢的洋中脊，其洋中脊岩浆活动与构造过程都与传统的基于太平洋海隆（EPR）和大西洋洋中脊（MAR）的认识存在很大差异；同时，北冰洋内几个地形高地（楚科奇边缘地、门捷列夫脊、阿尔法脊、罗蒙诺索夫脊）的地壳性质及形成历史等问题的研究也都处于较为初步的阶段。

北冰洋拥有最为宽阔的大陆架，蕴藏着大量的矿产资源。北冰洋及周边区域共发育30多个类型不同、规模不一的沉积盆地，油气资源极为丰富。根据美国地质调查局（USGS）估计，北极区域待发现的可开采油气资源储量为石油 126×10^{8} t，天然气 46.7×10^{12} m^{3}。俄罗斯的学者更是认为，北冰洋及周边区域的石油储量相当于目前已知的世界石油储量的1/4，天然气储量更是占到41%。此外，北冰洋地区还蕴藏着丰富的尚未利用的铬铁矿、铜、铅、锌等固体矿产。

近年来，北极周边国家围绕海洋专属经济区、大陆架和公海等概念增强了对北冰洋国际海底权益的争夺。2007年8月2日，俄罗斯在北极点海底的插旗行动，加速了环北极国家“新一轮”的相互竞争。4天后，美国海岸警卫队“Healy”破冰船即赶往北极进行科学考察。8天后，加拿大总理即宣布在北极建立军事训练中心。10天后，丹麦即开始了对罗蒙诺索夫脊海岭的海底地貌调查，并与俄罗斯各自声称长达2 000 km的罗蒙诺索夫脊为其大陆架的自然延伸。

在科学、资源和政治的多重因素的推动下，极地周边国家和海洋强国均加强了对北冰洋的海洋地球物理调查。俄罗斯于2000年、2005年和2007年在罗蒙诺索夫脊和门捷列夫脊上进行了多条的综合地质和地球物理大剖面的调查，测量内容包括地形、重力、航空磁力、反射地震、折射地震反演和密集的地质采样（图2-1）。在门捷列夫脊上采集到的古生代岩石、地震剖面上识别的中生代地层和折射地震反演的速度结构，都表明门捷列夫脊是减薄的陆壳。

2007—2011 年，美国联合加拿大在加拿大海盆内进行了 6 个航次的反射和折射地震测量。根据部分公开剖面解释的基底形态和地壳速度结构，Mosher 等（2012）在海盆内识别出了残留洋中脊、标准洋壳、减薄陆壳和蛇纹岩化的上地幔，在几何上明确地支持了 Grantz（2011）提出的逆时针旋转框架下的两次张裂模式。2002 年，德国和美国联合进行的双船作业（AMORE 航次），在北冰洋加克（Gakkel）洋中脊进行了多波束、航空磁力、反射、折射地震、地质采样和热液调查，调查范围覆盖了加克洋中脊 2/3 的区域，调查资料极大地促进了对超慢速扩张环境下岩浆熔融、地壳结构和热液活动的认识（Jokat et al.，2003；Michael et al.，2003；Edmonds et al.，2003）。2004 年，使用 3 艘调查船相互配合，国际大洋钻探计划（IODP 302 航次）在靠近北极点的罗蒙诺索夫脊上钻取了 428 m 的沉积物，揭示出罗蒙诺索夫脊存在一个长达 26 Ma（44 ~ 18 Ma）的沉积间断。此外，加拿大、挪威和韩国等国家也积极地参与北冰洋的地球物理考察。各国主要地球物理调查轨迹和区域见图 2 - 1。

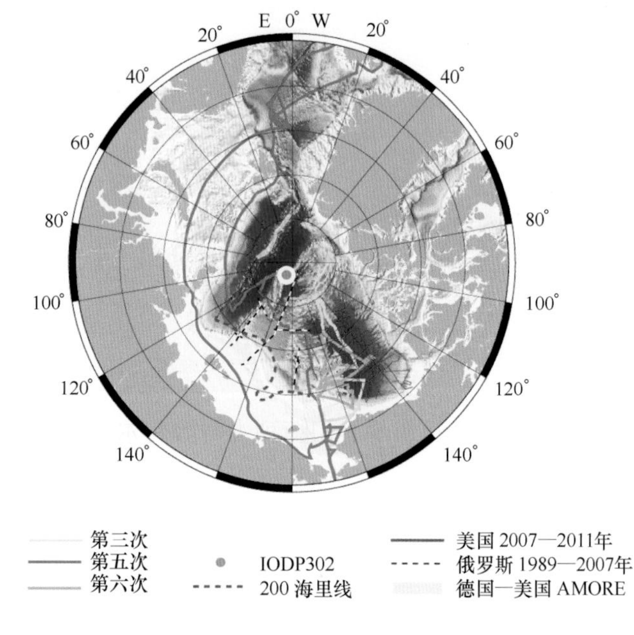

图 2 - 1 北冰洋历史调查航迹

（200 海里线为俄罗斯宣称）

2.2 我国历次北极地球物理科学考察回顾

我国在北冰洋区域的地球物理考察起步于第三次北极科学考察。此次地球物理考察的主要目的是在北冰洋区域试验性地进行地球物理测量，了解极地地球物理现场作业的特殊性。在此次考察中，我国第一次采集到了北冰洋的走航式重力、磁力和双频 GPS 数据。采集得到重力有效测线 38 条，总长度超过 2 000 km，磁力数据有效测线 7 条，总长度超过870 km，航次航迹见图 2 - 1。

在“南北极环境综合考察与评估”专项启动后，2012 年中国第五次北极科学考察正式在北冰洋区域实施综合地球物理考察。此航次的地球物理重点工作区域为挪威—格陵兰海的摩恩洋中脊，主要目的是通过综合地球物理调查，研究摩恩洋中脊非对称扩张机制和新生岩石圈磁性来源。除了摩恩洋中脊的调查外，航次还在罗蒙诺索夫脊采集到了我国第一个北冰洋热流站点资料，用于研究罗蒙诺索夫脊的沉降历史。航次在白令海采集到了我国北冰洋第一条反射地震剖面，用于研究白令海的沙波形成机制。航次共完成重力测线 27 条，6 287.8 km（另有往返北极区域经过西太平洋边缘海的重力测线 7 条，7 282.4 km），海洋拖曳式磁力测线 18 条，2 729.2 km，反射地震测线（包括单道和 24 道地震）5 条，547.4 km，海底热流点 1 个，并全程采集了船载三分量地磁和双频 GPS 数据，航次航迹见图 2－1。为了进行海洋重力的掉格改正和磁力日变改正，同时进行了上海极地码头重力基点联测和黄河站地磁日变站观测。

2014 年进行的中国第六次北极科学考察主要在北冰洋太平洋扇区进行调查，主要考察目的是研究美亚海盆内加拿大海盆和楚科奇边缘地的形成历史。本航次进行了双频 GPS、海洋重力、海面拖曳式磁力、近海底磁力、海洋反射地震和海底热流测量的工作，完成加拿大海盆重力测线 831 km（航程有效重力测线共 2 966 km），海面拖曳式磁力测线 513 km，近海底磁力测线 592 km，海洋地震测线 210 km，热流站点 19 个，其中近海底磁力测量为目前北极区域唯一的测量。高精度的测量数据为揭示加拿大海盆的形成历史和岩石圈热状态提供了最为直接、确切的地球物理证据。航次航迹见图 2－1。

除了借助“雪龙”船进行北冰洋的考察外，专题组借助卫星测高手段，反演了北冰洋的重力异常和垂线偏差并实现了与实测数据的融合与拼接，为研究北极区域性的地质特征提供了坚实的基础数据。

2.3 考察海区概况

2.3.1 挪威—格陵兰海的摩恩—克尼波维奇洋中脊

挪威和格陵兰大陆边缘经过了晚石炭世、二叠纪—三叠纪、晚侏罗世—早白垩世和晚白垩世—古近纪的多期张裂，最终在始新世早期（磁异常条带 24B，约 53.3 Ma）完成了从大陆张裂到海底扩张的转变（Mosar et al.，2002）。始新世晚期—渐新世早期和中新世又发生了两期张裂后构造反转。由于经过多期的张裂和反转事件，挪威—格陵兰大陆边缘形成了其独特的构造面貌。大量的火山活动以及相应的较厚的向海倾斜反射是最为重要的特征（Eldholm et al.，2000；Berndt et al.，2001），同时火山活动也可能造成了北大西洋的初始张裂、地壳减薄和岩浆底侵（van Wijk et al.，2001）。由于经历了两期反转事件，大量挤压构造分布在 Voring 海盆内（Lundin and Dore，2001）。

目前，挪威—格陵兰海的海洋岩石圈被主要的转换断层分为 4 部分：①冰岛南侧的雷恰内斯（Reykjanes）洋中脊，其北侧为冰岛和科奔斯（Kolbeinsey）洋中脊；②被扬马延（Jan Mayen）微陆块东西方向分开的残留古阿戈尔（AEgir）脊和活动的科奔斯洋中脊；③位于 Voring 海盆北北西侧的摩恩洋中脊，此中脊与南侧的科奔斯洋中脊被扬马延转换断层所分割；④北侧的克尼波维奇洋中脊，其南侧与摩恩洋中脊之间被残留的格陵兰（Greenland）破裂带所分开（73.5°N），北侧与加克洋中脊被莫洛伊（Molloy）和斯匹茨卑尔根（Spitsbergen）转换断层分开（78.7°N），如图2-2所示。

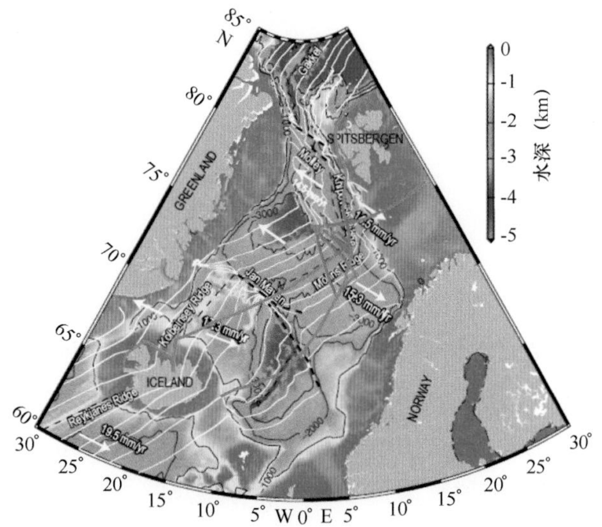

图2-2 挪威—格陵兰海地形

蓝色曲线为第五次北极科学考察航迹；红色曲线为地球物理测线

摩恩洋中脊由一系列相互平行的脊状地形组成，其中央裂谷深2 500～3 500 m。由于受到冰岛热点的影响（另一说法为扬马延热点，Neumann and Schiling，1984），其洋中脊水深相对大西洋中脊较浅，自南向北水深由2500 m逐步变深到3 500 m。摩恩洋中脊在形成初期时与扩张方向垂直，在27 Ma时扩张方向才转变为北西西向，形成斜向扩张。在12～5 Ma时，摩恩洋中脊半扩张速率减慢到5 mm/a，最近10.3 Ma以来，半扩张速率一直保持在8 mm/a左右。相比扩张方向，其洋中脊走向却一直保持在110°～120°之间。摩恩扩张方向与洋中脊走向的夹角仅为30°～40°，是世界上斜向扩张最为明显的区域之一。地形数据显示大量具有不同斜向扩张角度的较短中脊段相互连接。这些中脊段长度在10～100 km之间，并且与中央裂谷走向之间具有明显的角度。Vogt等（1982）认为，这些呈直线形状的中脊段之间相互连接可以整体容纳斜向扩张。由于斜向扩张实际降低了有效的扩张速率（ESR），减慢了地幔上涌的速度，因此更容易导致非岩浆的地壳增生（Dick et al.，2003）。

与摩恩洋中脊类似，整个克尼波维奇洋中脊（从73.5°N到78.7°N）超过500 km的长度上也没有发育转换断层。其洋中脊走向在75.8°N左右由南部的0°～7°转变为北侧的343°～350°。由于板块扩张方向在76°N左右为307°，因此克尼波维奇具有斜向扩张的特征（斜向扩张角度35°～50°）。克尼波维奇洋中脊中央裂谷水深约为3 000～3 800 m（平均水深3 500 m），宽度10～15 km（平均14 km）。沿洋中脊的水深和地幔布格重力异常（MBA）没有明显的长周期变化，表明整个中脊上的密度/热结构较为稳定。

摩恩—克尼波维奇洋中脊的两侧的地形、重力、热流和地震分布均具有非常明显的不对称性（Vogt et al.，1982；Crane，1991，2001）。洋中脊西侧的地形比东侧平均高400～500 m，空间重力异常高5～10 mGal，地震也比东侧发生的次数多。这为研究超慢速扩张环境下的热点作用、斜向扩张和非对称扩张的相互关系提供了极好的环境。同时，沿同为超慢速扩张的西南印度洋中脊（SWIR）的调查表明，二级中脊段中央处高地形和厚地壳厚度对应强的磁场特征，这与慢速扩张的大西洋中脊（MAR）恰好相反，这也引起了超慢速扩张洋中脊新生岩石圈磁场来源的争论，如下地壳磁性、蛇纹岩化橄榄岩作用以及岩浆分异程度不同对磁性的影响（Vogt and Johnson，1973）。

为了解摩恩洋中脊的非对称扩张机制，探讨超慢速扩张洋中脊的磁性特征，在第五次北极科学考察中，我们在摩恩洋中脊两侧进行了 5 条垂直洋中脊和 1 条沿洋中脊剖面的地球物理调查，详见图 2 - 2。

2.3.2 罗蒙诺索夫脊

罗蒙诺索夫脊全长约 1 800 km，它连接了埃尔斯米尔岛附近的大陆隆起和新西伯利亚岛。沿其走向，罗蒙诺索夫脊在地形和结构上有明显的变化（图 2 - 3）。从靠北美一侧约 86°N，穿过极点到靠近西伯利亚一侧约 86°30′N，罗蒙诺索夫脊呈单一线性的、块状的特征，通常为 60 ~ 120 km 宽的平坦顶部结构，到海面距离为 1 000 ~ 1 500 m。靠西伯利亚一侧 86°30′N 以南，罗蒙诺索夫脊分为一系列复杂的次平行脊和盆地，最浅水深 650 ~ 1 400 m，宽度 200 km。该脊下的堆积物几何形状和产状的不一致，强烈表明罗蒙诺索夫脊是之前一个倾向马克洛夫海盆进积的大陆架残余。

不同的模型显示罗蒙诺索夫脊美亚海盆侧是张裂或剪切大陆边缘。目前大部分的观点认为在裂谷作用的后期（60 Ma），沿着西伯利亚和巴伦支陆架，长约 1 800 km 的罗蒙诺索夫脊开始裂离欧亚大陆。罗蒙诺索夫脊可能经历两个不同的裂谷阶段。第一阶段为中生代期间美亚海盆张裂，形成加拿大海盆和马克洛夫海盆。Sweeney（1983）对北极海盆打开的构想表明加拿大海盆在 120 ~ 80 Ma 打开，同时或紧随着马克洛夫海盆、阿尔法脊、门捷列夫脊的形成。通过盆地边缘陆上和海上地质、地球物理调查，目前普遍认为美亚海盆最老的部分加拿大海盆在早白垩纪开始形成。Jokat（2005）基于沉积物的厚度对比认为马克洛夫海盆较阿蒙森海盆稍微老一些。Taylor 等（1981）通过航磁数据认为马克洛夫海盆至少有部分大洋起源，在 84 ~ 49 Ma 形成。美亚海盆的海底扩张在新生代早期就已经停止。此阶段罗蒙诺索夫脊仍是巴伦支陆架的一部分。第二阶段为新生代期间欧亚海盆的张裂，持续形成南森海盆和阿蒙森海盆。新生代的海底扩张目前仍然活动，海洋磁异常条带很好地记录了海底扩张开始于 55 ~ 60 Ma。因为经历了两个阶段，罗蒙诺索夫脊两翼可能表现出不同的地质特征，同时也影响了毗连的阿姆德森和马克洛夫海盆结构。尽管存在强烈争论，但近 10 年获得的地球物理数据越来越多地支持罗蒙诺索夫脊为大陆起源。

2004 年，IODP 302 航次（ACEX）在北冰洋罗蒙诺索夫脊上发现了一个长达 26 Ma 的沉积间断（44.4 ~ 18.2 Ma）。包括水动力环境、沉积间断以及海平面变化等多种机制被用来解释这种特殊现象（Moore and IODP，2006），但是钻孔揭示的间断前后的浅水环境、周边区域沉积物的连续沉积以及海平面变化曲线的研究都表明，如此长时间的沉积间断应该是构造作用的结果。我们综合考虑了分层拉伸、岩石相变和外界应力的影响，使用第五次北极科学考察采集的热流和水深数据作为约束（图 2 - 3），定量地计算了各因素在沉降过程中的作用。计算结果表明，分层拉伸导致了罗蒙诺索夫脊 40 Ma 前的隆升，外界应力使得隆升成“穹状”的罗蒙诺索夫脊在 18 Ma 以前“停滞”在海平面位置，此后外界应力的消失使得罗蒙诺索夫脊快速沉降到当前水深。

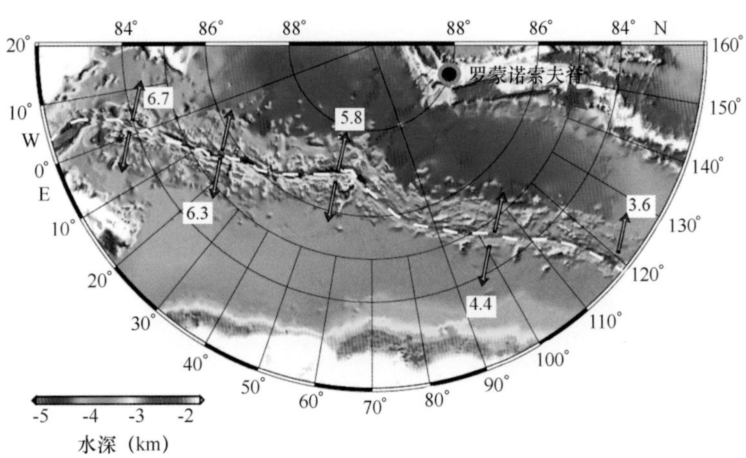

图2－3　罗蒙诺索夫脊的IODP站点和热流站点

蓝色圆点为IODP 302钻孔位置；蓝色五星为第五次北极科学考察的热流站点

2.3.3　加拿大海盆

美亚海盆和欧亚海盆一起构成了北冰洋的主体。欧亚海盆的扩张历史较为明确，而面积更为广阔的美亚海盆的起源却一直存在巨大的争议（Lane，1997；Grantz et al.，1998，2011；Embry，2014）。除了利用钻孔采样精确测定洋壳年龄外，海盆内洋中脊、转换断层的识别和磁条带的追踪是研究海盆演化过程时最为常用和可靠的方法。但是由于美亚海盆特殊的形成历史和地理位置，以上方法在研究其扩张年代和方式时都受到了不同程度的限制。目前北冰洋唯一的IODP（302航次）钻孔位于罗蒙诺索夫脊这一残留陆块上（Backman et al.，2006），无法说明海盆本身的年龄。美亚海盆的扩张停止于中生代，受到巨厚沉积物的覆盖（可达4～6 km），难以通过地形、天然地震等方法确定洋中脊和转换断层位置。同时，由于美亚海盆常年为海冰覆盖，连续的海面地球物理，尤其是海面磁力的测量，非常稀少。海盆内仅有的航空磁力测量数据也由于分辨率问题而在追踪地壳年龄时备受争议（Taylor et al.，1981；Brozena et al.，2003）。目前，美亚海盆的扩张模式多是基于地层的对比、盆地边界的拼合等周边陆缘地质证据推断的。但是这些证据提供的都是静态信息，时间尺度的约束较弱、多解性强（无排他性），从而导致了众多的假说与争论（Lawver and Scotese，1990；Lane，1997；Grantz et al.，2011）。在第六次北极科学考察中，我们借助“雪龙”船在美亚海盆海冰覆盖区进行了近海底磁力、热流、水深和重力的测量并在海盆内关键残留陆块（楚科奇边缘地）区域进行了水深、重力、海面磁力和反射地震测量（图2－4）。高精度地球物理资料为认识美亚海盆的形成历史提供了极佳的机会。我们基于实测地球物理资料，综合利用海盆内磁条带、岩石圈热厚度、基底形态与物性特征的相互约束，揭示了美亚海盆的形成时间与扩张模式，并探讨其周边陆缘的演化过程。由于美亚海盆的面积（250×10^4 km^2）占整个北冰洋海洋岩石圈的2/3，海盆内同时存在多个残留块体，研究结果对重构整个环北极区域（包括北太平洋、西伯利亚和北美板块）中生代构造演化过程具有重要的意义。同时，美亚海盆及周边区域分布大量含油气沉积盆地，研究结果也为盆地的热演化过程提供框架性的约束。

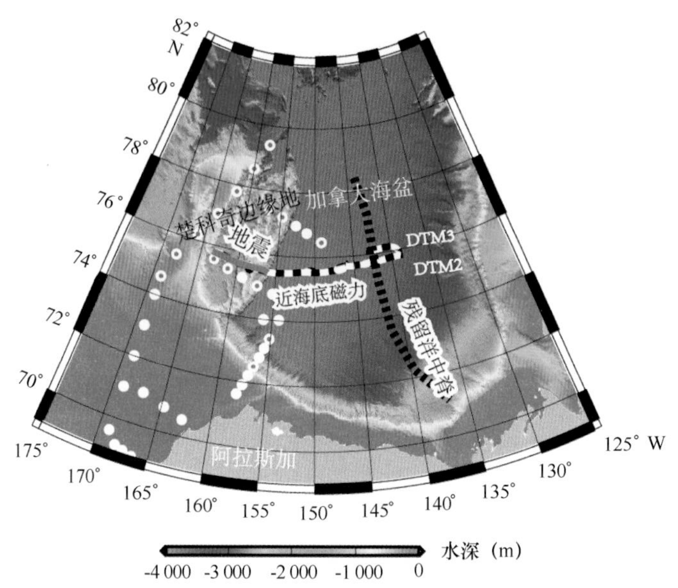

图 2-4 第六次北极科学考察地球物理测线

红色实线为反射地震测线；白色虚线为近海底磁力测线；白点为地质取样点；红点为热流点

2.3.4 白令海

白令海陆缘被认为是早期的俯冲区位置，太平洋板块在此俯冲到北美板块之下（Scholl et al.，1975）。斜向俯冲产生的构造应力，沿着白令海陆缘形成巨大的盆地。在晚白垩纪或早第三纪，阿留申岛弧开始形成，沿着白令海边缘的俯冲结束。目前，盆地被约 12 km 厚的早中生代和第三纪地层覆盖，其中包括硅藻泥岩、粉砂岩、砂岩和细晶灰岩（Vallier et al.，1980；Jones et al.，1981；Turner et al.，1984）。Marlow 等（1982）认为自始新世外陆架至上陆坡区域沉积 1 ~2 km。

世界上最大的 7 个海底峡谷切入白令海东部陆架边缘。从北到南，这些海底峡谷是 Navarinsky、Pervenets、St. Matthew、Middle、Zhemchug、Pribilof 和 Bering。其中最大的 Zhemchug 峡谷从陆架和陆坡年搬运物质达 5 800 km^3，较美国西海岸最大的峡谷 Monterey 高出一个数量级（Carlson and Karl，1988）。Karl 等（1986）最早研究 Navarinsky 峡谷头部沙波（图2-5），提出了沙波形成机制，认为内波是形成沙波的主要动力。由于其数据分辨率较差，仅能够分辨海底表面的最新一期沙波。第五次北极科学考察采集的高分辨率地震资料首次揭示了 Navarinsky 峡谷下的多期沙波的存在并且在平滑海底下发现了早期沙波的形态，这为了解沙波活动期次，研究沙波成因机制提供了极佳的基础资料。

2.4 考察目标

我国于 2011 年适时启动了“南北极环境综合考察与评估”专项。“北极海域地球物理考察”专题在北冰洋地区进行了两次综合地球物理考察，作业内容涵盖双频 GPS、水深、重力、磁力、反射地震和热流测量，考察目标为查明北极海域和重点海区的地球物理场特征、地形

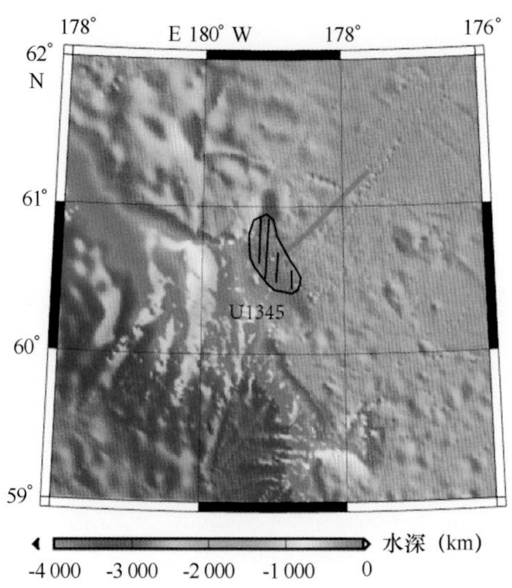

图 2－5　白令海地震测线分布

黑色边界为前人识别的沙波范围；竖线表示沙波方向；
蓝色为第五次北极科学考察测量的地震测线；红点为邻近的钻孔位置

地貌、沉积地层、地壳结构和地质特征区域构造等特征，促进对美亚海盆的扩张历史、摩恩洋中脊的非对称扩张、加克洋中脊的非岩浆增生等科学问题的研究；调查数据和图件为油气、矿产资源潜力的评估提供基础参考资料。

第3章　北冰洋地球物理考察主要任务

3.1　考察航次及考察重大事件介绍

3.1.1　第五次北极科学考察

2012年6—9月实施的中国第五次北极科学考察是“南北极环境综合考察与评估”专项启动以来的第一次北极环境综合考察。本次考察首次成功穿越北冰洋，在北太平洋、白令海、楚科奇海、加拿大海盆、北冰洋中心区、挪威海、格陵兰海和北大西洋完成物理海洋、海洋地质、海洋地球物理、海洋大气化学、海洋生物生态的综合考察。“雪龙”船利用北极东北航道两度往返大西洋和太平洋，实现了我国船舶首次跨越北冰洋的航线，航迹见第2章的图2-1。

第五次北极科学考察首次在北冰洋进行了综合地球物理的调查，调查区域包括白令海、格陵兰海和北极中心区，调查项目包括高精度双频GPS定位、海洋重力、海面拖曳式磁力、船载三分量磁力、海洋反射地震和海底热流，其中反射地震和热流为我国在北冰洋首次实施。本航次地球物理主要调查目的是研究超慢速扩张洋中脊的非对称扩张机制和新生岩石圈磁性来源、罗蒙诺索夫脊的沉降历史以及白令海沙波形成机制。

2011年11月至2012年1月，参考专题各参与单位（国家海洋局第二海洋研究所、国家海洋局第一海洋研究所、国家海洋局第三海洋研究所和武汉大学）的历史学科优势、极地调查经验和外业仪器特点，经各单位间的综合协调，确定了各自的项目分工、工作量和人员比例。2012年2—4月，确定依托第五次北极科学考察航次进行项目外业工作，并完成了实施方案的修改。参考第五次北极科学考察的整体设计方案，通过与海洋地质、物理海洋和海洋化学等其他学科的相互协作，达到节省船时，提高工作效率，尽量采集有效数据的目的。2012年6—9月，使用Sentinel磁力仪在北极黄河站进行了磁力日变观测，用于改正地磁日变。2012年6月20日，在舟山群岛区域进行了航次试航，主要试验电火花震源和多道、单道地震接收电缆的配套使用效果。2012年7月2日至9月27日，依托中国第五次北极科学考察在北冰洋进行了海洋重力、海洋拖曳式地磁、反射地震、船载三分量地磁和海底热流的综合地球物理调查。

3.1.2 第六次北极科学考察

作为“南北极环境综合考察与评估”专项实施以来开展的第二次北极科学考察，2014 年 7 月 11 日至 9 月 24 日，我国第六次北极科学考察队搭乘“雪龙”船先后在白令海、楚科奇海、加拿大海盆等海域完成物理海洋与海洋气象、海洋地质、海洋化学与生物生态定点综合考察，以及海洋地球物理考察的走航观测，实施了 7 个短期冰站和 1 个长期冰站的冰基海—冰—气界面多要素立体协同观测。

借助第六次北极科学考察，北极海洋地球物理考察共进行了双频 GPS、海洋重力、海面拖曳式磁力、近海底磁力、海洋地震和海底热流的测量，完成加拿大海盆重力测线831 km（航程有效重力测线共 2 966.3 km），海面拖曳式磁力测线 513 km，近海底磁力测线 592 km，海洋地震测线 210 km，热流站点 19 个，其中近海底磁力为北冰洋区域的首次测量。高精度的测量数据为揭示加拿大海盆的形成历史和岩石圈热状态提供了最为直接、确切的地球物理证据。

2013 年 12 月至 2014 年 4 月，参考第六次北极科学考察的整体设计方案，设计了地球物理作业方案。通过与海洋地质、物理海洋和海洋化学等其他学科的相互协作，达到节省船时、提高工作效率和尽量采集有效数据的目的。2014 年 6 月 16—20 日，在舟山群岛区域进行了航次试航，主要测试近海底磁力仪的拖体、压力传感器和钢缆等辅助设备的磁性干扰以及熟悉作业操作方式。2014 年 7 月 11 日至 9 月 24 日，依托第六次北极科学考察在北冰洋区域进行了海洋重力、海面拖曳式磁力、近海底磁力、反射地震和海底热流的综合地球物理调查。根据冰情和调查队整体时间节点安排，走航地球物理的调查工作在融冰区最大的时间窗口（8 月 31 日至 9 月 6 日）进行作业，最大化地保证了地球物理测量的顺利进行。

3.2 考察区域、断面、站位及路线

3.2.1 第五次北极科学考察

2012 年 7 月 10—12 日，在白令海穿越阿留申俯冲带的区域进行双频 GPS、重力、磁力和地震测量。7 月 15—16 日，在白令海陆坡区进行重力、磁力和地震的测量，测线分布见图 3 - 1，具体坐标见表 3 - 1。9 月 11—12 日，在返程期间，在白令海陆架进行了重力和磁力测量。

2012 年 8 月 2—8 日和 8 月 22 日，在挪威—格陵兰海摩恩—克尼波维奇洋中脊区域进行了水深重力、磁力和部分测线的地震测量，测线分布见图 3 - 2，具体坐标见表 3 - 1。

2012 年 8 月 1 日和 8 月 25—27 日，在北极中心区内进行了 7 条重力测线的测量，测线分布见图 3 - 3，具体坐标见表 3 - 1。

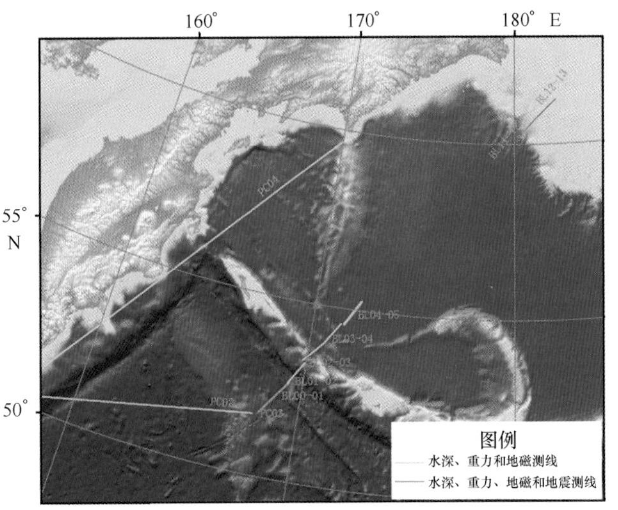

图3－1 第五次北极科学考察白令海及周边区域地球物理测线

红色部分为地震测线

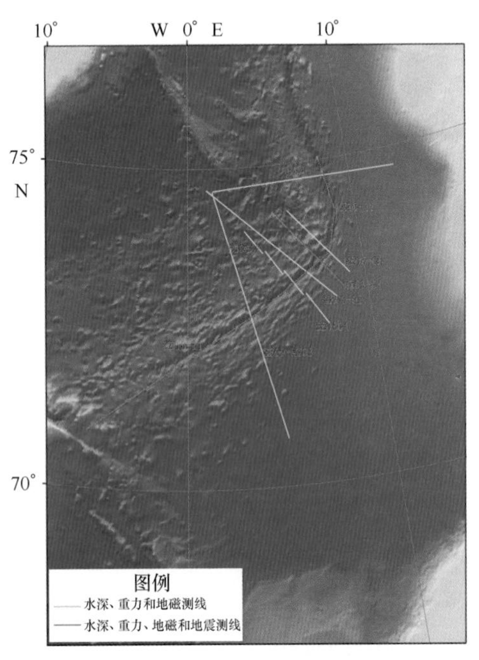

图3－2 第五次北极科学考察大西洋扇区地球物理测线

红色部分为地震测线

图3－3 第五次北极科学考察高纬区地球物理测线

表3－1 第五次北极科学考察测线信息

测线名称	作业时间	起始经度	起始纬度	结束经度	结束纬度	测线长度（km）	工作内容
BL00－01	2012－07－10	168°05.494 2′E	51°41.773 0′N	169°22.562 6′E	52°42.390 5′N	142.4	重力、磁力、地震（135 km）
BL01－02	2012－07－11	169°17.896 5′E	52°41.032 5′N	169°55.056 1′E	53°18.054 8′N	80.2	重力、磁力

续表

测线名称	作业时间	起始经度	起始纬度	结束经度	结束纬度	测线长度（km）	工作内容
BL03 - 04	2012 - 07 - 12	170°46. 871 5′E	54°02. 520 8′N	171°23. 473 7′E	54°34. 954 4′N	72. 0	重力、磁力
BL04 - 05	2012 - 07 - 12	171°31. 121 9′E	54°33. 424 0′N	172°16. 549 5′E	55°15. 873 8′N	92. 4	重力
BL02 - 03	2012 - 07 - 11	169°47. 644 7′E	53°22. 026 4′N	170°42. 526 6′E	53°58. 824 8′N	91. 0	重力、磁力
BL11 - 12	2012 - 07 - 15	179°31. 009 0′W	60°18. 788 0′N	178°51. 019 3′E	60°41. 699 0′N	56. 0	重力、磁力（45 km）、地震
BL12 - 13	2012 - 07 - 15	178°50. 226 7′W	60°42. 577 6′N	177°29. 817 0′E	61°17. 042 5′N	96. 4	重力、磁力（74 km）、地震
MN01	2012 - 08 - 02	012°48. 608 8′E	74°41. 686 3′N	001°30. 035 0′E	74°37. 523 9′N	332. 3	重力、磁力
BB09 - AT03	2012 - 08 - 03	001°30. 035 0′E	74°37. 523 9′N	004°57. 897 7′E	70°45. 107 0′N	445. 5	重力、磁力
BB03 - 04	2012 - 08 - 05	007°37. 831 3′E	72°26. 901 0′N	006°31. 727 1′E	72°59. 163 2′N	70. 0	重力、磁力
BB04 - 05	2012 - 08 - 05	006°26. 192 4′E	72°55. 915 8′N	005°34. 083 1′E	73°18. 031 3′N	50. 0	重力、磁力
BB05 - 06	2012 - 08 - 05	005°24. 220 6′E	73°17. 032 5′N	004°31. 322 8′E	73°39. 370 2′N	50. 0	重力、磁力
BB06 - 07	2012 - 08 - 06	004°20. 002 2′E	73°37. 681 7′N	003°22. 686 2′E	73°59. 582 4′N	50. 2	重力、磁力
MR01 - 02	2012 - 08 - 07	000°57. 090 3′E	74°40. 981 6′N	008°24. 007 6′E	72°51. 070 1′N	308. 0	重力、磁力
MR03 - 04	2012 - 08 - 07	008°38. 508 4′E	72°56. 722 3′N	004°54. 048 0′E	74°20. 166 6′N	200. 0	重力、磁力、地震
MR05 - 06	2012 - 08 - 08	005°40. 903 0′E	74°22. 121 2′N	009°08. 033 1′E	73°10. 922 1′N	170. 0	重力、磁力
MR10 - 11_ 1	2012 - 08 - 22	5°1. 238 0′W	70°56. 781 6′N	004°58. 623 7′E	72°54. 717 3′N	383. 0	重力
MR10 - 11	2012 - 08 - 23	004°11. 788 2′E	72°46. 789 4′N	008°13. 411 5′E	75°03. 373 9′N	323. 9	重力、磁力（233 km）、地震（60 km）
AR01	2012 - 08 - 01	038°34. 710 1′E	75°58. 889 5′N	012°48. 608 0′E	74°41. 686 0′N	733. 0	重力
AR02	2012 - 08 - 25	009°15. 076 3′E	79°52. 711 9′N	038°27. 993 2′E	81°36. 976 0′N	547. 0	重力
AR03	2012 - 08 - 26	038°27. 993 2′E	81°36. 976 0′N	081°58. 716 8′E	82°10. 126 9′N	668. 8	重力
AR04	2012 - 08 - 27	081°58. 716 8′E	82°10. 126 9′N	117°33. 882 6′E	81°25. 006 0′N	561. 2	重力
AR05	2012 - 08 - 27	127°54. 537 8′E	81°10. 319 4′N	121°00. 783 6′E	83°59. 139 5′N	342. 6	重力
AR06	2012 - 08 - 27	121°00. 983 6′E	84°00. 295 3′N	120°27. 396 1′E	86°39. 271 9′N	318. 5	重力
AR07	2012 - 08 - 27	120°54. 312 5′E	86°59. 981 2′N	123°04. 591 8′E	87°34. 895 5′N	103. 4	重力
BS02 - 03	2012 - 09 - 11	173°55. 965 2′W	61°7. 188 4′N	175°30. 853 7′W	61°7. 597 4′N	84. 0	磁力
BSS1	2012 - 09 - 12	176°13. 879 0′E	60 °2. 947 2′N	171°54. 730 1′E	59°43. 569 0′N	244. 0	磁力
合计	重力测线 6 287. 8 km，磁力测线 2 729. 2 km，地震测线 547. 4 km，全程采集三分量磁力数据，测量热流站点 1 个						

3. 2. 2 第六次北极科学考察

综合考虑冰情和船时等因素，第六次北极科学考察共进行了 DTM3、DTM2 和 G1 等走航剖面和19个热流站点的调查（图3－4）。在DTM3和DTM2同步进行了重力、水深和近海底磁力的观测，其中DTM2测线根据冰情同步进行了部分的海面磁力测量。在G1测线，同步进行了重力、水深、海面磁力和反射地震的测量，测线的总体位置见表3－2。航次共进行了19个热流站点调查，详见表3－3。依托重力柱状取样器，使用小型温度探针测量沉积物的温度，对采样岩芯进行了甲板热导率的测量。另外，在往返北极途经阿留申岛弧区和白令海的航渡线上，划分出12条有效的重力和水深测线，测线起始位置见表3－4和图3－5。根据浮冰的分布，适时进行了冰区的海面拖曳式磁力测量，测线共分为12段，测线起始位置见表3－5。

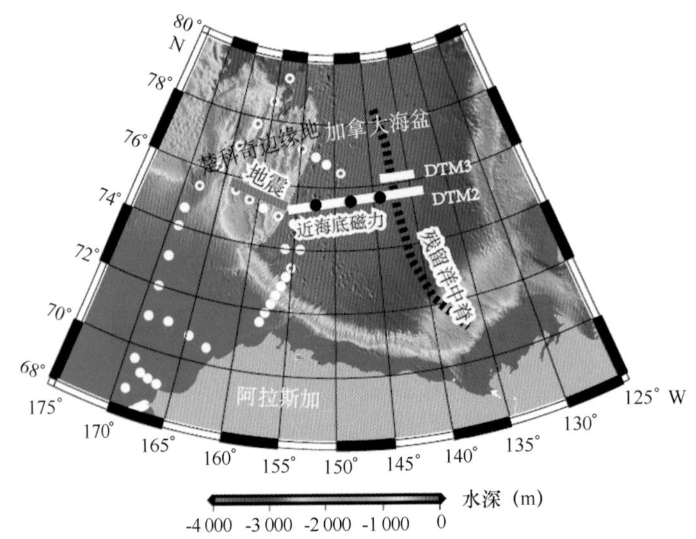

图3－4　第六次北极科学考察地球物理测线和站点分布

白色直线表示近海底和重力测线；红色直线表示地震、重力和海面磁力测线；白色圆点表示航次所有地质站位；白底红色圆点表示热流站点；黑色圆点表示近海底磁力仪充电位置

表3－2　地球物理测线信息

测线名称	起始经纬度	结束经纬度	航速（kn）	船时（h）	测线长度（km）	作业项目
DTM3	76°7.8′N 143°36′W	76°5.5′N 138°36′W	2.5	32	130	近海底磁力、重力、水深
DTM2	75°50.5′N 139°00′W	75°27.0′N 155°40′W	2.5	105	496	近海底磁力、海面磁力、重力、水深
G1	75°27.0′N 155°40′W	75°49′N 162°45′W	4.5	28	200	地震、磁力、重力、水深

＊ DTM2测线分为4段进行。

表3－3　第六次北极科学考察热流站点信息

站位号	经度（W）	纬度（N）	水深（m）	岩芯长度（cm）	温度梯度（K/m）	沉积物厚度（km）	热导率（上）（W/mK）	热导率（下）（W/mK）	热流值（mW/m^2）
S07	155.179°	73.416 7°	3 777	420	0.061	8.2	1.012	0.951	59.87
C12	157.199°	75.016 9°	1 578	365	0.04	5.3	0.940	1.066	40.12

续表

站位号	经度（W）	纬度（N）	水深（m）	岩芯长度（cm）	温度梯度（K/m）	沉积物厚度（km）	热导率（上）（W/mK）	热导率（下）（W/mK）	热流值（mW/m^2）
C14	161.266°	75.396 7°	2 084	455	0.065	3.6	0.991	0.923	62.20
C15	163.234°	75.617 2°	2 015	415	0.083	2.0	1.000	1.004	83.16
C24	151.095°	76.704 7°	3 773	450	0.056	5.4	0.890	1.119	56.25
C25	149.501°	76.381 4°	3 776	435	0.055	5.5	0.898	0.910	49.72
C22	154.581°	77.163 6°	1 025	360	0.055	3.1	1.050	1.278	64.02
C21	156.735°	77.394 2°	1 670	346	0.065	2.7	1.665	0.997	86.51
R12	163.915°	76.992 8°	435	135	0.025	1.8	1.187	1.187	29.67
R13	162.222°	77.800 3°	2 667	330	0.077 5	2.3	1.011	0.988	77.46
R14	160.448°	78.637 2°	741	220	0.065	2.5	1.011	0.988	64.96
LIC03	157.606°	81.088 3°	3 640	378	0.05	5.0	0.809	1.258	51.67
LIC04	156.987°	81.091 7°	3 648	390	0.051 8	4.9	0.912	1.150	53.40
LIC06	156.574°	81.190 0°	3 750	405	0.071 4	4.9	0.972	0.879	66.08
LIC07	156.43°	81.155 6°	3 750	365	0.044	4.9	0.810	1.099	41.99
SIC07	149.379°	78.823 9°	3 769	380	0.06	4.8	0.778	0.921	50.97
AD04	146.368°	77.445 6°	3 752	460	0.06	5.4	0.848	0.860	51.24

表3-4 第六次北极科学考察航渡重力测线统计

测线	作业时间	起始经度	起始纬度	结束经度	结束纬度	长度（km）
HD-01	2014-07-18	164°56.89′E	51°59.71′N	169°00.40′E	52°56.67′N	295.4
HD-02	2014-07-18	169°15.38′E	52°58.60′N	169°43.23′E	53°32.55′N	70.4
HD-03	2014-07-18	169°49.02′E	53°35.42′N	170°31.29′E	54°05.00′N	71.9
HD-04	2014-07-19	170°39.15′E	54°06.68′N	171°14.49′E	54°41.85′N	75.7
HD-05	2014-07-19	171°23.30′E	54°44.66′N	172°11.89′E	55°21.03′N	85.2
HD-06	2014-07-19	172°19.76′E	55°23.24′N	172°32.18′E	55°34.69′N	24.9
HD-07	2014-07-20	172°40.23′E	55°38.44′N	173°39.48′E	56°18.58′N	97.0
HD-08	2014-07-20	173°54.65′E	56°26.18′N	175°03.81′E	57°22.14′N	125.5
HD-09	2014-07-20	175°18.16′E	57°22.75′N	177°34.81′E	58°45.17′N	204.5
HD-10	2014-07-21	177°55.79′E	58°45.06′N	178°42.48′E	59°19.60′N	78.2
HD-11	2014-07-21	178°57.18′E	59°21.41′N	179°56.71′E	60°01.13′N	92.7
HD-12	2014-09-12	169°28.07′E	59°48.32′N	160°57.59′W	53°00.00′N	921.2

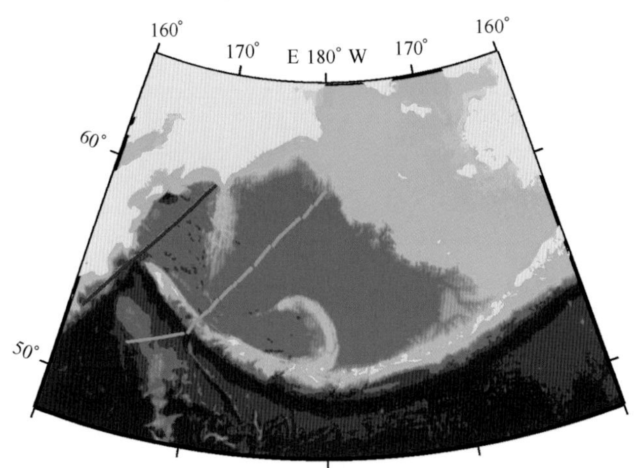

图 3-5　第六次北极科学考察阿留申岛弧区和白令海重力测线

表 3-5　第六次北极科学考察拖曳式磁力测线

测线名称	作业日期	起始经度（W）	起始纬度（N）	结束经度（W）	结束纬度（N）	测线长度（km）
DTM2	2014-09-01	140.667 950°	75.790 320°	140.844 085°	75.781 562°	4.3
DTM2-1	2014-09-01	143.012 831°	75.698 928°	143.195 783°	75.744 393°	14.7
DTM2-2	2014-09-02	143.378 605°	75.759 129°	143.546 234°	75.742 843°	4.7
DTM2-3	2014-09-02	143.922 229°	75.721 745°	145.884 060°	75.692 199°	65.1
DTM2-5	2014-09-03	146.305 193°	75.694 287°	146.948 430°	75.678 067°	24.1
DTM2-6	2014-09-03	146.948 430°	75.678 067°	146.302 514°	75.633 809°	45.8
DTM2-8	2014-09-03	145.868 796°	75.675 484°	149.447 328°	75.600 791°	82.5
DTM2-8	2014-09-04	149.447 328°	75.600 791°	150.141 547°	75.565 700°	16.3
DTM2-10	2014-09-04	150.339 816°	75.565 973°	151.694 400°	75.575 034°	30.2
DTM2-11	2014-09-05	156.167 474°	75.465 108°	158.414 664°	75.604 125°	63.5
DTM2-11	2014-09-06	158.414 664°	75.604 125°	162.106 873°	75.468 775°	116.3
DTM2-12	2014-09-06	162.106 873°	75.468 775°	163.889 808°	75.860 013°	45.5

3.3　考察内容

3.3.1　北极重力

在北冰洋重力测量时，将重力仪放置在“雪龙”船上进行走航重力测量。由于船载重力属于相对重力仪，为获得各测点的绝对重力值，需要进行陆地重力基点的外引与比对。同时在南北极考察出发和停靠的上海极地码头布设重力基点，也可用于仪器零漂校正。2012 年，专题组利用上海市内已知重力基点，进行基点比对外引，在上海“雪龙”船码头布设重力基点。

我国的第一次北极科学考察始于 1999 年，但直到 2008 年的第三次北极科学考察才将海洋重力调查列入考察内容并在白令海和楚科奇海完成了近 2 000 km 的重力测线。随后执行的第四次北极科学考察，海洋重力考察没有成为考察的内容。

“十二五”期间，我国先后组织了第五次和第六次北极科学考察，基于对北极资源环境认知需求的提高，海洋重力考察得以再次列入考察内容。由于海洋重力考察受天气、冰情等客观因素的影响相对较小，也成为数据量获取最为丰富的内容。两次重力考察获得测线数据逾 8 000 km（图 3 -6），此外还有数万千米的航渡数据。

图 3 -6　中国历次北极科学考察获取的海洋重力测线位置

3.3.2　海面拖曳式磁力

海面拖曳式磁力测量是将磁力仪拖曳到船尾后以走航测量地球磁场。磁力仪通过信号缆拖曳于船后一定距离以减小船本身的磁性的干扰。由于拖缆一般较为脆弱，拖曳式磁力仪在海冰覆盖区工作具有极大的风险。

为消除太阳活动引起的观测磁场变化，需要在陆地或海底设置地磁日变观测站。在数据处理时，需从海上测量值中改正掉定点观测的地磁日变。

3.3.3　近海底磁力

近海底磁力测量是通过缆绳牵引安装磁力仪的拖体在接近海底面附近测量地球磁场。由于更加靠近磁源体（海盆内主要为喷出玄武岩），采集得到的信号强度更强，数据分辨率更高，非常适用于测量磁性较弱的残留海盆的地磁场。近海底磁力测量首先要求拖体无磁性干扰，同时拖体放到水下数千米，因此要求传感器耐高压。为了防止仪器由于水流的冲击而离海底太高，需要将船速控制在 2 ~ 3 kn。拖体同时安装压力传感器，以获得水下拖体位置信息。第六次北极科学考察中在加拿大海盆采集的近海底磁力数据主要用于追踪海盆的磁条带，揭示海盆的扩张历史。

3.3.4 海洋反射地震

海洋反射地震测量是使用人工震源在海水中激发声波，通过拖曳地震电缆完成反射地震波的接收与记录，主要用于研究海底地质构造与沉积层特征。地震探测系统包括以下 3 个主要组成部分：震源系统、信号接收系统和数据记录系统，另带辅助的导航定位系统，系统框架如图 3－7 所示。在北冰洋地区，为了抵抗浮冰对电缆的伤害，需要使用高强度的固体缆作业。根据“雪龙”船实际作业空间，使用电火花作为震源。根据“雪龙”船破冰后留下的水道情况，使用单道电缆或道间距为 12.5 m 的 24 道电缆接收反射信号。

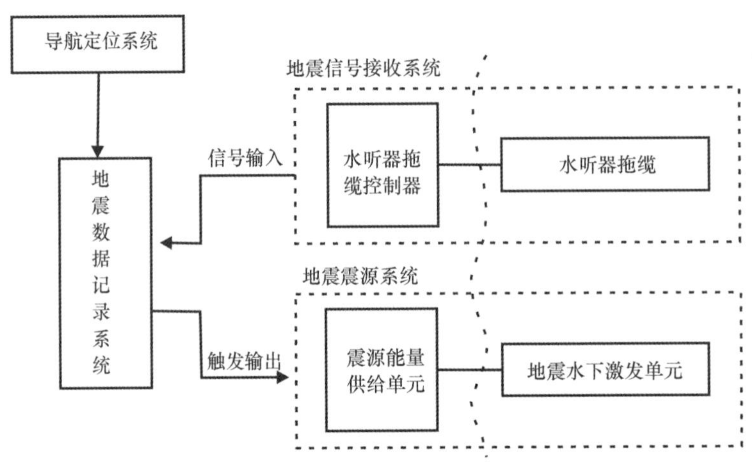

图 3－7 地震探测系统

3.3.5 海底热流

海底热流测量是通过温度传感器测量海底沉积物的温度变化，原位或者甲板上测量热导率，进而得到海底热通量。在大部分的海洋岩石圈，热源主要来源于地球深部，一般认为是岩石圈底界面的恒温面。为了充分利用船时，我们选择和地质柱状样同步测量地温梯度并在甲板上测量热导率。在罗蒙诺索夫脊测量的热流主要用于研究其岩石圈热状态，反推其沉降过程。在加拿大海盆的热流测量，主要为了估算其岩石圈冷却年龄，即海盆形成时间。在楚科奇边缘地的热流测量主要是为了研究其各构造单元的形成过程。

3.3.6 船载双频 GPS 测量

利用船载双频 GPS 接收机全天候接收 GPS 卫星数据，对采集数据利用 PPP（单点精确定位）数据处理方法进行处理，获取北极海域水汽随时间和位置变化特性，揭示北极水汽变化规律。

3.4 考察设备及负责单位

3.4.1 海洋重力仪

第五次北极科学考察使用了美国 LaCoste & Romberg 公司生产的 Air - Sea Gravity System Ⅱ 海洋重力仪（图3 -8），第六次北极科学考察使用了德国 Bodensee Gravity Geosystem 公司生产的 KSS31M 型重力仪（图3 -9）。

1）Air - Sea Gravity System Ⅱ海洋重力仪

仪器的序号为 S - 133，该系统的主要性能指标如下：

- 重力传感器类型：零长弹簧/摆
- 重力测量原理：摆移动速率
- 重力传感器精度：0.01×10^{-5} m/s^2
- 系统动态范围：$\pm200\ 000\times10^{-5}$ m/s^2
- 重力系统分辨率：0.01×10^{-5} m/s^2
- 重力系统零漂：$<3\times10^{-5}$ m/（s^2·月）
- 重力系统测量采样率：0.1 ~9 999 Hz
- 实时采样数据滤波：用户自选
- 垂直加速度：
  $<15\ 000\times10^{-5}$ m/s^2，精度为 0.1×10^{-5} m/s^2
  $15\ 000\times10^{-5}\sim80\ 000\times10^{-5}$ m/s^2，精度为 0.5×10^{-5} m/s^2
  $80\ 000\times10^{-5}\sim200\ 000\times10^{-5}$ m/s^2，精度为 1×10^{-5} m/s^2
- 系统恒温：出厂额定 ±0.01℃
- 恒温断电保护：不要求断电保护
- 锁摆，开摆：全自动
- 陀螺：2 个光纤陀螺
- 陀螺寿命：>250 000 h
- 加速度传感器：2 个高精度加速度传感器
- 平台控制：21 位 DSP 数控
- 数控扫描频率：200 ~1 000 Hz
- 有效平台纵/横摇控制：±25°
- 平台最大稳定周期：4 ~4.5 min
- 平台倾斜记录输出：标准
- 平台转向校正：标准
- 系统自检，故障诊断：内置全自动

2）KSS31M 型重力仪

该型号的重力仪具有操作简单、性能稳定、仪器掉格小的优点。通过采用直立直线式弹

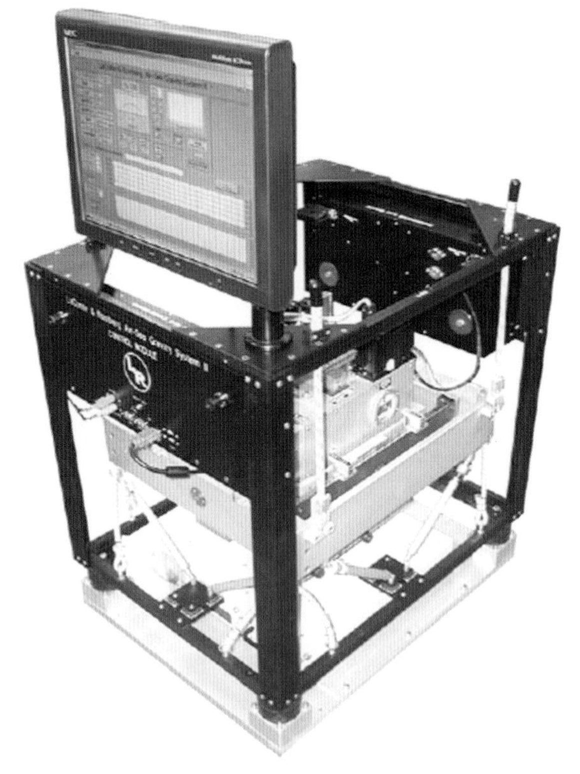

图 3－8　Air－Sea Gravity System Ⅱ 海洋重力仪

簧测量系统并结合高精度机械系统和软件控制电路消除了交叉耦合效应。该系统的主要性能指标如下：

- 传感器类型：直立直线式弹簧测量系统
- 重力系统零漂：<3 mGal/月
- 重力传感器精度：10 mGal
- 系统动态范围：±200 000 mGal
- 重力系统分辨率：0.01 mGal
- 重力系统测量采样率：1 Hz
- 实时采样数据滤波：5.2～75 s
- 垂直加速度<15 000 mGal：精度为 0.2 mGal
- 垂直加速度 15 000～80 000 mGal：精度为 0.4 mGal
- 垂直加速度 80 000～200 000 mGal：精度为 0.8 mGal
- 平台自由度：横摇 64°；纵摇 64°
- 数据传输方式：串口数字输出
- 锁摆，开摆：自动、手动可选
- 系统自检，故障诊断：内置全自动
- 供电电压：87～270 V
- 系统恒温：仪器工作时的环境温度为 10～35℃，且每小时的温度变化率小于 2℃
- 恒温断电保护：不要求断电保护

- 内置供电电池，切断外部电力供应后至少工作 30 min
- 重量：平台部分（含传感器和陀螺）72 kg，数据处理部分 45 kg

图 3 -9　KSS31M 重力仪

上海极地码头重力基点联测采用 LaCoste & Romberg G 型相对重力仪（图 3 -10），相应配套仪器的技术指标如表 3 -6 所示。

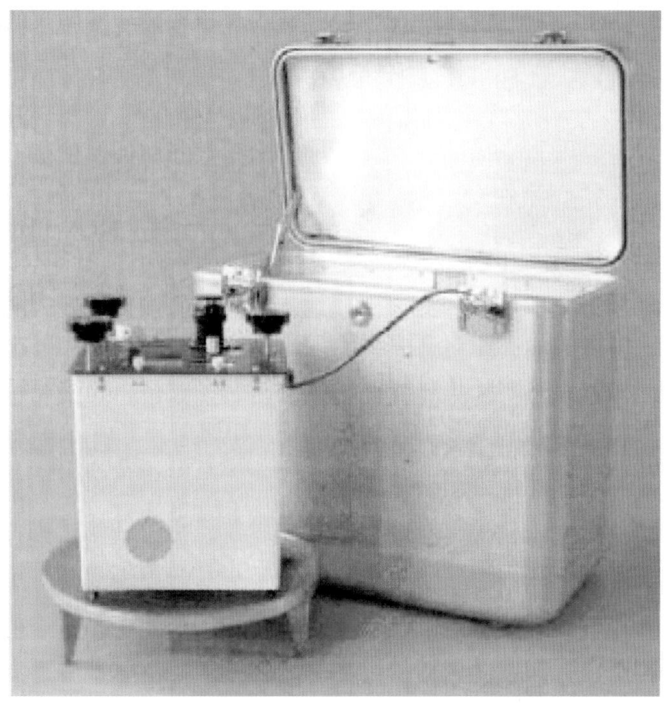

图 3 -10　LaCoste & Romberg G 型相对重力仪

表 3－6　重力基点测量仪器技术指标

设备名称	数量（台）	主要技术指标	功能与用途
相对重力仪器	2	观测精度：优于 10×10^{-8} m/s^2 测程范围：可调测程 7 000 $\times10^{-5}$ m/s^2 系统重复性：10×10^{-8} m/s^2 系统准确度：20×10^{-8} m/s^2 零漂：每天非线性度优于 20×10^{-8} m/s^2	野外联测
便携式计算机	1	内存 2G 以上，硬盘 200G 以上，双核 CPU	数据处理
手持 GPS	1	定位精度 10 m 以内	找点与导航
数码相机	1	10 MB 像素	图像信息采集

3.4.2　船载三分量磁力仪

船载海洋地磁三分量测量系统主要由两部分组成：一部分是磁力三分量传感器，主要负责测量地磁场；另一部分是运动传感器，主要负责敏感磁力传感器姿态变化。

磁通门磁力仪可以测定恒定和低频弱磁场，其基本原理是利用高磁导率、低矫顽力的软磁材料磁芯在激磁作用下，感应线圈随环境磁场而变的偶次谐波分量的电势特性，通过高性能的磁通门调理电路测量偶次谐波分量，从而测得环境磁场的大小。磁通门磁力仪具有体积小、重量轻、电路简单、功耗低、温度范围宽、稳定性好、方向性强、灵敏度高、可连续读数等优点，尤其适合在零磁场附近和弱磁场条件下应用。

磁力三分量传感器采用的是英国 Bartington 公司生产的三轴磁力梯度仪 Grad－03－500 M，如图 3－11 所示。该系统有两个磁通门式三轴磁力仪，布置于长度为 500 mm，直径为 50 mm 的碳纤维压力舱两端，因此也可以进行分量的梯度测量，其主要性能参数见表 3－7。运动传感器是采用法国 IXSEA 公司的 OCTANS－III 运动传感器（水下型），其主要工作性能如表 3－8 所示。

图 3－11　三分量磁力仪探头

表 3-7 三轴磁力梯度仪主要参数

传感器	两个三轴磁通门探头	功耗	1W (+50 mA, -11 mA)
传感器间距	500 mm	封装材料	玻璃纤维 &P. E. E. K
量程	±100 μT	连接器	SEACON XSEE-12-BCR
比例—总场	10 μT/V	匹配连接器	SEACON XSEE-12-CCP
模拟输出电压	±10 V	电缆直径	17.5 mm
模拟信号带宽	-1.5 dB (>2 kHz)	工作深度	5 000 m
探头噪声水平	11~20 pTrms (在 1 Hz)	工作温度	0℃ ~ +35℃
通带纹波	0~3 dB	储存温度	-50℃ ~ +70℃
线性误差	<0.001%	尺寸	738 mm×50 mm
零场偏移误差	±5 nT	启动时间	15 min
比例误差	±0.25%	电源	最小±12VDC, 最大 ±15VDC
温度漂移	$<10\times10^{-6}$/℃	重量	1.7 kg (空气), 0.1 kg (水中)

表 3-8 OCTANS-Ⅲ运动传感器主要参数

航向动态	精度	0.1° (与纬线正交)
	分辨率	0.01°
	稳定时间 (静态)	<1 mn
	稳定时间 (各种条件)	<5 mn
升沉 横摆 纵摆	精度	5 cm 或 5%, 取大者无需设置 (SAFE-HEAVE 自适应升沉预测滤波器)
横滚俯仰	动态精度	0.01° (±90°)
	量程	无限制 (±180°)
	分辨率	0.001°

黄河站地磁日变观测使用加拿大 Marine Magnetics 公司生产的 Sentinel 海底磁力仪（图 3-12）：绝对精度 0.2 nT，每分钟记录一次，耐压水深 6 000 m，可持续工作时间 2 500 小时。

3.4.3 海面拖曳式磁力仪

使用美国 Geometrics 公司生产的 G-880 和 G-882 铯光泵磁力仪（图 3-13）。该系统由磁力探头、漂浮电缆、采集计算机和甲板电缆组成。实测磁力值为磁力总场值。其技术指标如表 3-9 所示。

图 3－12　Sentinel 海底磁力仪

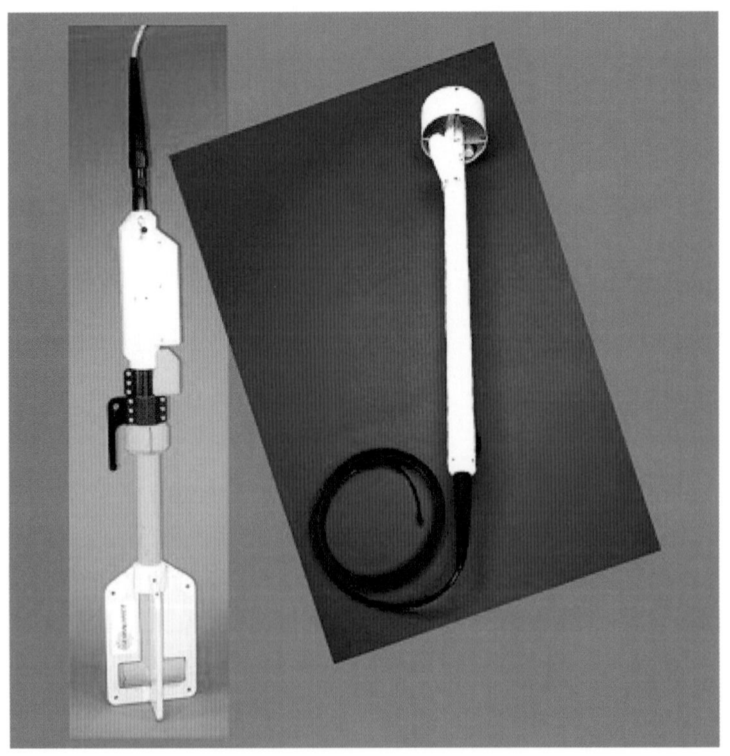

图 3－13　G－880 和 G－882 铯光泵磁力仪

表3-9 G-880和G-882磁力仪技术指标

	G-880和G-882		G-880和G-882
工作原理	自激振荡分离波束铯蒸气光泵	梯度容忍度	>20 000 nT/m
分辨率	0.001 nT	电缆长度	600 m
灵敏度	0.01nT（在1Hz）	工作温度	-35℃～+50℃
绝对精度	±2 nT	采样率	0.1～10 Hz

3.4.4 近海底磁力仪

使用Sentinel公司的6 000 m海底磁力仪作为近海底磁力探测系统的传感器（图3-14），其技术指标见表3-10。为了减小外界磁性的干扰，保证仪器在水下拖曳的姿态稳定性，设计了适合水下拖曳作业的钛合金拖体。为了确定仪器在水下的深度，使用了台湾海洋大学生产的OR-16X压力传感器和海鸟公司的SBE传感器测量拖体的压力，如图3-15所示，技术指标见表3-11。为了尽量减小压力传感器对磁力测量的干扰，两个传感器分别挂于钢缆上离拖体顶端1.8 m和2.0 m的位置。在仪器工作时，使用船载的万米地质绞车进行拖曳。

图3-14 海底磁力测量系统

图3-15 SBE 7 000 m压力传感器

表 3-10　海底磁力仪技术参数

分辨率	0.001 nT
测量范围	全球范围
绝对精度	0.2 nT
温度漂移	无
工作温度	-25～60℃
最大水深	6 000 m
拖体重量	450 kg
拖体材料	钛合金、铅块

表 3-11　SBE 技术参数

	温度	压力
测量范围	-5～+35℃	7 000 m
初始精度	0.002℃	测量范围的 0.1%
漂移	0.000 2℃/月	测量范围的 0.05%
分辨率	0.000 1℃	测量范围的 0.002%
内存	64 M	
电池	>150 000 次采样	
材料	钛合金	

3.4.5　海洋反射地震设备

地震设备分为采集系统、震源和 GPS 导航控制系统 3 部分，由触发器统一控制三者之间的同步。收放过程中借用“雪龙”船上的折臂吊。

第六次北极科学考察使用 Hydroscience 的 24 道 12.5 m 道间距固体电缆进行数据采集（图 3-16），采用 NTRS 软件进行数据记录。电缆由甲板电缆、前导段、前部弹性段、工作段、尾部弹性段、尾绳等构成，总长度 420 m。具体分段长度见表 3-12。每道 15 个水听器组合，主频最佳响应范围 10～2 000 Hz，可适合电火花和气枪震源，垂直分辨率可优于 1 m（具体参数见表 3-13）。

表 3-12　多道电缆组成结构

名称	工作段	数字包	前弹性段	前导段	甲板缆	尾段
型号和规格	150 m	SeaMUX3	10 m	100 m	50 m	10 m
数量	2 段	1	1	1	1	1

表 3-13　多道地震电缆技术参数

项目	参数
工作温度	-20～60 ℃
存储温度	-40～60 ℃
最大抗拉强度	6 140 kg
工作最大拉力强度	2 631 kg
主频响应范围	10～2 000 Hz
最大记录长度	45 s

图 3－16　Hydroscience 24 道固体接收电缆

震源使用 PC30000 J 等离子体脉冲震源，采用阴极放电，最大震源能量可达 3×10^4 J。震源系统由电容及控制柜（图 3－17）、连接电缆（图 3－18）以及震源电极组成（图 3－19）。电火花系统在海水中放电情况如图 3－20 所示。等离子体脉冲震源是一种新型的脉冲地震波生成系统，与传统的电火花震源相比，它具有运行稳定、工作可靠、性能优异和使用维护方便等优点，其连续重复充电可达 100 万次。

图 3－17　万焦耳电火花震源电容柜和控制柜

图 3－18　电火花震源电极拖曳缆

图 3－19　震源电极

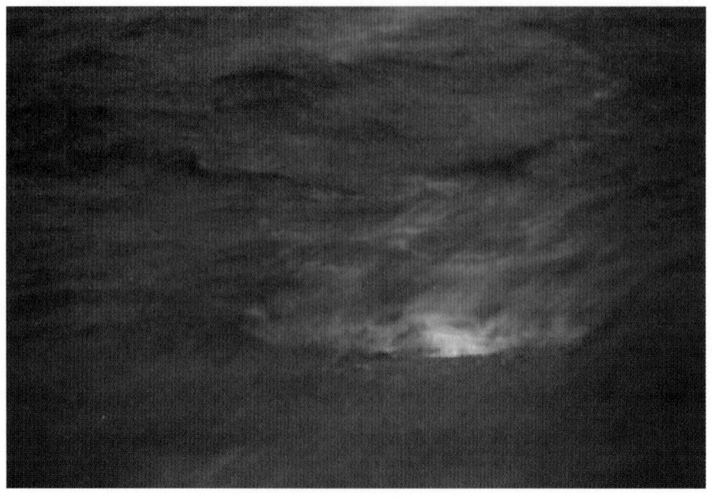

图 3－20　震源拖曳放电

GPS导航控制使用天宝公司的551导航GPS，包括GPS天线、接收机以及导航控制主机三部分。导航软件采用国家海洋局第二海洋研究所自编软件COMRANAV进行导航控制。

3.4.6 海底热流温度计

沉积物温度使用OR－166附着式小型温度计测量，其技术指标见表3－14。5个温度计按照一定间隔（约1 m）安装在重力柱状样上，如图3－21所示。在重力柱上方，安装了倾斜仪和压力传感器用于测量仪器入泥时的角度和水深。重力柱状样入泥前停止放缆2 min以保证仪器状态稳定，入泥时放缆速度为1 m/s。入泥后，仪器停留20 min以上并根据船漂移的速度适当放缆。

表3－14 温度探针技术参数

项目	参数
分辨率	10^{-6}℃
量程	－5～70℃
作业深度	6 000 m
外壳	钛合金
数据存储	自容式
工作温度	－5～100℃
探针个数	7（含压力和角度传感器）
探针间隔	约1 m

甲板热导率使用Teka公司的TK04热导率单元测量。每个站位测量距样品两端各1 m处两个位置，每个位置测量5～10次。

图3－21 安装在重力柱状样上的小型温度计

3.4.7 船载GPS

使用莱卡和天宝各一套双频定位系统进行定位测量。两套设备全程基本正常工作，数据记录完整。在极地，卫星覆盖相对较少。为保证能够接收到卫星信号，选择在直升机库上面的平台来安装 GPS 天线（图 3－22）。接收机与记录电脑位于直升机库上的指挥塔。针对北极工作温度低、航次时间长的特点，所有天线接头都用硅脂密封以防止锈蚀。

图 3－22　天宝接收天线

3.5　考察人员及分工

3.5.1　上海极地码头重力基点测量

上海极地码头重力基点测量由武汉大学杨元德完成。

3.5.2　黄河站地磁日变观测

黄河站地磁日变观测站由国家海洋局第二海洋研究所张涛和武汉大学杨元德架设。

3.5.3　第五次北极科学考察

本航次考察人员的分工见表 3－15。

表 3－15　第五次北极科学考察地球物理作业人员分工

序号	姓名	专业	本航次工作	单位
1	张　涛	海洋地球物理	综合地球物理调查	国家海洋局第二海洋研究所
2	肖文涛	海洋地球物理	三分量磁力仪和热流测量	国家海洋局第二海洋研究所
3	李官保	海洋地球物理	重力测量	国家海洋局第一海洋研究所
4	王立明	海洋地球物理	拖曳式磁力测量	国家海洋局第三海洋研究所

3.5.4 第六次北极科学考察

本航次人员分工见表3－16。

表3－16 第六次北极科学考察地球物理作业人员分工

序号	姓名	工作单位	本航次工作
1	张 涛	国家海洋局第二海洋研究所	近海底磁力和热流测量
2	华清峰	国家海洋局第一海洋研究所	重力测量
3	李海东	国家海洋局第三海洋研究所	磁力测量
4	王 威	国家海洋局第二海洋研究所	地震测量

3.6 考察完成工作量

极地专项“十二五”期间，我国在北极区域开始正式的海洋地球物理测量，开展了上海极地码头重力基点联测、黄河站地磁日变站观测、第五次北极科学考察、第六次北极科学考察等野外工作以及室内数据处理与成图等。综合地球物理调查测量项目包括重力基点测量、地磁日变观测、GPS定位、水深、海洋重力、船载三分量磁力、海面拖曳式磁力、近海底磁力、反射地震和海底热流。除第三次北极科学考察进行的水深、重力和海面拖曳式磁力测量外，其余调查项目均为我国在极地专项“十二五”期间首次启动实施。调查范围包括白令海、楚科奇海、加拿大海、北极中心区和挪威—格陵兰海等北极主要区域，着重研究的科学问题包括白令海的沙波形成原因、楚科奇海台的张裂过程、加拿大海盆的形成历史、罗蒙诺索夫脊的沉降过程、北冰洋加克洋中脊的地壳厚度与非岩浆地壳增生、挪威—格陵兰海摩恩洋中脊的非对称扩张机制、超慢速扩张洋中脊地磁场特征等问题。

极地专项“十二五”期间，“北极海域地球物理考察”专题组共完成重力基点测量1个，地磁日变观测站1个，重力测线43条、7 118 km（另有往返北极区域经过西太平洋边缘海的重力测线10 248 km），海洋拖曳式磁力测线19条、3 242 km，近海底磁力测线2条、592 km，反射地震测线（包括单道和24道地震）6条、757 km，海底热流点20个，并全程采集了船载三分量地磁和双频GPS数据。

航次完成后，严格按照实施方案要求，对实测数据进行了室内处理、解释和成图，结合公开资料，形成了测线分布、水深等值线、空间重力异常、布格重力异常、均衡重力异常、地磁ΔT异常、化极磁异常、莫霍面埋深、地壳厚度、地层厚度、岩石圈热结构、综合剖面解释和构造区划图共十三大类106幅成果图件，发表研究论文27篇，其中12篇被SCI（EI）收录。

第4章　考察获取的主要数据与样品

4.1　考察获取的主要数据

4.1.1　海洋重力

1）卫星测高反演重力

采用 Cryosat－2 的二级 L2 产品，时间区间从 2010 年 7 月到 2014 年 3 月。对这些数据直接进行了波形重定，得到卫星反演重力数据。与第三次、第五次和第六次北极科学考察的重力测线数据进行对比和融合，得到改进后的北冰洋重力模型。

2）上海极地码头重力基点联测

在进行海洋重力考察工作前，收集了上海“雪龙”船码头附近的重力点位，对上海极地码头进行重力基点联测。此次选用的重力标准点位于上海浦东机场旁，其坐标信息为 31°10′35.4″N，121°46′25.3″E。

在上海极地考察基地码头共布设了 2 个新的重力基点，采用水泥浇灌，埋设了金属标志。利用 LaCoste & Romberg G 型相对重力仪，从上海虹桥机场国家绝对重力网点联测至码头，完成了永久性陆地绝对重力基准点的建立。

测量过程中，首先对重力仪进行调试，选择天气较好、风速小的时段进行测量。完成了横水准器、光学灵敏度、读数线、电子零点、电子灵敏度的调整；然后进行相对重力测量。整个测量过程，采用的联测方式为基点→码头－1→码头－2→码头－2→码头－1→基点；联测使用两台相对重力仪，由于码头－1 和码头－2 点太近，只形成了一个测回。在观测时，每个点观测并记录 3 次，如表 4－1 所示。

表 4－1　上海码头重力观测记录

重力点号	近似坐标	仪器号	观测时间（时：分：秒）	观测值
基点	31°10′35.4″N 121°46′25.3″E	G1207	13：31：12	3 013.904
			13：37：38	3 013.905
			13：38：41	3 013.906
		G1066	13：23：36	2 979.868
			13：25：30	2 979.869
			13：26：01	2 979.870

续表

重力点号	近似坐标	仪器号	观测时间（时：分：秒）	观测值
码头 -1	31°19′2.5″N 121°41′18.0″E	G1207	14：16：54	3 016.892
			14：18：50	3 016.890
			14：20：07	3 016.891
		G1066	14：29：21	2 982.850
			13：30：37	2 982.849
			13：31：40	2 982.850
码头 -2	31°19′0.0″N 121°41′22.2″E	G1207	14：47：15	3 016.528
			14：49：18	3 016.527
			14：50：46	3 016.527
		G1066	14：38：43	2 982.482
			14：41：26	2 982.481
			14：42：05	2 982.481
基点	31°10′35.4″N 121°46′25.3″E	G1207	17：13：50	3 013.975
			17：14：59	3 013.974
			17：16：03	3 013.976
		G1066	17：17：20	2 979.889
			17：21：42	2 979.892
			17：22：44	2 979.890

考虑到重力仪校对时的可靠性，在测定基点时同时建立了主点和附点（图4－1）。

图4－1　重力基点及 LaCoste & Romberg G 型相对重力仪

相对重力数据处理时，顾及了固体潮改正、零点漂移改正、高度改正。根据已知重力点的绝对重力值加上段差，得到新建基点的绝对重力值。平差结果及其精度如表4－2所示。

表 4-2 新建基点绝对重力值平差结果及其精度

点号	点名	纬度	经度	重力值(mGal)	精度(mGal)	联测次数
3	基点	31.176°N	121.774°E	0.000 0	0.007 4	4
1	码头-1	31.317°N	121.688°E	3.037 6	0.012 0	4
2	码头-2	31.317°N	121.690°E	2.631 6	0.012 8	4

在码头建立了绝对重力主点和附点，即码头 1 和码头 2 两个基准点。

3）第五次北极科学考察

2012 年 6 月 27 日至 9 月 27 日，课题组成员参加了中国第五次北极科学考察，搭乘“雪龙”船极地考察船，历时 93 天，完成了海洋重力考察任务，具体包括：①完成了航次出发前对本航次使用的海洋重力仪的稳定性测试以及航次出发和结束时的重力基点比测，保证了航次获取数据的质量；②在北极太平洋扇区、大西洋扇区、北冰洋中心区，成功开展了海洋重力调查，其中大西洋扇区、中心区欧亚海盆的海洋重力调查为我国首次，调查共完成测线 24 条（段），总长度 5 140.3 km（表 4-3）；③开展了第五次北极考察整个航渡期间的海洋重力测量，积累了大量数据。

表 4-3 第五次北极科学考察重力测线统计

测线名称	作业时间	起始经度	起始纬度	结束经度	结束纬度	长度（km）
BL00-01	2012-07-10	168°05.494 2′E	51°41.773 0′N	169°22.562 6′E	52°42.390 5′N	142.4
BL01-02	2012-07-11	169°17.896 5′E	52°41.032 5′N	169°55.056 1′E	53°18.054 8′N	80.2
BL02-03	2012-07-11	169°47.644 7′E	53°22.026 4′N	170°42.526 6′E	53°58.824 8′N	91.0
BL03-04	2012-07-12	170°46.871 5′E	54°02.520 8′N	171°23.473 7′E	54°34.954 4′N	72.0
BL04-05	2012-07-12	171°31.121 9′E	54°33.424 0′N	172°16.549 5′E	55°15.873 8′N	92.4
BL11-12	2012-07-15	179°31.009 0′W	60°18.788 0′N	178°51.019 3′W	60°41.699 0′N	56.0
BL12-13	2012-07-15	178°50.226 7′W	60°42.577 6′N	177°29.817 0′W	61°17.042 5′N	96.4
MN01	2012-08-02	012°48.608 8′E	74°41.686 3′N	001°30.035 0′E	74°37.523 9′N	332.3
BB09-AT03	2012-08-03	001°30.035 0′E	74°37.523 9′N	004°57.897 7′E	70°45.107 0′N	445.5
BB03-04	2012-08-05	007°37.831 3′E	72°26.901 0′N	006°31.727 1′E	72°59.163 2′N	70.0
BB04-05	2012-08-05	006°26.192 4′E	72°55.915 8′N	005°34.083 1′E	73°18.031 3′N	50.0
BB05-06	2012-08-05	005°24.220 6′E	73°17.032 5′N	004°31.322 8′E	73°39.370 2′N	50.0
BB06-07	2012-08-06	004°20.002 2′E	73°37.681 7′N	003°22.686 2′E	73°59.582 4′N	50.2
MR01-02	2012-08-07	000°57.090 3′E	74°40.981 6′N	008°24.007 6′E	72°51.070 1′N	308.0
MR03-04	2012-08-07	008°38.508 4′E	72°56.722 3′N	004°54.048 0′E	74°20.166 6′N	200.0
MR05-06	2012-08-08	005°40.903 0′E	74°22.121 2′N	009°08.033 1′E	73°10.922 1′N	170.0
MR10-11	2012-08-23	004°11.788 2′E	72°46.789 4′N	008°13.411 5′E	75°03.373 9′N	323.9
AR01	2012-08-01	038°34.7101′E	75°58.889 5′N	012°48.608 0′E	74°41.686 0′N	733.0
AR02	2012-08-25	009°15.076 3′E	79°52.711 9′N	038°27.993 2′E	81°36.976 0′N	547.0
AR03	2012-08-26	038°27.993 2′E	81°36.976 0′N	081°58.716 8′E	82°10.126 9′N	668.8
AR04	2012-08-27	081°58.716 8′E	82°10.126 9′N	117°33.882 6′E	81°25.006 0′N	561.2
BS02-03	2012-09-11	173°55.965 2′W	61°07.188 4′N	175°30.853 7′W	61°07.597 4′N	84.0
BSS1	2012-09-12	176°13.879 0′E	60°02.947 2′N	171°54.730 1′E	59°43.569 0′N	244.0

（1）重力仪静态观测试验

2012 年3 月19—23 日，在国家海洋局第一海洋研究所重磁实验室内做了重力仪静态观测试验。

（2）起航前和航次结束后的海洋重力仪基点比测

在2012 年6 月23 日开启了海洋重力仪；利用2011 年在上海极地中心码头建立的重力基准点，在6 月27 日“雪龙”船起航前进行了海洋重力仪基点的比测；9 月27 日航次结束后，在上海极地中心码头又进行了海洋重力仪基点的比测。

（3）北极太平洋扇区重力走航观测

7 月10—15 日，在北极太平洋扇区，跨越阿留申海沟—岛弧区至阿留申海盆以及白令海陆架，完成了7 段重力测线，测线位于多个考察站位之间（图4 -2）。

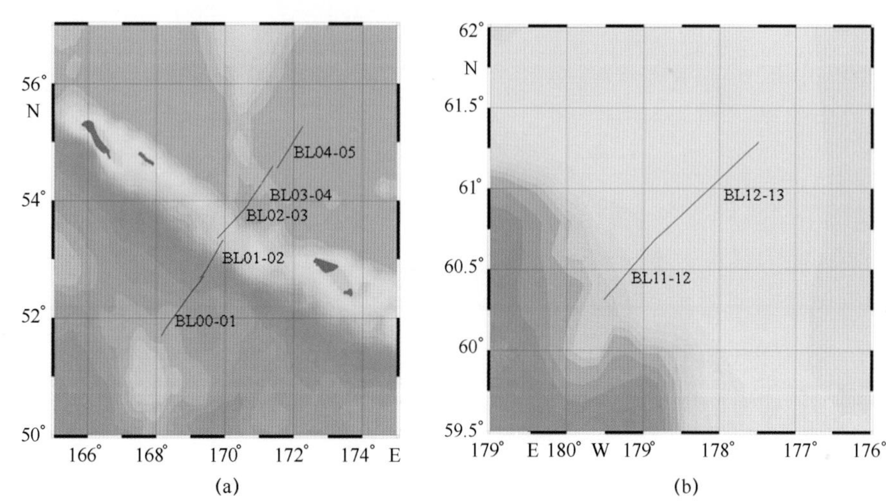

图4 -2 北极太平洋扇区阿留申海沟—岛弧区（a）和白令海陆架区（b）重力测线航迹

（4）北极大西洋扇区重点区域重力调查

本重点调查区设计了6 条主测线，其中包括1 条联络测线。在8 月2—9 日前往冰岛航途中，完成了MN -01、BB09 - AT03、BB 断面（含BB03 -04、BB04 -05、BB05 -06 和BB06 -07 四段测线）；MR01 -02、MR03 -04 和MR05 -06 等主测线，8 月23 日自冰岛返程途中补充了联络测线MR10 -11（图4 -3）。

（5）北极高纬地区海洋重力走航观测

在“雪龙”船自太平洋扇区向大西洋扇区的往返航途中，大致沿75°N 和80°N 线开展了高纬度区海洋重力走航观测，测线穿过了北冰洋地区多个重要的海底构造单元。8 月1—2 日，完成巴伦支海西南部AR01 测线，8 月24—31 日完成北冰洋外缘以及北冰洋中心区测线AR02、AR03 和AR04（图4 -4）。

（6）航渡期间的海洋重力观测

在航次执行过程中，“雪龙”船自6 月27 日由上海出发，8 月16 日至冰岛，8 月21 日由冰岛返航，至9 月27 日到达上海。期间除了上述重点观测区外，航途中还穿越了多个重要海底地质构造单元，包括我国近海陆架区、西太平洋边缘海—海沟—岛弧体系、北大西洋洋中脊和深海盆地、北冰洋洋中脊和深海盆地等，为此在往返航渡期间开展了全程海洋重力测量，

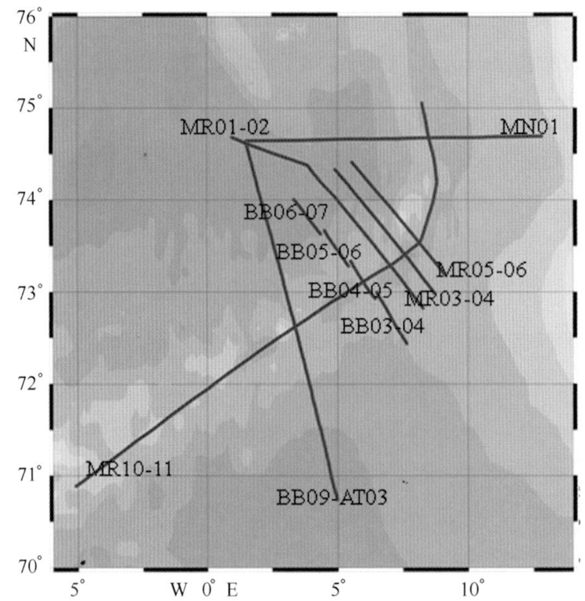

图 4-3　北极大西洋扇区重点区域重力测线航迹

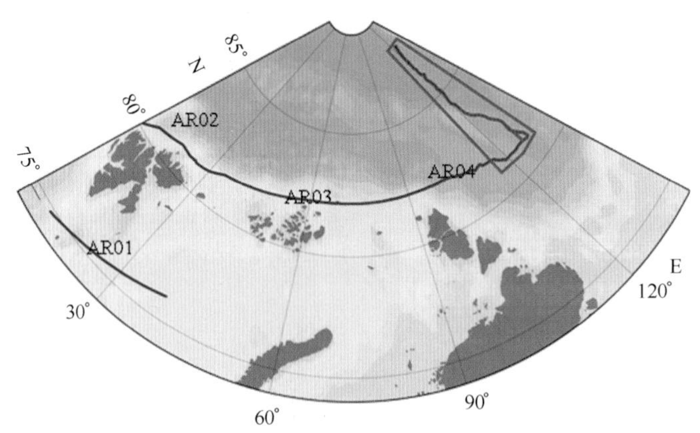

图 4-4　北冰洋高纬地区海洋重力测线航迹

红色区域内为北冰洋中心区航线

并收集了航程期间的水深数据。

4）第六次北极科学考察

2014 年 7 月 9 日至 9 月 22 日，课题组成员参加了中国第六次北极科学考察，搭乘“雪龙”号极地考察船，历时 76 天，完成了海洋重力考察任务，具体包括：①完成了航次出发前对本航次使用的海洋重力仪的稳定性测试以及航次出发和结束时的重力基点比测，保证了航次获取数据的质量；②在北极太平洋扇区、中心区加拿大海盆西部以及楚科奇海台海洋地球物理重点调查区，成功开展了海洋重力调查，测线总长度 3 054.2 km；③开展了中国第六次北极科学考察整个航渡期间的海洋重力测量，积累了大量的海洋地球物理数据。

（1）重力仪静态观测试验

2014 年 5 月 11—17 日，在国家海洋局第一海洋研究所重磁实验室内做了重力仪静态观测试验。

（2）起航前和航次结束后的海洋重力仪基点比测

在2014年7月4日开启了海洋重力仪；利用2011年在上海极地中心码头建立的重力基准点，在7月11日“雪龙”船起航前进行了海洋重力仪基点的比测；9月22日航次结束后，在上海极地中心码头进行了海洋重力仪基点的比测。

（3）北太平洋扇区重力走航观测

7月18—22日，调查船跨越北太平洋阿留申海沟—岛弧、白令海盆至白令海陆架，由于分布有大量水文、地质站位，经常停船作业，根据航速和航向变化，将此区域的重力测线分成若干段重力测线，测线位于多个考察站位之间（图4－5）。返航途中经过此区时，测线连续性好，测线起止点坐标见表4－4，测线位置见图4－5。

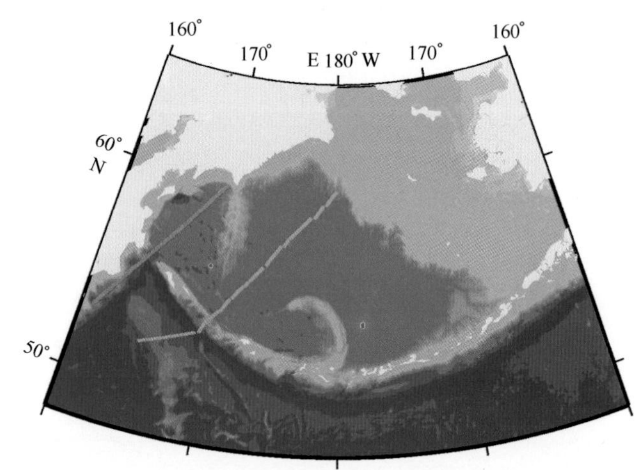

图4－5 北太平洋扇区阿留申海沟—岛弧区和白令海重力测线航迹

表4－4 第六次北极科学考察北太平洋扇区测线统计

测线名称	作业时间	起始经度	起始纬度	结束经度	结束纬度	长度（km）
HD－01	2014－07－18	164°56.89′E	51°59.71′N	169°00.40′E	52°56.67′N	295.4
HD－02	2014－07－18	169°15.38′E	52°58.60′N	169°43.23′E	53°32.55′N	70.4
HD－03	2014－07－18	169°49.02′E	53°35.42′N	170°31.29′E	54°05.00′N	71.9
HD－04	2014－07－19	170°39.15′E	54°06.68′N	171°14.49′E	54°41.85′N	75.7
HD－05	2014－07－19	171°23.30′E	54°44.66′N	172°11.89′E	55°21.03′N	85.2
HD－06	2014－07－19	172°19.76′E	55°23.24′N	172°32.18′E	55°34.65′N	24.9
HD－07	2014－07－20	172°40.23′E	55°38.44′N	173°39.48′E	56°18.58′N	97.0
HD－08	2014－07－20	173°54.65′E	56°26.18′N	175°03.81′E	57°22.14′N	125.5
HD－09	2014－07－20	175°18.16′E	57°22.75′N	177°34.81′E	58°45.17′N	204.5
HD－10	2014－07－21	177°55.79′E	58°45.06′N	178°42.48′E	59°19.60′N	78.2
HD－11	2014－07－21	178°57.18′E	59°21.41′N	179°56.71′E	60°01.13′N	92.7
HD－12	2014－09－12	169°28.07′E	59°48.32′N	160°57.59′W	53°00.00′N	921.2

（4）北极中心区加拿大海盆西部—北风深海平原重点区域重力调查

8月30日至9月6日在本重点调查区进行了重力、磁力（海面及近海底拖曳）、多道地震综合地球物理调查，进行了近于平行的两条测线的调查，无联络测线。由于作业过程中拖曳设备收放及海面浮冰影响，调查船难以保持匀速、直线航行，将测线数据分割为若干段，各段的起止点坐标见表4－5，测线位置见图4－6。

表4－5 第六次北极科学考察中心区重力测线统计

测线名称	作业时间	起始经度（W）	起始纬度（N）	结束经度（W）	结束纬度（N）	长度（km）
DTM02	2014－08－30	143°22.97′	76°07.56′	139°32.63′	76°06.45′	104.5
DTM03－1	2014－08－31	138°58.22′	75°49.25′	143°10.82′	75°44.66′	122.3
DTM03－2	2014－09－02	143°10.65′	75°44.77′	145°48.25′	75°41.33′	77.9
DTM03－3	2014－09－03	145°47.88′	75°40.55′	148°07.61′	75°37.07′	67.8
DTM03－4	2014－09－03	148°07.46′	75°36.50′	150°08.35′	75°33.94′	60.2
DTM03－5	2014－09－04	150°16.58′	75°33.90′	155°23.53′	75°27.57′	156.3
DTM03－6	2014－09－05	155°57.05′	75°26.47′	158°32.91′	75°34.84′	80.2
DTM03－7	2014－09－06	158°32.91′	75°34.84′	163°53.42′	75°51.58′	154.5

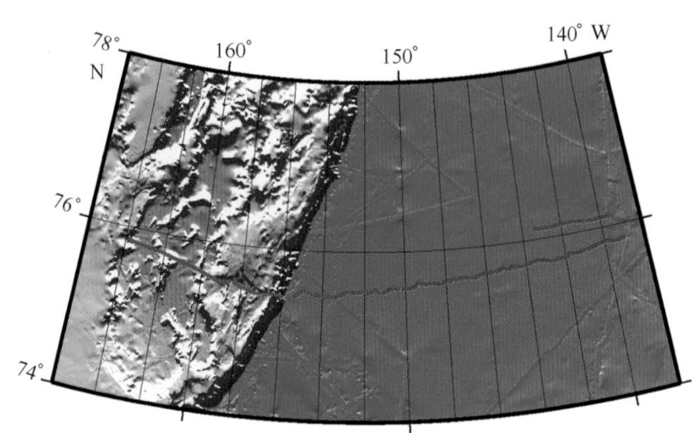

图4－6 第六次北极科学考察北极中心区海洋重力测线航迹

4.1.2 海面拖曳式磁力

1）黄河站地磁日变观测

为向拖曳式磁力测量提供地磁日变改正，在北极黄河站进行地磁日变观测。地磁日变站建立时间为2012年6月6—11日，安装地点为78°55′20.4″N，11°56′29.4″E，仪器为Sentinel海底磁力仪。具体安装与调试过程如下。

（1）6月4日，第二批黄河站队员进站，提取了通过托运的仪器。

（2）6月5日下午，开始在实验室对仪器进行充电，至6月7日，充电灯显示为绿色，测量电压值为12.3 V，表明仪器充电完成。实验室内仪器与电脑软件连接通信正常，仪器可以通过噪声测试，但是没法通过仪器梯度自检，推测是受到了黄河站内铁磁物质的影响。

（3）6月8日下午，将仪器架设到我国黄河站长期GPS观测站附近进行测量。连接电脑后，仪器通信正常，但是测量磁场总场值为0，而且显示值中出现P和G警告信号，表明信号质量和梯度均没法满足要求，如图4－7所示。因为GPS长期观测站附近有一个长约50 m的铁栅栏，栅栏上固定有电缆，推测为其强直流电对磁场的干扰。

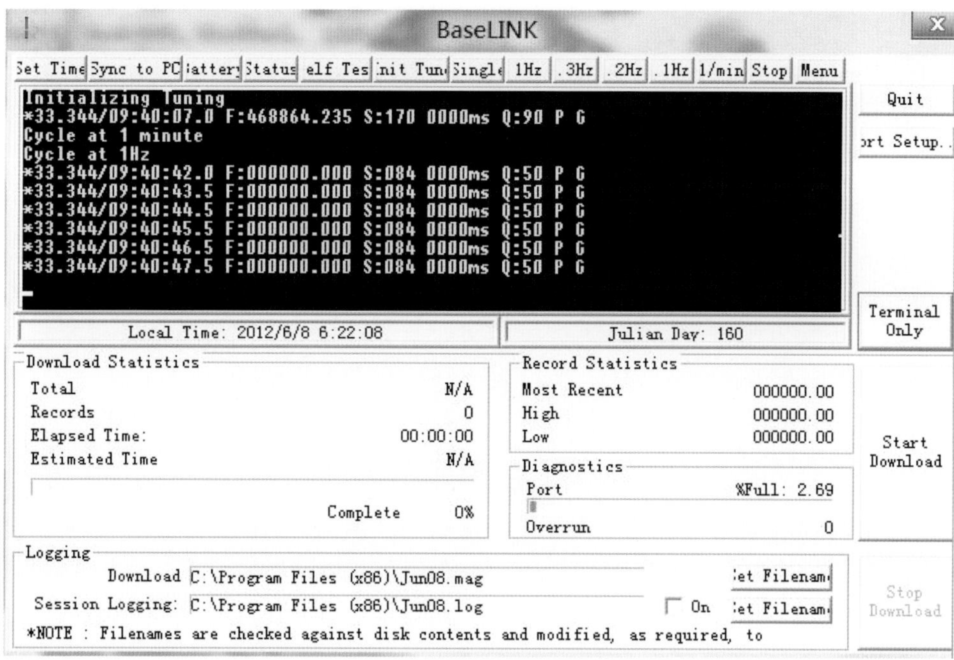

图 4－7　Sentinel 海底磁力仪的警告信号

（4）6 月 9 日，选取新的安放地点（图 4－8）。新地点的选取参考以下因素：①由于此次仪器属于临时性安装，不能破坏当地的永久硬土层；②由于没有人长期值守，选取地点尽量靠近黄河站，方便其他专业人员进行照顾；③强干扰源和潮水涨落对仪器的影响。最终选定区域数据质量和信号强度均为 8（最高为 9），如图 4－9 所示。经 GPS 测量，最终位置为 78°55′20. 4″N，11°56′29. 4″E。

图 4－8　Sentinel 海底磁力仪安装调试

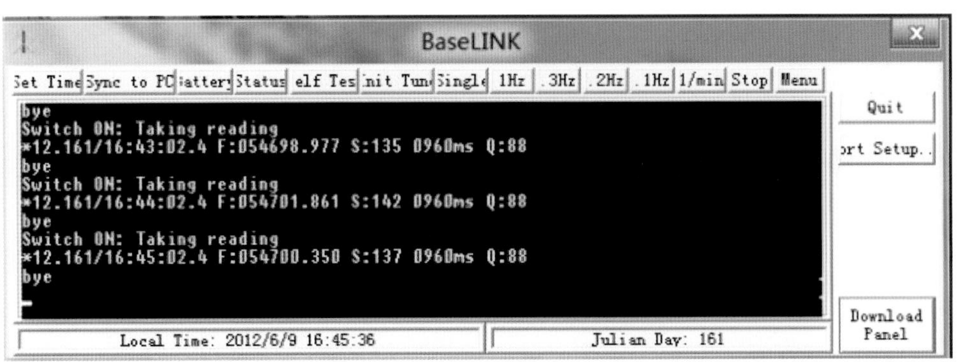

图 4－9　Sentinel 海底磁力仪临时站点的观测数据

（5）6 月 10 日，在仪器观测一天后，下载数据并进行分析。数据连续记录，基本无报警信号，信号幅值和形态均与当地地磁观测站提供的图片相符，如图 4－10 和 图 4－11 所示。10 日，可能由于天气原因，信号强度有所降低，但是仍然满足测量要求。判断仪器能够正常工作，开始正常观测工作。仪器采用北京时间，正常工作时间为 2012 年 6 月 10 日北京时间 20 点，仪器显示时间为儒略日 162 日。

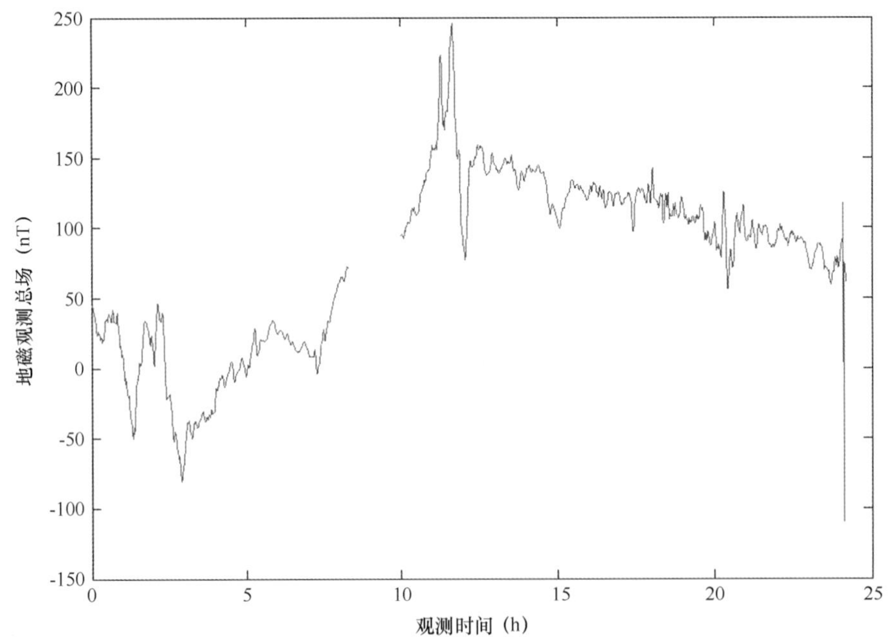

图 4－10　黄河站地磁台站 6 月 10 日观测地磁总场

（6）9 月 25 日，在仪器工作 3 个月后，由黄河站运回国内，进行数据下载，用于船载磁力测量的日变改正。

2）第五次北极科学考察

（1）作业前做好海洋磁力测量的各项准备工作，包括磁力绞车固定、GPS 天线架设、仪器设备测试等。

（2）到达作业区域前，船速降至 3.5 kn，将磁力探头放至水面，启动磁力绞车释放拖曳电缆至离船尾 300～500 m。

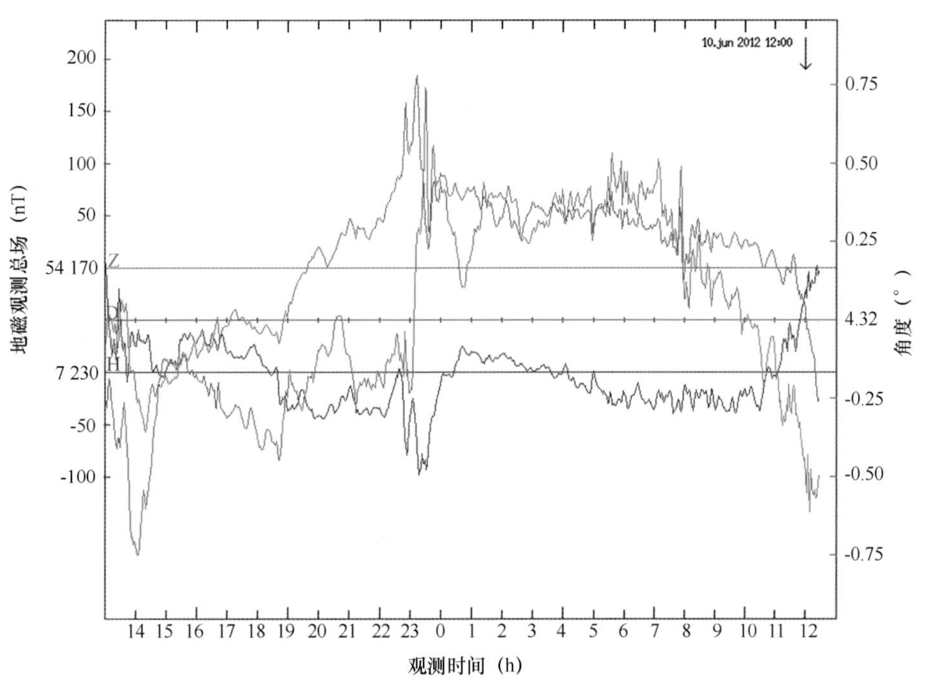

图4-11　朗伊尔地磁台站观测总场

数据来源：International Monitor for Auroral Geomagnetic Effects，http：//www. geo. fmi. fi/image/index. html

（3）连接甲板电缆，启动磁力仪计算机，记录磁力数据。

（4）船速提高至13 kn，匀速航行。

（5）作业完成后，船速降至3.5 kn，利用磁力绞车将探头回收至甲板；通知驾驶台正常航行。

（6）海洋磁力测量期间均安排专人值班，实时监控设备是否正常工作，并认真记录值班日志。

航次共采集海洋拖曳式磁力测线18条，总长2 729.2 km，测线信息见表4-6。2012年7月10—11日进行测线BL00-01磁力测量，信号强度主要在1 110～1 748之间变化，磁力总场值在49 510～50 158 nT之间变化；7月11日进行测线BL01-02测量，信号强度主要集中于525～1 633，磁力值在50 125～50 754 nT之间变化；7月11日进行测线BL02-03测量，信号强度主要集中于1 108～1 670，磁力值在50 441～51 000 nT之间变化；7月12日进行测线BL03-04测量，信号强度主要集中于801～1 677，磁力值在50 860～51 145 nT之间变化；7月15日进行测线BL11-12测量，信号强度主要集中于1 333～1 592，磁力值在53 756～53 825 nT之间变化；7月15日进行测线BL12-13测量，信号强度主要集中于593～1 609，磁力值在53 025～54 325 nT之间变化；8月3日进行测线MN01测量，信号强度主要集中于413～1 477，磁力值在53 568～54 132 nT之间变化；8月3—4日进行测线BB09-AT03测量，信号强度主要集中于886～1 724，磁力值在53 068～54 016 nT之间变化；8月5日进行测线BB03-04测量，信号强度主要集中于449～1 604，磁力值在53 185～53 632 nT之间变化；8月5日进行测线BB04-05测量，信号强度主要集中于371～1 677，磁力值在52 791～53 882 nT之间变化；8月6日进行测线BB06-07测量，信号强度主要集中于798～1 543，磁力值在53 656～53 887 nT之间变化；8月7日进行测线MR01-02测量，信号强度主要集中于969～

1 670，磁力值在 53 305 ~ 54 096 nT 变化；8 月 8 日进行测线 MR03 - 04 测量，信号强度主要集中于 781 ~ 1 636，磁力值在 53 238 ~ 54 421 nT 之间变化；8 月 8—9 日进行测线 MR05 - 06 测量，信号强度主要集中于 1 033 ~ 1 633，磁力值在 53 342 ~ 54 466 nT 之间变化；8 月 23 日进行测线 MR10 - 11 测量，信号强度主要集中于 613 ~ 1 584，磁力值在 53 566 ~ 54 424 nT 之间变化；9 月 11 日进行测线 BS02 - 03 测量，信号强度主要集中于 276 ~ 1 533，磁力值在 52 106 ~ 54 688 nT 之间变化；9 月 12 日进行测线 BSS1 测量，信号强度主要集中于 530 ~ 1 602，磁力值在 52 883 ~ 53 954 nT 之间变化。总体而言，大部分磁力采集数据质量较好，能够满足数据处理与解释的需求。

表 4 - 6 两次北极地球物理磁力调查测线及工作量

第五次北极地球物理磁力调查						
测线名称	作业日期	起始经度	起始纬度	结束经度	结束纬度	测线长度（km）
BL00 - 01	2012 - 07 - 10	168.171 409 9°E	51.711 462 7°N	169.346 527 6°E	52.681 078 8°N	130.5
BL01 - 02	2012 - 07 - 11	169.322 873 4°E	52.702 667 5°N	169.933 121 4°E	53.312 489 6°N	79.8
BL02 - 03	2012 - 07 - 11	169.816 924 2°E	53.381 035 9°N	170.611 356 7°E	53.886 490 2°N	77.1
BL03 - 04	2012 - 07 - 11	170.741 313 1°E	54.010 453 4°N	171.365 154 8°E	54.557 967 5°N	73.5
BL11 - 12	2012 - 07 - 14	179.455 487 7°W	60.348 146 0°N	178.908 987 8°W	60.653 186 2°N	45.6
BL12 - 13	2012 - 07 - 15	178.783 744 7°W	60.713 470 0°N	177.531 327 7°W	61.265 441 2°N	76.1
MN01	2012 - 08 - 02	12.589 358 1°E	74.693 949 4°N	1.504 668 3°E	74.643 158 3°N	322.5
BB09 - AT03	2012 - 08 - 03	1.504 409 7°E	74.643 084 0°N	4.959 994 8°E	70.759 406 1°N	248.7
BB03 - 04	2012 - 08 - 05	7.624 241 0°E	72.450 538 9°N	6.965 141 3°E	72.765 997 2°N	41.8
BB04 - 05	2012 - 08 - 05	6.448 458 2°E	72.930 321 7°N	5.577 162 8°E	73.294 272 4°N	49.7
BB05 - 06	2012 - 08 - 05	5.364 173 6°E	73.299 707 7°N	4.504 412 7°E	73.666 017 6°N	49.6
BB06 - 07	2012 - 08 - 06	4.332 529 4°E	73.635 072 2°N	3.397 045 4°E	73.985 815 2°N	49.0
MR01 - 02	2012 - 08 - 07	0.922 593 6°E	74.686 358 2°N	8.324 128 7°E	72.824 028 7°N	319.2
MR03 - 04	2012 - 08 - 07	8.324 600 7°E	72.824 143 6°N	4.902 953 8°E	74.333 790 7°N	214.7
MR05 - 06	2012 - 08 - 08	4.902 909 3°E	74.333 841 5°N	9.143 265 4°E	73.179 124 9°N	200.6
MR10 - 11	2012 - 08 - 23	5.758 670 7°E	73.068 528 0°N	8.238 420 9°E	75.050 742 2°N	267.4
BS02 - 03	2012 - 09 - 11	173.927 989 2°W	61.119 794 9°N	175.509 458 2°W	61.126 609 7°N	85.6
BSS1	2012 - 09 - 12	176.235 081 6°E	60.050 457 2°N	171.916 737 3°E	59.726 144 1°N	254.8
合计	2 586.2 km					
第六次北极地球物理磁力调查						
测线名称	作业日期	起始经度	起始纬度	结束经度	结束纬度	测线长度（km）
DTM2 - 0	2014 - 09 - 01	140.667 950°W	75.790 320°N	140.844 085°W	75.781 562°N	4.3
DTM2 - 1	2014 - 09 - 01	143.012 831°W	75.698 928°N	143.195 783°W	75.744 393°N	14.7
DTM2 - 2	2014 - 09 - 02	143.378 605°W	75.759 129°N	143.546 234°W	75.742 843°N	4.7
DTM2 - 3	2014 - 09 - 02	143.922 229°W	75.721 745°N	145.884 060°W	75.692 199°N	65.1
DTM2 - 5	2014 - 09 - 03	146.305 193°W	75.694 287°N	146.948 430°W	75.678 067°N	24.1
DTM2 - 6	2014 - 09 - 03	146.948 430°W	75.678 067°N	146.302 514°W	75.633 809°N	45.8

续表

第六次北极地球物理磁力调查						
测线名称	作业日期	起始经度	起始纬度	结束经度	结束纬度	测线长度（km）
DTM2 - 8	2014 - 09 - 03	145.868 796°W	75.675 484°N	149.447 328°W	75.600 791°N	82.5
DTM2 - 8	2014 - 09 - 04	149.447 328°W	75.600 791°N	150.141 547°W	75.565 700°N	16.3
DTM2 - 10	2014 - 09 - 04	150.339 816°W	75.565 973°N	151.694 400°W	75.575 034°N	30.2
DTM2 - 11	2014 - 09 - 05	156.167 474°W	75.465 108°N	158.414 664°W	75.604 125°N	63.5
DTM2 - 11	2014 - 09 - 06	158.414 664°W	75.604 125°N	162.106 873°W	75.468 775°N	116.3
DTM2 - 12	2014 - 09 - 06	162.106 873°W	75.468 775°N	163.889 808°W	75.860 013°N	45.5
合计	513.0 km					

三分量地磁仪器全程观测，数据稳定，总场及各分量的变化总体符合地球磁场特征。

3）第六次北极科学考察

本次拖曳式磁力测量作业方式与第五次北极科学考察相类似，作业现场见图4－12。航次共完成工作量约513 km。2014年9月1—7日进行测线DTM2磁力测量，信号强度一般稳定在400以上，磁力总场值在57 000～59 000 nT之间变化，通过与近海底的磁力探测数据进行对比后发现，两者具有很好的一致性。

图4－12　拖曳式磁力仪后拖作业

4.1.3　近海底磁力

第六次北极科学考察共进行了DTM3和DTM2两条测线的近海底磁力测量。为了保证仪器在水下的供电正常，在DTM2测线中充电4次，将DTM2测线分为4个部分，具体信息见表4－7。

表 4－7　近海底磁力测线

测线名称	起始经度（W）	起始纬度（N）	测线长度（km）	拖体深度（平均值）
DTM3	143°32.4′	76°08.0′	112	1.8
DTM2－1	138°58.1′	75°49.3′	123	3.1
DTM2－2	143°16.3′	75°45.2′	80	3.2
DTM2－3	145°46.0′	75°40.6′	123	2.3
DTM2－4	150°3.2′	75°34.2′	154	2.1

为了测试钢缆、拖体和 U 形环等外界的干扰，2014 年 8 月 24 日在长期冰站对近海底磁力仪进行了定点的测试。将 Sentinel 磁力仪和压力传感器同时放到拖体上，并使用 3 个 U 形环和地质钢缆进行连接，测量数据如图 4－13 所示。当地水深 3 600 m，以 1 m/s 的速度释放钢缆到 3 500 m，停留半小时后，以 1 m/s 的速度回收，压力传感器显示的水深变化如图 4－13 所示。从图中可以看出，在钢缆释放阶段，磁力数据从 57 600 nT 呈指数增大至最终的 58 200 nT，在停留期间相对稳定并在钢缆回收期间呈现相对应的指数趋势变化。这种变化与磁力测量值随场源距离增加而呈指数衰减的理论关系相一致，表明仪器工作正常。同时，测量值存在 100 nT 左右的高频抖动，判断为外界的干扰。为减小此干扰，8 月 24 日在长期冰站上对可能干扰源进行了实验。实验现场情况如图 4－14 所示。根据实验结果，3 个 U 形环和压力传感器是最大的干扰源，压力传感器的影响在 2 m 之后基本低于 2 nT，3 个 U 形环在 40 cm 距离时影响值约 100 nT，其中磁性影响最小的在 40 cm 距离时影响值约 30 nT，在 80 cm 距离时影响值为 15 nT。根据反复试验，最终选定磁性最小的一个 U 形环在实际测量中使用。

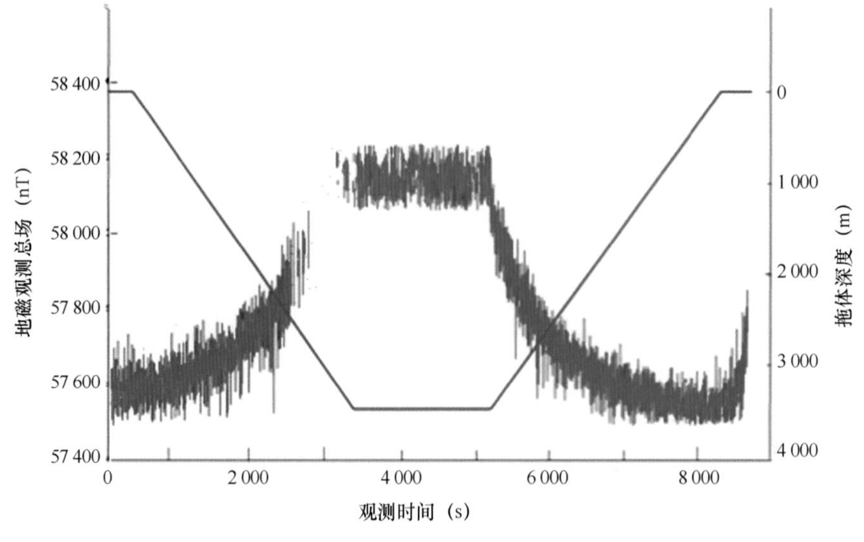

图 4－13　长期冰站定点测量数据

4.1.4　海洋反射地震

1）第五次北极科学考察

在上海极地码头将设备搬至“雪龙”船后甲板，采集设备放在地球物理实验室，底部通

图4-14 冰面实验情况

过海绵胶粘在桌面固定。电源缆绞车和24道缆绞车通过手压式拉紧器用捆绑带固定在左右船舷甲板上（图4-15a和图4-15d）。电容柜通过专用电缆与后甲板的配电电源连好，另一根条缆接到震源缆绞车附近，以便工作时与震源缆绞车内侧盒子中的接头连接。为了施工安全，此缆固定在后甲板顶上。在船抵达预定站位的前一天，将电缆和采集主机连好，用塑胶榔头敲打水听器，通过采集显示界面脉冲反应检测接收电缆的信号通畅性，确保信号顺畅。

作业人员提前到达作业现场，戴好头盔和救生装置。到站时由驾驶台通知后甲板值班人员准备作业，待船速降至2~3 kn，吊车通过自动脱钩器，将震源筏子吊至水面，拉脱钩器相连的绳子松开脱钩器，使震源筏子落水，收回脱钩器。同时用一根粗绳系住筏子受力端，另一端连绞盘以减少震源缆的受力，缓慢放出绞盘上的绳子，同时将震源缆放出50 m，固定震源缆绞车使其不转动，同时使绞盘上的绳子受力并固定好（图4-15a）。将电容柜接过来的电缆与震源缆绞盘内盒子中的接头连好，同时将单道或多道缆放入水中并固定在尾部的柱子上（图4-15b和图4-15d）。在释放地震电缆时，值班组与驾驶台及时沟通，保证开船前将仪器释放入水，之后由值班组通知驾驶台加速至3~4 kn，待电缆释放完毕后（此过程约为10 min），船加速至5.0~5.5 kn进行正常测量。开使数据采集和放电。

航次共完成反射地震测线5条，其中24道地震测线1条，其余为单道地震测线，测线总长度547.4 km。2012年7月10日，进行BL00-01测线数据采集，使用24道电缆接收，放电能量1.5×10^4 J，放炮间隔8 s。平均船速5.3 kn，水深约4 500 m，海况较差。在结束BL01作业点后，采集电脑出现故障，因此更换单道接收系统。地震数据受到海况、水深和船

(a)

(b)

(c)

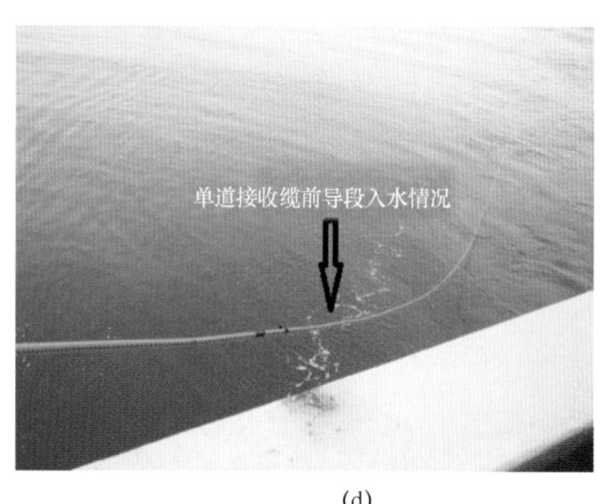

(d)

图 4－15　地震作业情况

（a）作业时通过绞盘固定震源电极；（b）作业时固定好的单道缆；
（c）工作状态的震源电极筏子；（d）作业时入水的单道缆

速的影响较大。在 BL00－01 测线，海况较差（四级），水深超过 4 000 m，反射界面并不清晰。2012 年 7 月 15 日，进行 BL11－12 和 BL12－13 两条测线数据采集，放电能量 1.2×10^4～1.5×10^4 J，放炮间隔根据水深在 2～4 s 间调节，采集界面上可看出直达波和海底反射面最强并有多层连续界面可以识别。在 BL11－BL13 区域，单道地震资料的反射层组连续、清晰，基底可见，局部异常特征明显，所测最强反射面和水深数据相符合。

2012 年 8 月 2 日，大西洋摩恩中脊 MR03－04 测线，当中由于电火花控制板二极管击穿，中断测量 1 h。2012 年 8 月 23 日，由于海况较差，地震电缆和磁力电缆在同步作业时缠绕在一起。为保护仪器，先单独进行了地震作业。考虑到沿洋中脊磁力数据的重要性，在工作约 60 km 后，单独进行了拖曳式磁力测量。

2）第六次北极科学考察

地震设备的采集系统、震源以及 GPS 导航控制系统分别安装时需考虑其与船相对位置。由于“雪龙”船体较大，船舷相比一般船只高，因此给地震仪器安装带来相应的困难。在仪器安装时，既要考虑仪器释放与回收的便捷性，又要尽量减小船体的影响。

“雪龙”船发动机震动以及尾流也相应比较剧烈，对地震这种与声学相关的仪器带来的影响非常大。因此船体中间不适合拖曳任何地震相关设备。震源电极收放困难，因此震源安装在左舷折臂吊附近，保证折臂吊工作范围内能够释放和回收震源电极。接收电缆安装在离震源较近的左舷。电缆工作入水分布状态如图 4－16 所示。

图4-16　各电缆工作入水分布状态

震源、接收电缆和导航控制系统三部分可以独立检测各自的系统是否正常。采集系统与震源可以分别与GPS导航系统连接进行检测，导航控制系统是整个地震系统设备的控制触发设备。导航电脑通过触发器连接震源和接收电缆并控制震源放炮和接收电缆接收。

在确定地震系统各部分工作正常后，提前对准测线方向，开始释放仪器；由于震源电极不易收放且连接甲板电缆需要时间，因此首先使用折臂吊释放震源电极入水并释放到合适长度固定，最后连接甲板电缆；在震源系统连接甲板电缆的同时，开始释放地震接收电缆，并记录下偏移距，连接好接收电缆甲板缆；开启接收电缆数据采集系统并设置好参数，采用外部触发并处于等待触发状态；同时可以开启震源系统，设置好震源能量并使其处于等待触发状态；启动导航控制系统软件，设置好放炮间隔，点击触发，整个地震系统进入工作状态。GPS将位置信息输入导航控制系统，导航控制系统根据设置好放炮参数以及输入的坐标信息和时间信息来确定触发信号发送的时机。在采集资料时，为充分利用电火花震源信号，便于不同接收缆间的资料对比，工作中往往采用同一震源，不同接收电缆同时接收的工作方式。

航次共完成反射地震共一条测线，测线实际有效长度210 km，共获得多道地震数据52 G。除去在GMT时间2014年9月5日22点至次日1点回收震源维护之外，其余时间都正常工作。地震数据受海况、水深和船速的影响较大。在测线东段，水深较深，震源能量选择较低，穿透深度会受到一定影响。在测线中段，水深变浅，海底面反射增强。在测线西段，工作接近尾声，海况变差，数据质量相比中段要差。

4.1.5　海底热流

1）第五次北极科学考察

2012年9月1日，以“雪龙”号科考船为作业平台，第五次北极科学考察在站位Icestation 04（水深2863 m，84.99°N，145.23°E，简称Ice04）进行了热流温度探针测量，“雪龙”号破冰船在站位Ice04进行冰站作业时，船停靠大型浮冰，位置较为稳定，后甲板尾部有较大的无冰区域。重力柱取样的同时进行热流测量，为了减小摩擦，重力柱上的相邻探针方向相错固定，探针在沉积物中的停留时间为 20 min。本次测量共使用 5 个温度探针，其中 4 个探针的数据有效，同时通过重力取样柱得到该站位的沉积物样用于电阻率测量。

2）第六次北极科学考察

本航次共进行了 19 个热流站点的测量，除了 R10 和 R11 两个站点由于重力柱取样深度不超过 1 m，无法计算温度梯度外，其他站点数据均有效。测量温度梯度时依托重力柱进行。为了尽量减小插入沉积物时摩擦热对地温测量产生的影响，各传感器之间相互错开，各传感器从下向上距重力柱刀口的距离见表 4 - 8。

表 4 - 8　热流传感器安装参数

序号	仪器编号	离刀口距离（m）	功能
1	SN160 - 288	0.42	温度测量
2	SN160 - 275	1.50	温度测量
3	SN160 - 276	2.50	温度测量
4	SN160 - 277	3.50	温度测量
5	SN160 - 272	4.50	温度测量
6	SN160 - 005	5.50	倾斜角度测量
7	SN146 - 006	6.00	压力测量

4.2　数据处理方法

4.2.1　海洋重力测量方法

1）卫星测高重力

（1）通过对最新的高精度卫星测高 Cryosat - 2 数据选取、编辑和精化处理，获得了北极地区高精度的海面高数据。采用移去—恢复算法进行卫星测高海洋重力异常反演，其中参考重力场模型采用精度和分辨率均较高的 EGM2008，计算过程中首先对海面高移去长波的大地水准面，得到残余海面高，然后针对 20 Hz 每条（沿轨相邻点距离约 330 m）沿轨数据进行 1 km重采样，通过高斯内插获得 1 km 分辨率沿轨残余海面高数据。在此基础上计算得到了沿轨残余大地水准面梯度，得到格网化的残余垂线偏差东西分量和南北分量，然后采用逆 Verning - Meinsz 算法反演得到了残余海洋重力异常并由参考重力场模型恢复得到海洋重力异常（WHU 模型）。北冰洋和北太平洋海域的卫星测高海洋反演重力异常结果如图 4 - 17a 与图 4 - 17b所示。

将模型数据与 2012 年“雪龙”船在北冰洋测量的两条重力数据进行了比较，如图 4 - 18 所示。通过计算的卫星测高重力异常与实测数据的比较，受到海冰影响和未受海冰影响测线的卫星反演精度分别为 6.44 mGal 和 5.36 mGal，表明海冰对卫星测高重力异常结果精度有影响，如图 4 - 19 与图 4 - 20 所示。为评估 WHU 模型可靠性，下载了联合 Cryosat - 2 与 Jason - 1

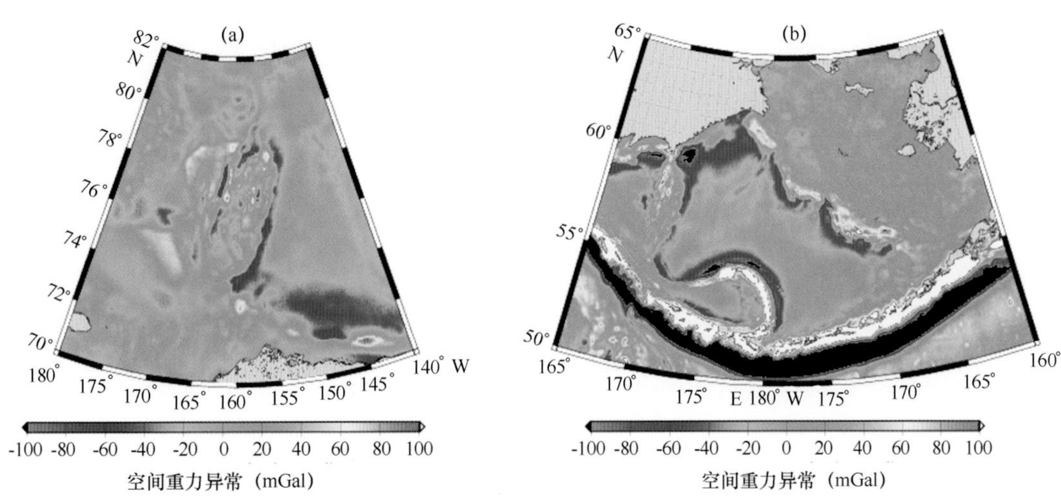

图4－17　基于 Cryosat－2 的北冰洋部分海域（a）和北太平洋海域（b）海洋重力异常

资料反演获得的 1 分分辨率 Sandwell 海洋重力异常模型，对图 4－19 和图 4－20 的相同测线内插得到轨迹实测数据采样点的卫星测高重力异常，精度分别为 8.43 mGal 和 6.24 mGal。船测重力与 WHU 和 Sandwell 结果对比表明，反演的卫星测高海洋重力异常模型 WHU 结果精度可靠。

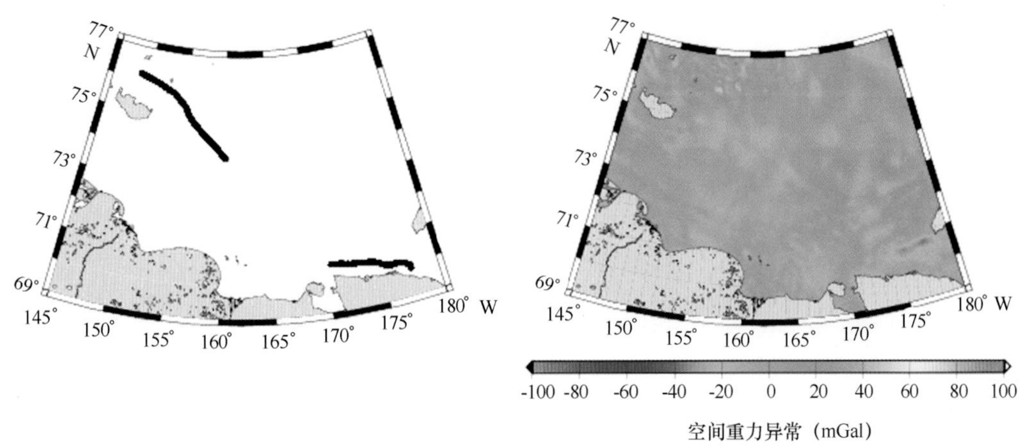

图4－18　2012 年北冰洋两条重力测线及重力异常

（2）卫星测高重力异常与船测数据融合。Draping 算法通常是将精度较高的一种数据挂到精度相对较低的另一种数据上。该算法属于解析法，计算简单有效，不需考虑不同类型数据的权重。但当高精度数据不占优时，利用该算法进行数据融合，高精度数据被低精度数据污染，降低其应有贡献。如 Forsberg 等和 Kriby 等均采用该算法将地面重力数据挂在测高重力异常格网上。

将 Draping 算法用于船载重力异常数据与测高海洋重力数据的数据融合时，由船载重力异常 Δg_{ship} 和内插出相应的测高海洋重力异常 Δg_{alt}，得到了相应的重力异常余差（为与移去恢复过程的重力异常残差区分）：

$$\acute{\varepsilon} = \Delta g_{ship} - \Delta g_{alt} \tag{4-1}$$

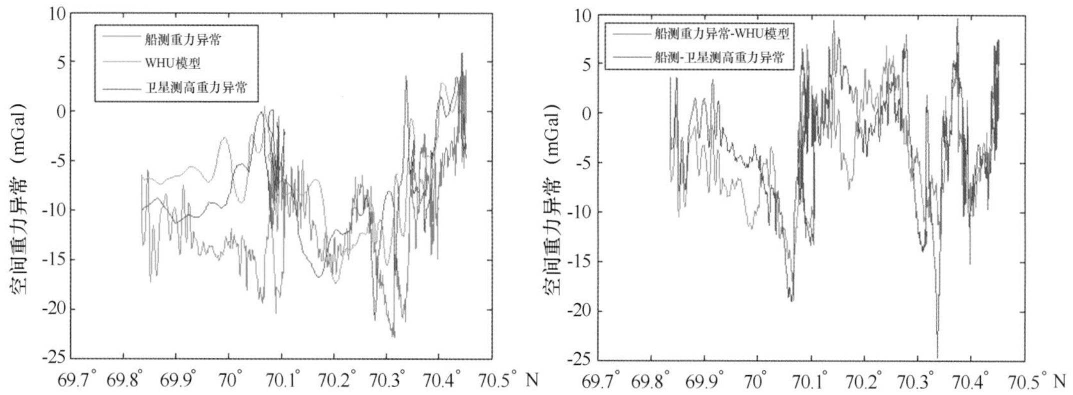

图 4－19　船测重力测线 1 与卫星测高重力异常比较

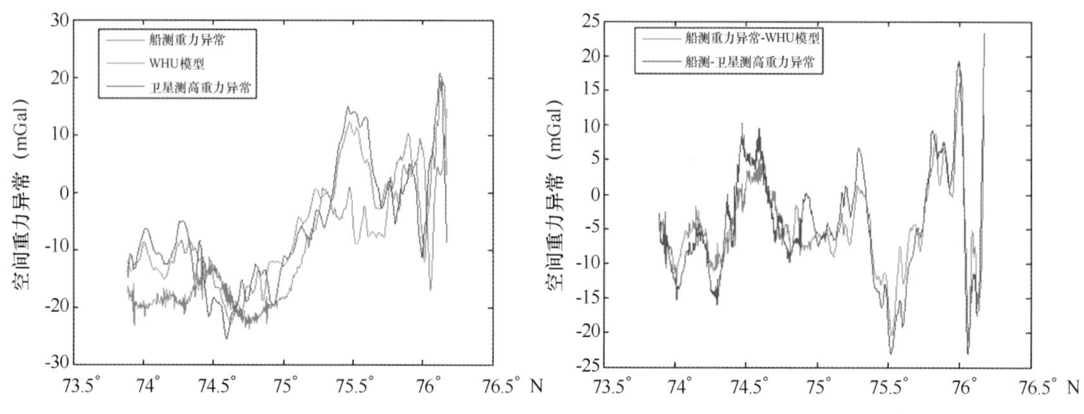

图 4－20　船测重力测线 2 与卫星测高重力异常比较

由重力异常余差 $\acute{\varepsilon}$ 形成格网数据 Δg_{ε}，然后将该格网数据叠加到测高海洋重力格网数据上，得到了数据融合后的结果，具体流程如图 4－21 所示。

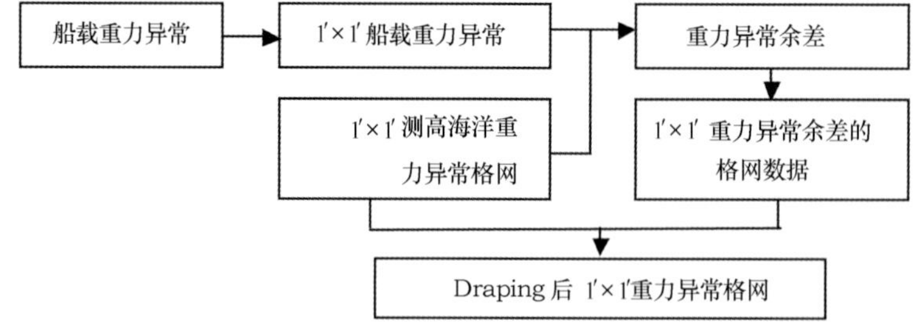

图 4－21　Draping 测高重力与船载重力数据融合的流程

2）上海极地码头重力基点联测

（1）潮汐改正

在引潮力的作用下，地面上每一点的重力值将发生周期性变化，其变化特征与太阳、月亮及地球等天体的运动有关。如果把地球看成一个刚体，在地球表面上任一点重力值的变化称为重力潮汐理论值，可以根据太阳和月亮的星历表精确算出。地球实际为一个弹性体，所以在实际应用时需将理论值乘以潮汐因子即得到真实重力潮汐改正。

潮汐因子表示地球的弹性特征。表明由于地球各部分的区域构造不同，各地区的不同，计算时应采用该地区的实际值。根据国际固体潮委员会标准地球潮汐小组1983年的建议，需扣除潮汐引力的直接部分，而不扣除永久变形的间接部分。

（2）大气改正

地球外部的大气圈层在地表附近大气密度最大，随着离地面距离的增大而减小。大气层对周围的质点也有引力，因而对重力值也会产生影响。它的影响包括大气质量改变的直接影响和地球变形引起的间接影响，这两种影响目前只能靠经验确定。

（3）仪器高改正

由于重力仪的感应元件不可能处于标志点进行观测，一般是在标志点的上方，因此要把观测结果化算到标志点，称之为仪器高改正。仪器摆杆水平时至标石表面的垂直距离即仪器高。

（4）零漂改正

把一台重力仪放在一固定点上，每隔一定的时间进行一次读数，结果是数值在不断变化，且往往时间间隔越长，读数相差越大，就像重力仪的零位置在不断地变化，称这种现象为零点漂移，简称零漂或掉格。

（5）绝对重力值

根据已知重力点的绝对重力值加上段差，得到新建基点的绝对重力值。平差结果及其精度如表4－9所示。

表4－9　新建基点绝对重力值的平差结果及其精度

点号	点名	纬度	经度	重力值（mGal）	精度（mGal）	联测次数
3	基点	31.176°N	121.774°E	0.000 0	0.007 4	4
1	码头1	31.317°N	121.688°E	3.037 6	0.012 0	4
2	码头2	31.317°N	121.690°E	2.6316	0.0128	4

在码头建立了绝对重力主点和附点，即码头1和码头2两个基准点，其绝对重力值如表4－10所示（精度达到任务书规定要求，能满足国家3级重力基点精度）。

表4－10　基准点1和基准点2的绝对重力值

序号	点　名	相对重力测量结果（mGal）	绝对重力值（mGal）
1	上海虹桥机场绝对重力点（联测原点）		97 943.281 19
2	码头1	3.037 6	97 946.318 79
3	码头2	2.631 6	97 945.912 79

3）海洋重力测线处理

第五次北极科学考察和第六次北极科学考察采用同样的处理方式，主要包括时间常数校正、掉格改正、正常场改正和厄特渥斯改正等校正，得到空间重力异常，然后通过布格改正，得到布格重力异常。部分处理结果如图4－22和图4－23所示。

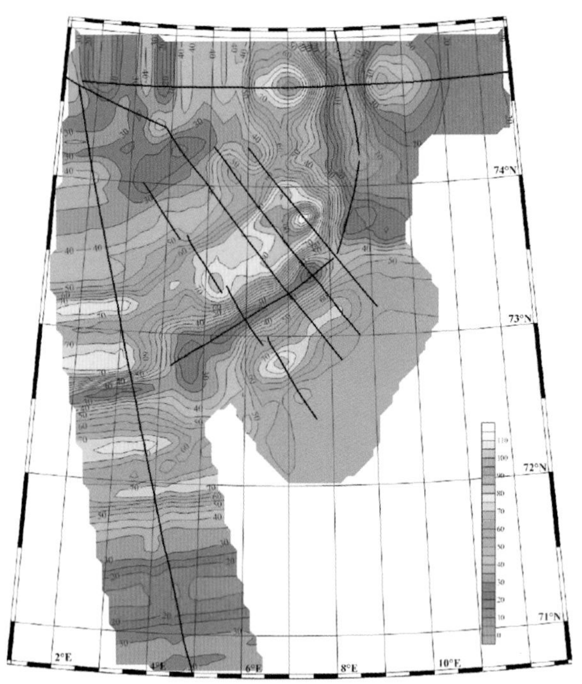

图 4－22　大西洋摩恩洋中脊区域空间重力异常等值线

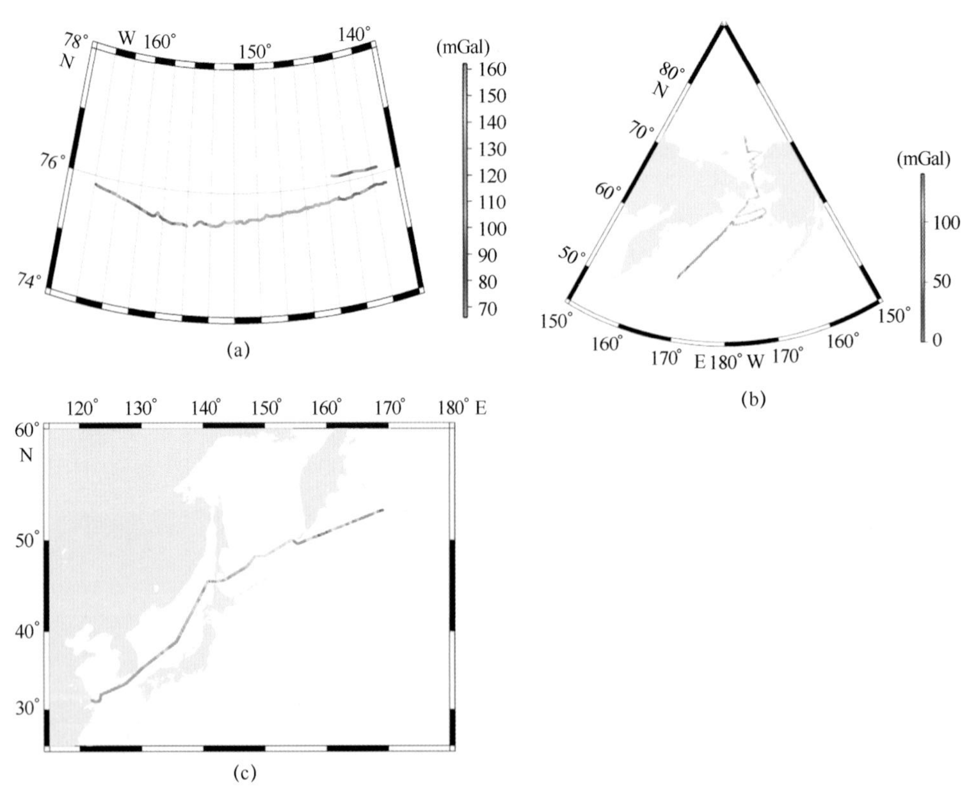

图 4－23　各区域空间重力异常

（a）加拿大海盆；（b）白令海；（c）西太平洋

按照技术合同书、调查规范的要求使用符合精度的重力仪进行作业，仪器性能稳定，全程工作正常。进行了重力整机系统的试验和航前、航后的码头重力基点比对，仪器的月漂移 1.23 mGal，符合调查规范和专题合同书的要求（表 4－11）。

表 4－11 重力基点对比

日期	时间	基点重力仪读数（mGal）
2014－07－10	23：45	－536.85
2014－09－22	07：17	－539.91

（1）时间常数校正

由于海洋重力测量是在水体波动状态下进行的，为了保证高精度的测量，除将重力仪本体（探头）置于陀螺平台之上外，探头内设置了削减外界干扰的强阻尼装置并在控制软件中进行了滤波处理。因此，仪器的读数存在一个滞后时间效应，即在某瞬时读取（或记录）的数据，实际上是此瞬时前几分钟重力仪本体所处位置的重力值。此次海上测量时，S－133 型重力仪滞后时间为 3 min，将某瞬时的重力仪记录数据与其前 3 min 的定位点相对应。

（2）检查异常

由于在测量过程中经常出现停船、加速、减速和避障转向等现象，对重力的测量造成了一定的影响。为消除这些影响，需要对所计算的重力异常进行重新检查。检查的具体方法是，首先草绘各测线的剖面图，根据平面剖面图上反映出的疑问点，对照重力原始模拟记录，重力值班日志以及定位值班日志检查。如在疑问点的前后有停船、船加速、减速、避障转向等现象，便确定该点为错误点，然后用手工将其剔除。

（3）正常场计算

重力正常场的计算采用 1985 年国际正常场公式为：

$$\gamma_0 = 978032.6714 \times \frac{(1 + 0.00193185138639 \times \sin^2\varphi)}{\sqrt{(1 - 0.00669437999013 \times \sin^2\varphi)}} \quad (4-2)$$

式中：γ_0 为正常重力场（$\times 10^{-5}$ m/s^2）；φ 为测点地理纬度（°）。

4）厄特渥斯改正

计算公式为：

$$\delta_{ge} = 7.499 \times V \times \sin A \cos\varphi + 0.004 \times V^2 \quad (4-3)$$

式中：V 为航速（kn）；φ 为测点地理纬度（°）；A 为航迹真方位角（°）。

厄特渥斯校正值是影响重力测量精度的主要因素。经试验利用经过 51 点（GPS 在 1 s 采样时）圆滑的航速、航向计算出的校正值比较合理。

5）自由空间改正

计算公式为：

$$\delta_{gf} = 0.3086 \times H \quad (4-4)$$

式中：H 为重力仪弹性系统至平均海面的高度（m）。

6）零点漂移改正

$$\delta R = (\delta R_1 - \delta R_2)/DS \quad (4-5)$$

式中：δR 为日掉格值，$\times 10^{-5}$ m/s^2；δR_1 为出航时基点的重力值，$\times 10^{-5}$ m/s^2；δR_2 为返航

时基点的重力值，$\times 10^{-5}$ m/s^2；DS 为总天数。

7）空间重力异常计算

自由空间异常计算公式为：

$$\Delta_{gf} = g + \delta_{gf} - \gamma_0 \tag{4-6}$$

式中：g 为测点的绝对重力值；δ_{gf}为自由空间校正值；γ_0 为正常重力场值；

其中：

$$g = g_0 + C \times \Delta s + \delta R + \delta g_e \tag{4-7}$$

式中：g_0 为基点绝对重力值，$\times 10^{-5}$ m/s^2；C 为重力仪格值［10^{-5} m/（s^2·cu)］，1cu＝0.9713 418 $\times 10^{-5}$ m/s^2；Δs 为测点与基点之间的重力仪读数差（cu）；δR 为零点漂移改正值，$\times 10^{-5}$ m/（s^2·d)；δg_e 为厄特渥斯改正值，$\times 10^{-5}$ m/s^2。

8）布格重力改正

用同步测量的水深数据计算简单布格校正值。

简单布格校正公式：

$$\delta gb = 0.0419 \times (\sigma - 1.03) \times H \tag{4-8}$$

式中：H 为水深（m）；σ 为地层密度（$2.67 \times 10^3 \sim 3.00 \times 10^3$ kg/m^3）。

4.2.2 海面拖曳式磁力测量方法

1）数据筛选

数据整理过程中，首先删除信号值低于400的点，另外还删除船只转弯、海况差和挂杂物等影响造成不稳定的数据。

2）定位点与探头距离校正

船上定位的位置以卫星导航系统天线为基准点。测量前，把GPS天线相对于探头的位置参数输入采集软件，采集软件自动计算探头位置。磁力测量数据整理时所需要的日期、时间等均来自GPS。调查数据和班报填写时间统一采用GPS时间。

3）地磁正常场改正

海洋地磁测量的正常场计算采用国际高空物理和地磁协会（IAGA）公布的国际地磁参考场（IGRF）公式计算。它的地磁场总强度的三个分量分别为：

$$\left.\begin{aligned}
X(t) &= \frac{1}{r}\frac{\partial u}{\partial \theta} = \sum_{n=1}^{n=N}\sum_{m=0}^{m=n}\left(\frac{a}{r}\right)^{n+2}[g_n^m(t)\cos m\lambda + h_n^m(t)\sin m\lambda]\cdot\frac{d}{d\theta}P_n^m(\cos\theta)\\
Y(t) &= \frac{-1}{r\sin\theta}\frac{\partial u}{\partial \lambda} = \sum_{n=1}^{n=N}\sum_{m=0}^{m=n}\left(\frac{a}{r}\right)^{n+1}\cdot\frac{m}{\sin\theta}[g_n^m(t)\sin m\lambda - h_n^m(t)\cos m\lambda]P_n^m(\cos\theta)\\
Z(t) &= \frac{\partial u}{\partial r} = \sum_{n=1}^{n=N}\sum_{m=0}^{m=n} -(n+1)\cdot\left(\frac{a}{r}\right)^{n+2}[g_n^m(t)\cos m\lambda + h_n^m(t)\sin m\lambda]P_n^m(\cos\theta)
\end{aligned}\right\} \tag{4-9}$$

式中：u 为地磁位；r，θ，λ 为地心球坐标；a 为参考球体的平均半径，是 n 阶 m 次施米特正交型伴随勒让德函数；N 为最高的阶次；$g_n^m(t)$ 和 $h_n^m(t)$ 为相应的高斯球谐系数；$X(t)$、$Y(t)$、$Z(t)$ 分别代表地心坐标地磁总强度的北向分量、东向分量和垂直分量。采用2010年公布的13阶、次系数并做相应的年变改正，相应的地磁场总强度模 $|T(t)| = [X^2(t) + Y^2(t) + Z^2(t)]^{1/2}$ 包含了地磁场长期变化。

球谐系数和时间的关系为：

$$\left.\begin{aligned} g_n^m(t) &= g_n^m(t_0) + \delta g_n^m \cdot (t - t_0) \\ h_n^m(t) &= h_n^m(t_0) + \delta h_n^m \cdot (t - t_0) \end{aligned}\right\} \tag{4-10}$$

式中：g_n^m（t_0）和 h_n^m（t_0）为基本场系数（单位：nT）；δg_n^m 和 δh_n^m 为年变系数（单位：nT/a）。

4）日变改正

第五次北极科学考察的拖曳式地磁数据使用黄河站日变站数据进行地磁改正。第六次北极科学考察的日变改正使用了从国际地磁网 INTERMAGNET 下载的近同纬度的 Resolute Bay 地磁观测台站数据，经纬度坐标分别为74.690°N，265.105°W。图4－24 为 Resolute Bay 地磁台 2014 年 9 月 5 日内观测的日变观测值。两次日变观测值总体数据比较平缓，无磁暴现象，因此我们将相应数据进行时间偏移后用于改正船测数据。

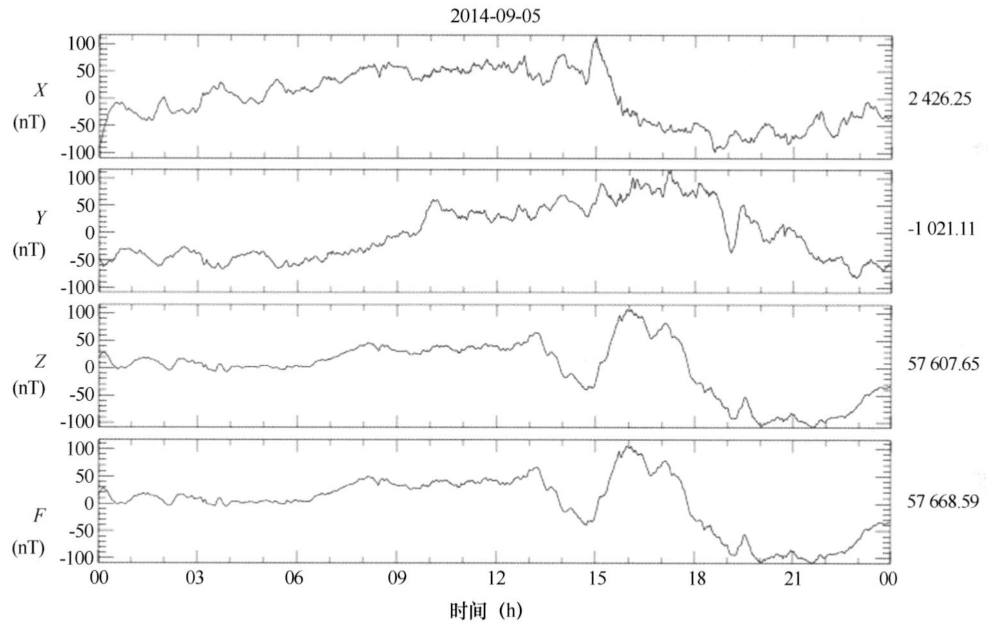

图4－24　Resolute Bay 地磁台的日变观测值

地磁日变观测数据可靠，分辨率优于0.1 nT。日变观测时间系统与海上采用的 GPS 时间系统一致，采样间隔为1 min。在地磁日变观测时，选取合适的地磁总场值作为参考值（如某个地磁平静日的连续 24h 观测值的平均值），跟踪绘制当日的地磁日变曲线，判断磁扰的初动、持续、消失的时间。传统上磁扰阶段的日变取磁扰发生前、后 3 天（或 2 天、1 天等，视正常日变阶段的时间长短）的平均日变曲线。这种处理方法会使磁扰阶段的日变与正常日变的衔接产生突变，相应地分离出来的磁扰初动和消失也是突变的。由于日变校正采用地方时和磁扰校正采用世界时，日变改正和磁扰改正之间的偏移造成这种改正的畸变，会给测线地磁数据带来额外的起伏误差，最后影响地磁数据的总精度。为此，在传统方法的基础上，依据磁扰阶段的日变曲线两端与正常日变曲线的台阶差，进行线性倾斜改正，去除其两端的台阶差，实现磁扰阶段的日变曲线与正常日变曲线的连续自然过渡，再用此磁扰阶段的正常日变曲线去减实测的地磁日变曲线，便可得到初动和消失也自然过渡的磁扰曲线。由此可以克服磁扰阶段的日变、磁扰改正给地磁测线数据带来的额外畸变误差，保证地磁数据的总精度。

第五次北极科学考察日变基值取区块工作期间平静日每天23时的平均值作为全区日变改正的基值，日变改正基值为50 610.3 nT。使用线性调差方法计算各测线交点差，并进行调差，调差后的大西洋摩恩洋中脊区域地磁异常等值线如图4－25所示。第六次北极科学考察的日变及地磁异常见图4－25和图4－26。

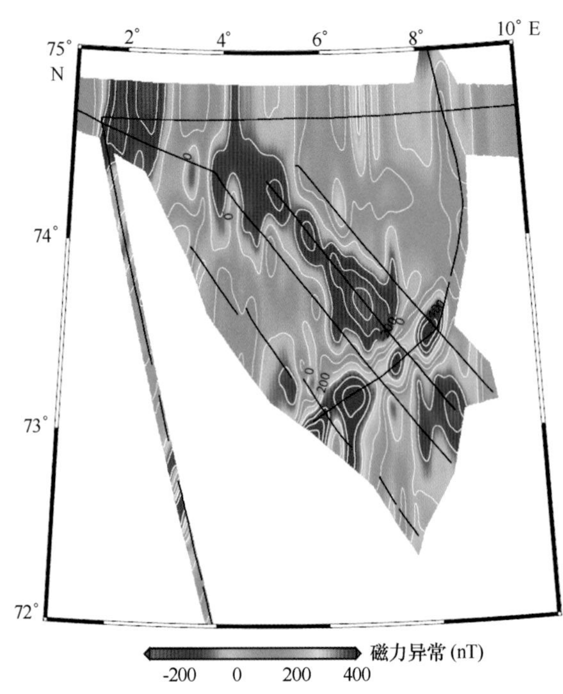

图4－25　大西洋摩恩洋中脊区域地磁异常等值线

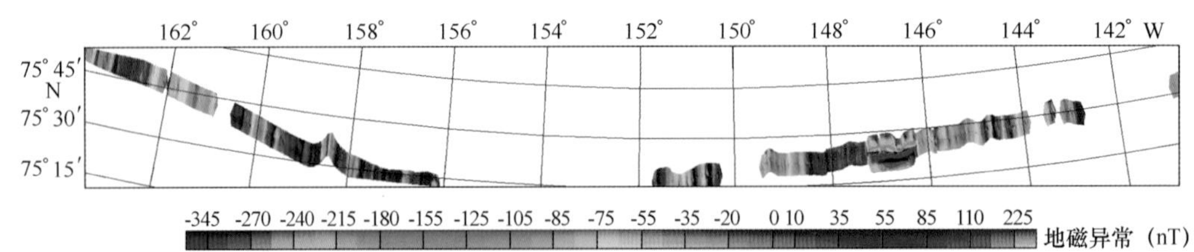

图4－26　测区的磁力异常

4.2.3　三分量磁力数据的处理方法

船载三分量磁力测量包含地磁三分量和三分量传感器姿态的测量。由于测量条件限制，分别采用两台电脑采集记录两者的数据，处理时必须进行数据同步。原始数据中，地磁三分量数据采样率是0.1 s，GPS和姿态传感器的数据采样率是1 s，因此整理出来的成果数据采样率为1 s。船载三分量磁力测量过程中没有进行定点的船磁标定试验，本次处理目前只提取了测线上的原始三分量数据。

图4－27是MN01测线上2012年8月3日9:25开始的连续1 min信号的X分量观测曲线，表明信号的连续性较好，没有跳点。图4－28至图4－30分别是MN01整条测线上的X

分量、Y分量、Z分量曲线，急剧跳动的高频信号可能反映了包括船体的电、磁扰动在内的各种影响，这种高频噪声可利用低通滤波器消除。

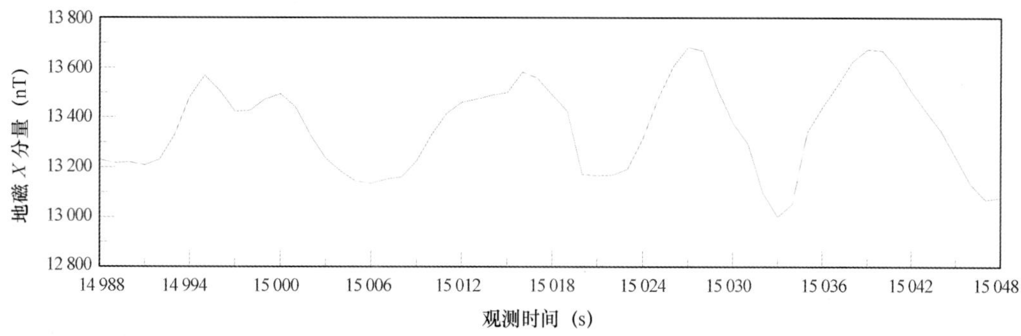

图4－27　MN01_ 1测线上1 min的X分量曲线

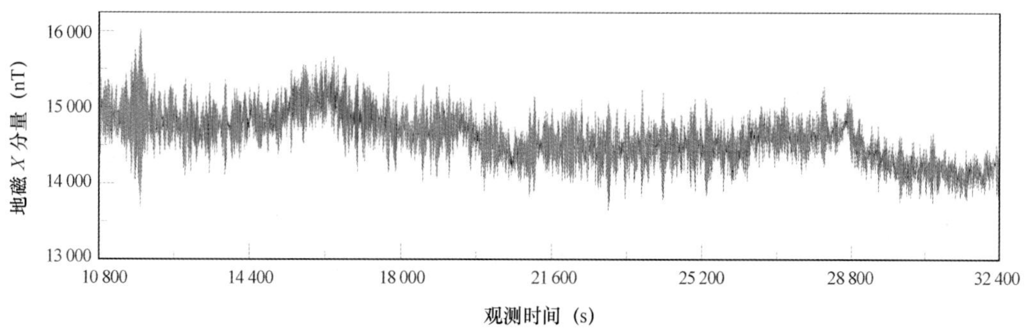

图4－28　MN01_ 1测线X分量曲线

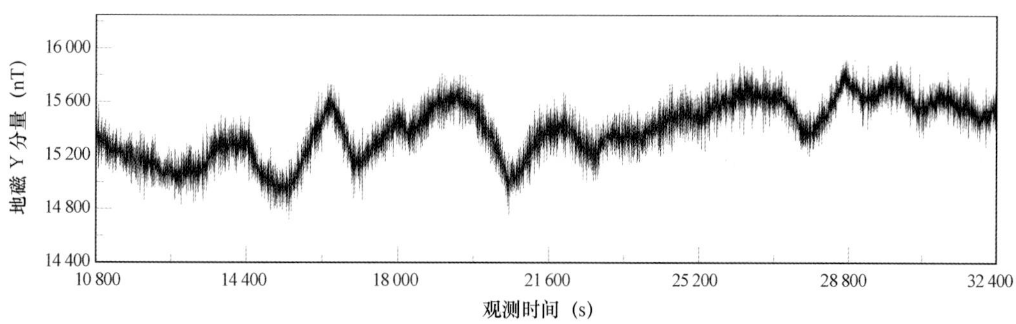

图4－29　MN01_ 1测线Y分量曲线

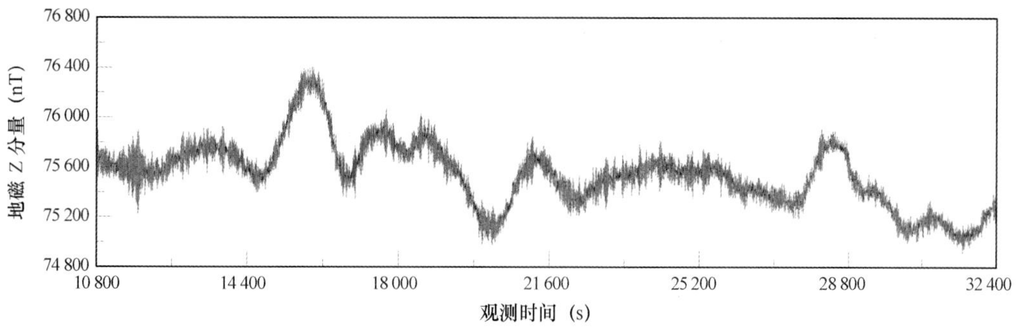

图4－30　MN01_ 1测线Z分量曲线

4.2.4 近海底磁力测量方法

由于拖体姿态受到海流等的影响，近海底磁力采集数据存在跳点。我们这里通过人工判断，手动删除这些干扰点。删除跳点后的数据如图 4-31 所示。

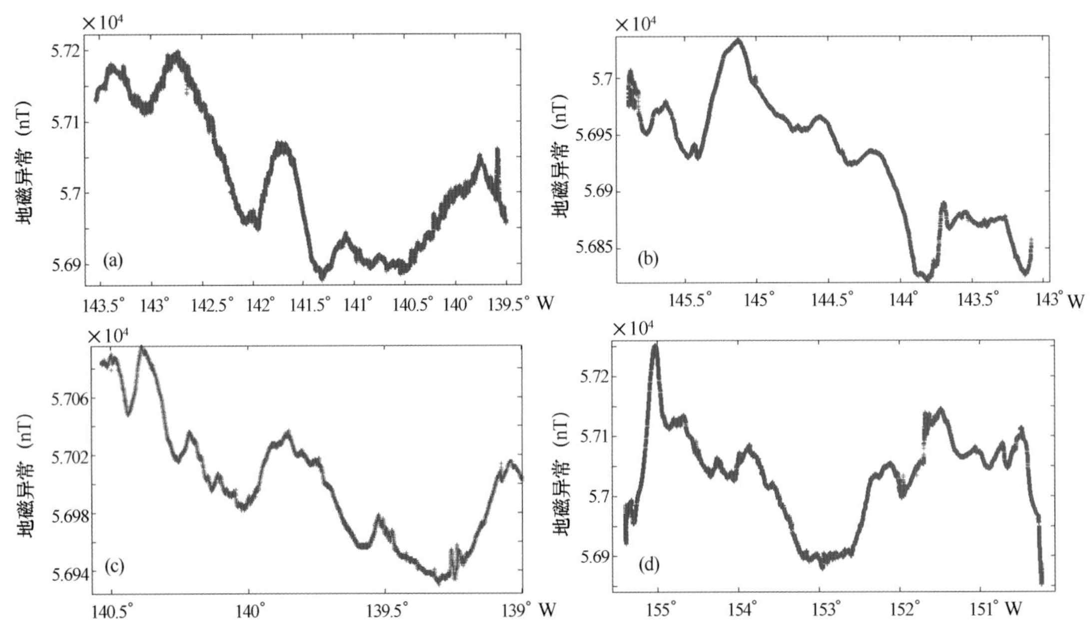

图 4-31　删除跳点后的近海底地磁总场随经度的变化

（a）TM3 测线；（b）DTM2-1 测线；（c）DTM2-2 测线；（d）DTM2-4 测线

此次测量并未在拖体上安装水下定位系统，因此磁力仪的位置需要根据船上的 GPS、拖缆长度、深度和船速综合计算得到。拖缆长度为万米绞车读数，每半小时记录一次。拖体深度由深度传感器（SBE）得到。拖体离船尾距离、拖缆长度和深度按照直角三角形计算并根据船速将仪器改正到相应时间点时船体位置。拖体深度与船速的关系如图 4-32 所示。从图 4-32 可以明显看出，拖体深度与船速具有良好的一致性。若要保证拖体能沉放到一定深度，船速必须要减慢。在拖体深度沉放最深的 DTM2_ 1 和 DTM2_ 2 测线上，其船速均对应 2 kn 左右。

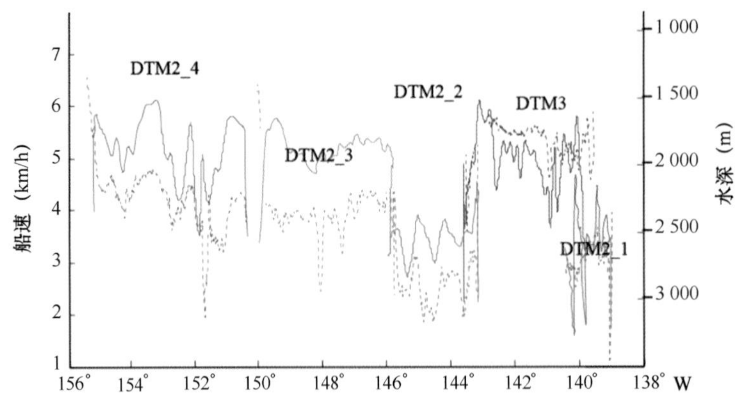

图 4-32　船速与拖体深度

实线为船速，虚线为相应的拖体深度

4.2.5 海洋反射地震处理流程

1）第五次北极科学考察

为获得好的地震处理成果剖面，必须对各种干扰波进行有效的压制，突出有效信号的能量。第五次北极科学考察采用 Geo Resources 公司单道地震系统接收，采用 Seismic Unix（SU）软件进行数据处理。SU 软件本身源代码开放，包内有地震处理的各个模块，使用者可以根据自己的需要编译新的处理程序。本次处理流程如图 4－33 所示。

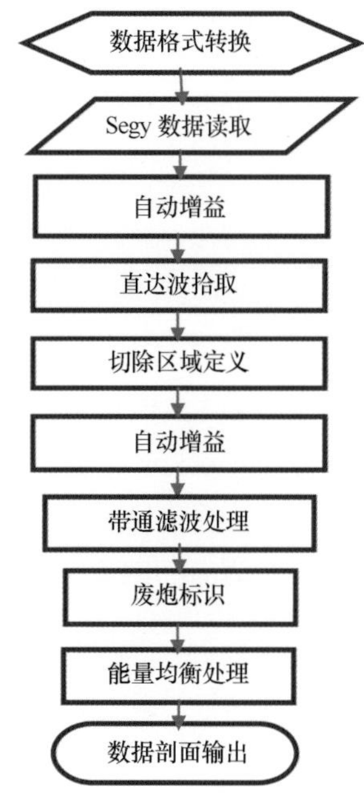

图 4－33 第五次北极科学考察地震数据实际处理流程

首先将单道地震接收系统采集到的 *. tra 格式数据转换为 segy 地震数据。用 SU 软件将 segy 读入处理系统，转换成 SU 能够识别的 *. su 数据格式。

海上单道地震的原始数据初至很强，深层的反射信号较弱，所以需要对数据进行能量均衡处理。采用振幅自动增益控制，应用 AGC 增益函数来增强较弱的地震反射信号。增益函数是时变的整体增益控制，能够保持真振幅的相对关系。然后进行直达波拾取，确定有效地震数据区域。在切除直达波之后，为确保下部地层能量相对弱的反射信号能够清晰显示，进行了自动增益控制。

通过对原始数据的频谱分析，电火花震源能量主频较高，如图 4－34 所示左侧为滤波前的频谱图，存在振幅非常强的低频噪声。经过各频率尝试，确定采用 200～250 Hz和 800～900 Hz 带通滤波器对数据进行滤波，以去除低频和高频噪声，保留宽频带的有效能量。

在确定了处理流程和滤波参数之后，开始对具体测线进行处理，以下以第五次北极科学考察 BL11－12 和 BL12－13 为例来进行说明。

（1）测线 BL11－12

BL11－12 的原始剖面如图 4－35a 所示，剖面前段数据被强低频信号掩盖，因此截取无低频信号干扰的地震道 1647～3051 炮，得到的剖面如图 4－35b 所示。地层下部可以清晰地

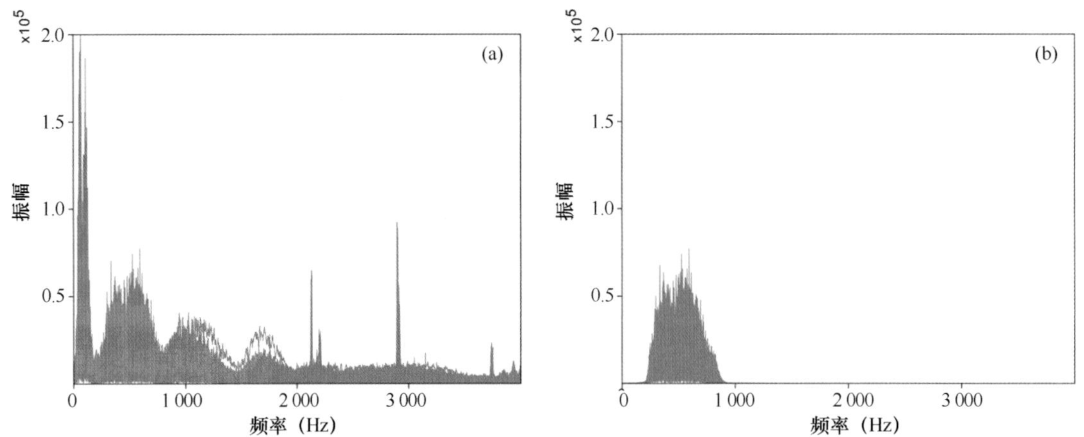

图 4 - 34　滤波前后频谱分析

（a）滤波前；（b）滤波后

看到多次波，有效信息集中在上部，截取 0.3 ~ 1.0 s 区间得到剖面如图 4 - 35c 所示。

为补偿震源信号在深部的减弱，对数据进行增益处理（数据与时间幂相乘），增益后的剖面如图 4 - 35d 所示。各层信号强度得到了较好的补偿。其后根据均方根值和均值进行道均衡，得到的剖面如图 4 - 35e 所示。最后对数据进行滤波，使用之前频谱分析确定的带通滤波器 200 ~ 250 Hz 和 800 ~ 900 Hz，滤波后的剖面如图 4 - 35f 所示。

（2）测线 BL12 - 13

测线 BL12 - 13 得到的原始剖面如图 4 - 36 所示，整条测线信号质量较好，可以清晰地看到有效信号层和多次波。在进行与 BL11 - 12 测线相同的数据增益后，得到剖面如图 4 - 37a 所示。接着对数据进行均衡处理得到剖面如图 4 - 37b 所示。截取时间轴区间 0.15 ~ 0.45 s，得到剖面如图 4 - 37c 所示。对信号进行频谱分析，有效信号能量主要集中在 250 ~ 800 Hz，设置带通滤波器 200 ~ 250 Hz 和 800 ~ 900 Hz 进行滤波，得到滤波后成果剖面（图 4 - 37d）。

2）第六次北极科学考察

传统的海上多道反射地震资料处理分为数据预处理、常规处理与特殊处理 3 部分。数据预处理主要解编磁盘记录数据的二进制排列顺序、存储格式转换、废炮与废道切除等；常规处理包括野外观测系统定义、抽道集、速度分析、动校正、叠加等处理过程，各处理过程又包括一维二维滤波、能量均衡、数据切除等常规处理手段；特殊处理包括偏移归位、时深转换处理等。随着地震勘探技术的快速发展以及计算机硬件与地震专业处理软件的强大，海上多道反射地震资料传统处理流程的细节有所变化，主要表现在无需再进行数据预处理中的格式转换与数据解编，地震专业处理软件都能自动解决数据存储上的格式差别与记录顺序，实际处理时只需加载原始的炮文件即可。高分辨率反射地震资料处理不仅要满足常规的处理成果要求，还需遵循地震资料的“三高”（高分辨率、高信噪比、高保真度）处理目标。高分辨率与高信噪比是相互依赖又相互对立的技术要求，高信噪比资料是高分辨率剖面的基础，但在处理过程中，采用过度的滤波技术来提高资料的信噪比会影响资料剖面的纵横向分辨率，同样，多次采用提高分辨率的处理手段（如预测反褶积等）会带入噪声从而减低资料的信噪比，实际处理过程中需要根据资料特点采用适度的处理手段。

本次处理以微软 Windows 7 操作系统为平台，采用加拿大 GeoDec 公司微机版的 VISTA

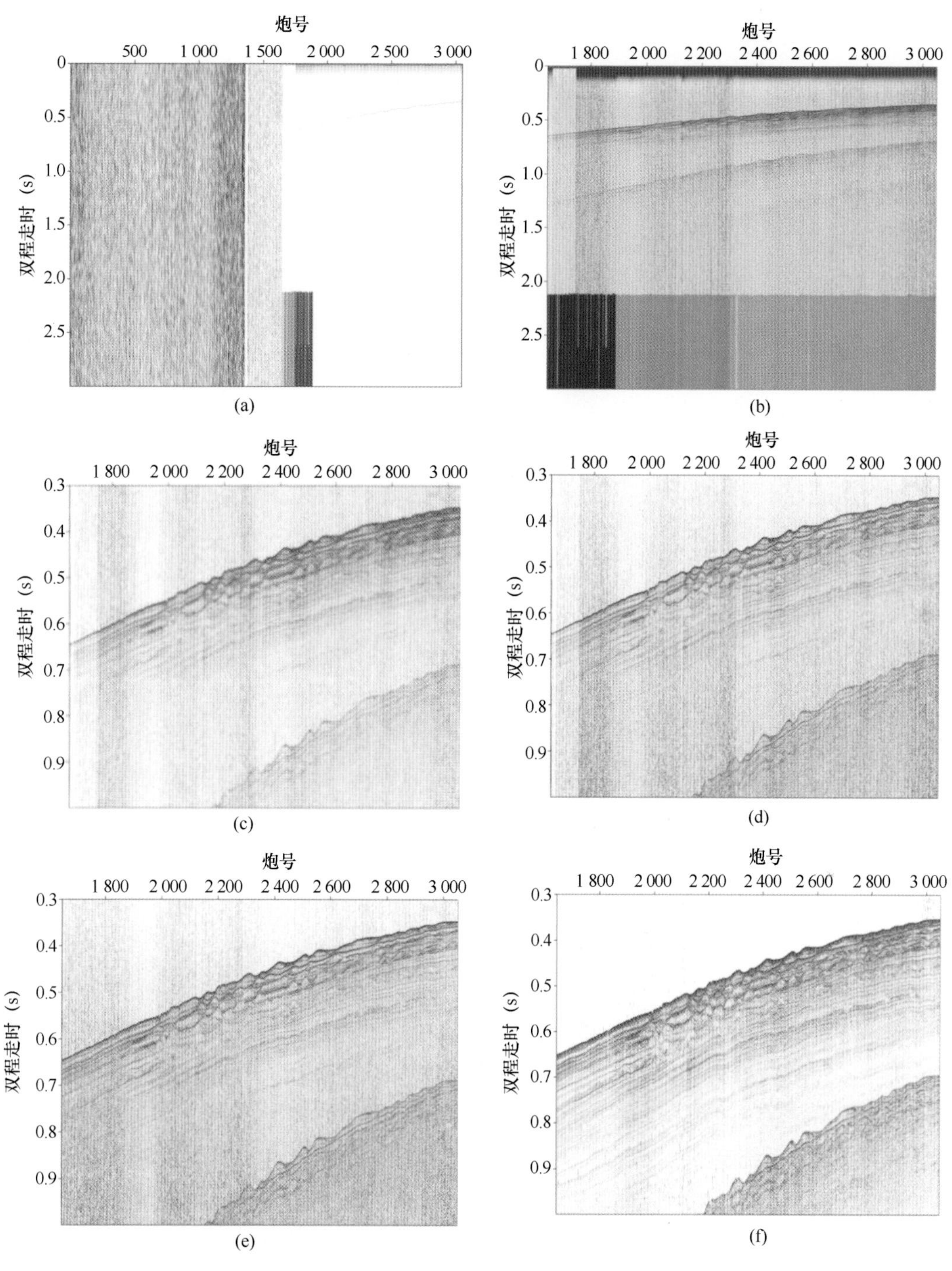

图 4 - 35 BL11 - 12 测线处理过程

(a) 原始剖面图；(b) 截取 1647 ~ 3051 道；(c) 截取时间轴 0.3 ~ 1.0 s；(d) 增益处理；(e) 均衡处理；(f) 滤波处理，滤波器设置 200 ~ 250 Hz 和 800 ~ 900 Hz

2D/3D 专业地震处理软件进行处理，兼用自主研发的 SeisImage 软件和 SeiSee 软件辅助处理。对 24 道缆接收的 2 条测线 7241 炮记录进行了详细的资料分析与处理，处理所采用的通用流程如图 4 - 38 所示。

以上处理流程未按预处理、常规处理等分类，而是根据 Hydroscience 多道数据资料的特点，在传统处理基本过程的基础上，采用合适的实际处理流程模块。在实现高信噪比处理要

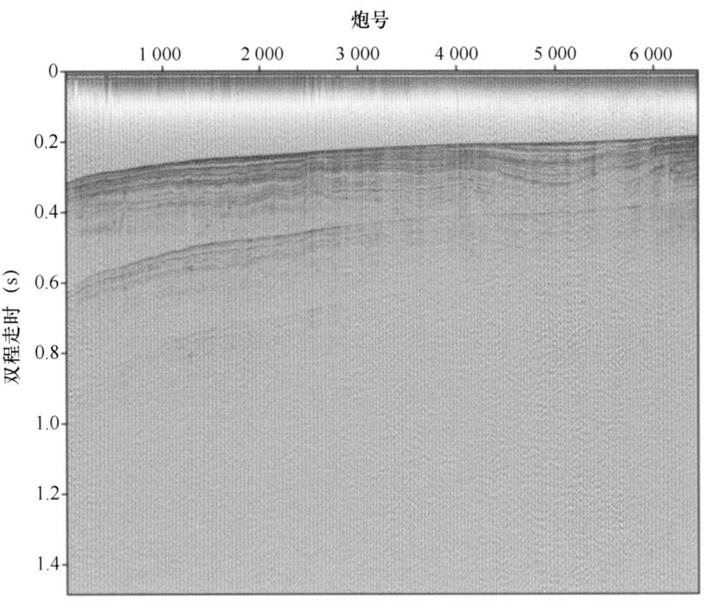

图 4－36　测线 BL12－13 原始剖面

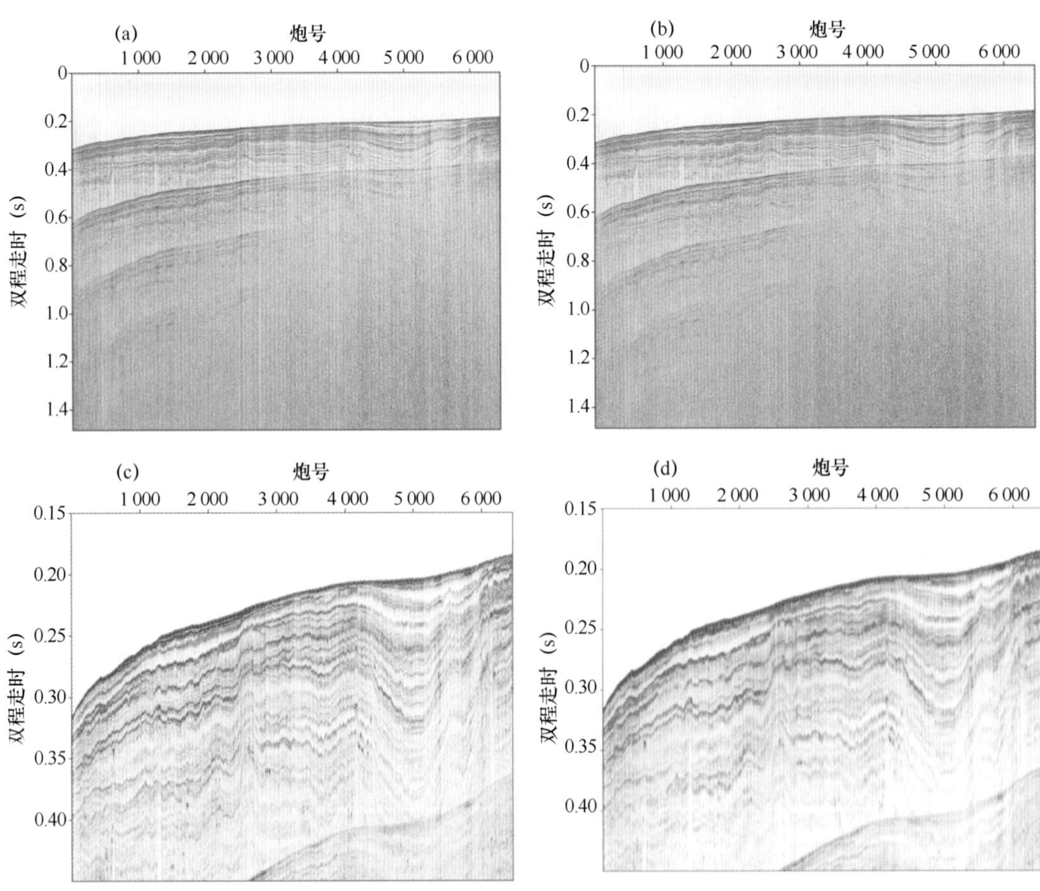

图 4－37　BL12－13 测线处理

（a）增益处理；（b）均衡处理；（c）截取时间轴 0.15～0.45 s；（d）滤波处理，滤波器设置 200～250 Hz 和 800～900 Hz

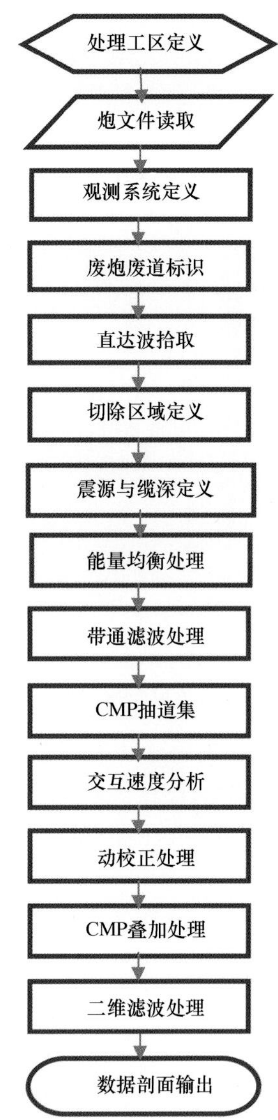

图4－38　实际处理所采用的处理流程

求的条件下，为满足高保真度需求，处理中所采用的各模块除保证振幅间的相对大小关系外，部分处理模块只服务于显示的需要，采用了单对动态内存数据进行处理，而不改变原始数据振幅的大小，这样就可以做到振幅数据的绝对保真处理。图4－38中的直达波拾取、能量均衡、速度分析与动校叠加等处理中都使用一维带通滤波。

因电火花震源激发的子波频带较高，图4－38中未列出提高纵向分辨率的处理模块，从资料分析图4－39中可以明显看出，采集的原始炮记录有效频带中心频率超过450 Hz，分辨率很高，提高分辨率的反褶积等处理没必要进行。另外图4－38中未列出偏移归位与时深转换等特殊处理。偏移归位处理需要准确的偏移速度。在完成了动校叠加后，还需要对剖面进行高精度的噪声压制处理，如随机噪声衰减、多次波压制等。在此基础上再作准确的速度分析处理，才可以用作偏移归位处理时的速度场。时深转换需要勘探海域的钻孔声速测定资料，若不能获得精准的速度资料与钻孔层位比对信息，时深转换就很难获得准确的结果。

图4－39是测线部分炮集记录的交互频谱分析，从图中可以看出，该炮集有效频带范围为120～780 Hz，中心频率在480 Hz左右。如此高的频带范围，若以半个波长计算纵向分辨

率，能够分辨 2 m 内的薄层反射。因此资料处理中未对剖面作反褶积等提高分辨率的处理。

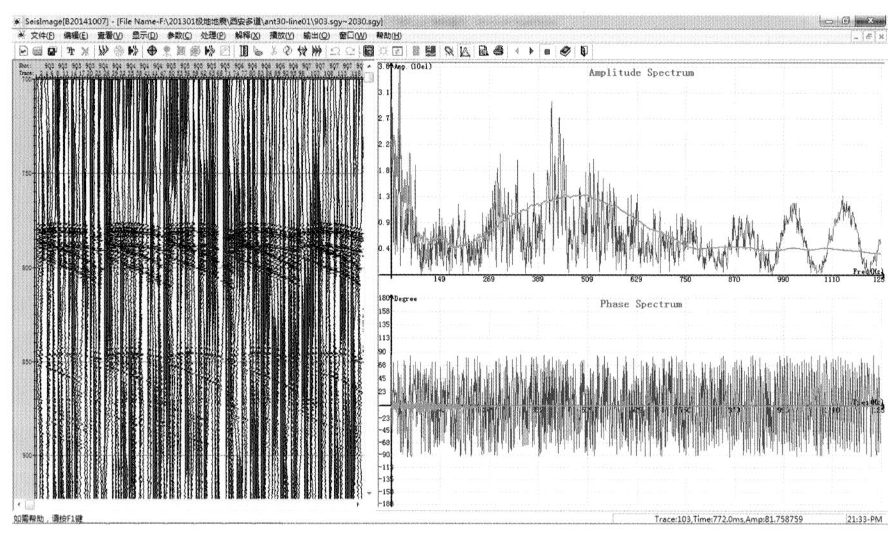

图 4－39　原始炮集记录交互频谱分析

图 4－40 和图 4－41 是图 4－39 中的原始炮集记录做有效频带的带通滤波前后的结果。从中可以看出，滤波前炮集记录上低频的背景噪声比较强，掩盖了中深部的有效反射同相轴。经带通滤波后，剖面的信噪比有了明显的提高，有效反射能量突出，波组分布明显（图 4－41）。图中可以看出剖面上存在多层沉积物反射同相轴，同相轴的层位信息清晰连续。

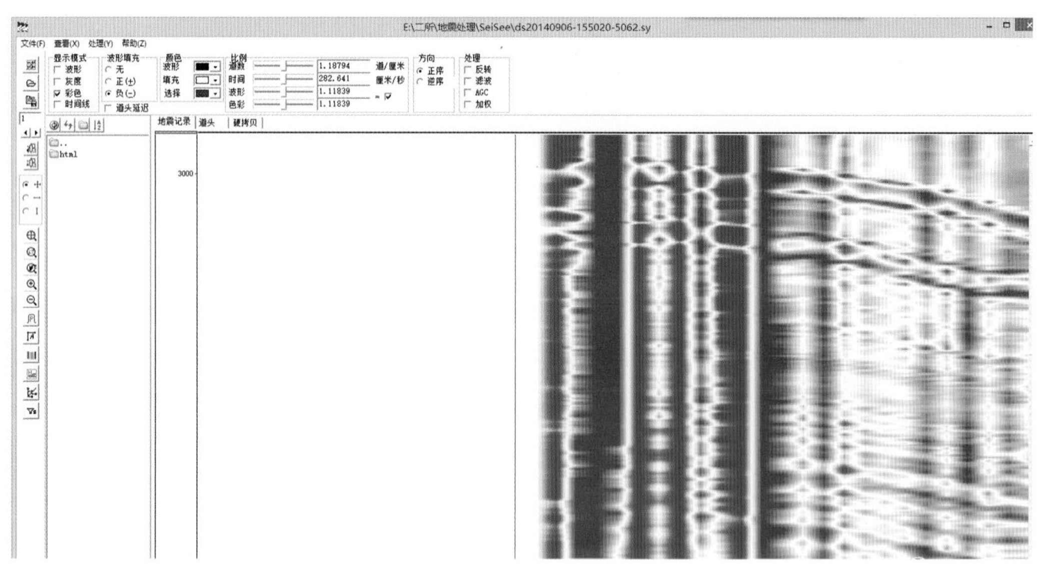

图 4－40　带通滤波前的有效反射波组分布

图 4－42 是抽道后 CMP 道集交互速度拾取图，图中可以看出高信噪比的 CMP 道集有效反射速度谱能量集中，不同深度范围的反射波组能量团分离明显，这非常便于速度的拾取，拾取后的速度值可以直接用于后续的动校叠加处理模块。

图 4－43 是部分叠加剖面，剖面上反射层位同相轴连续性很好，不同深度范围的反射层位信息丰富，层理清晰，层位形态与走向清楚，剖面信噪比与地层分辨率都很高。

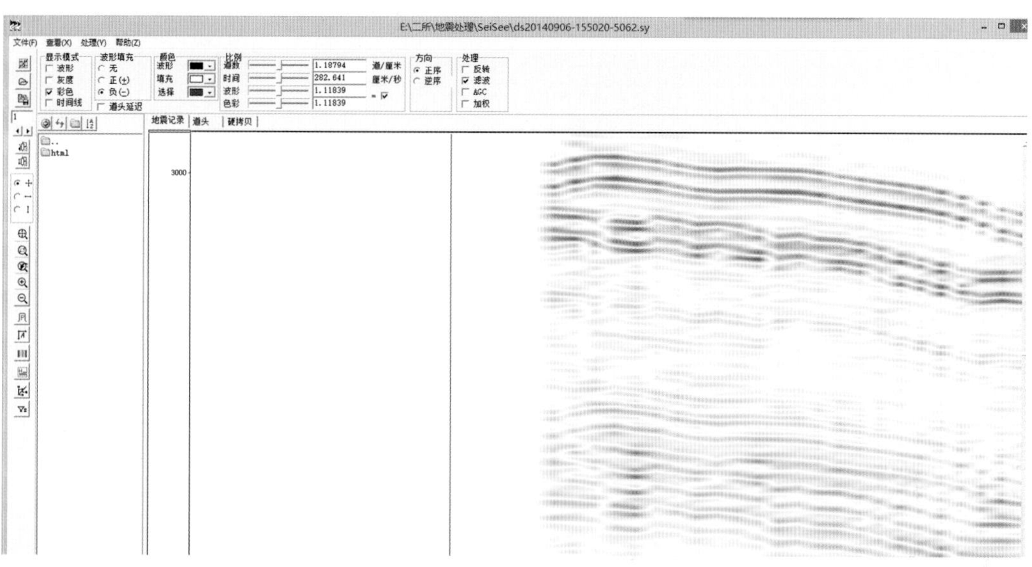

图 4 - 41 带通滤波后的有效反射波组分布

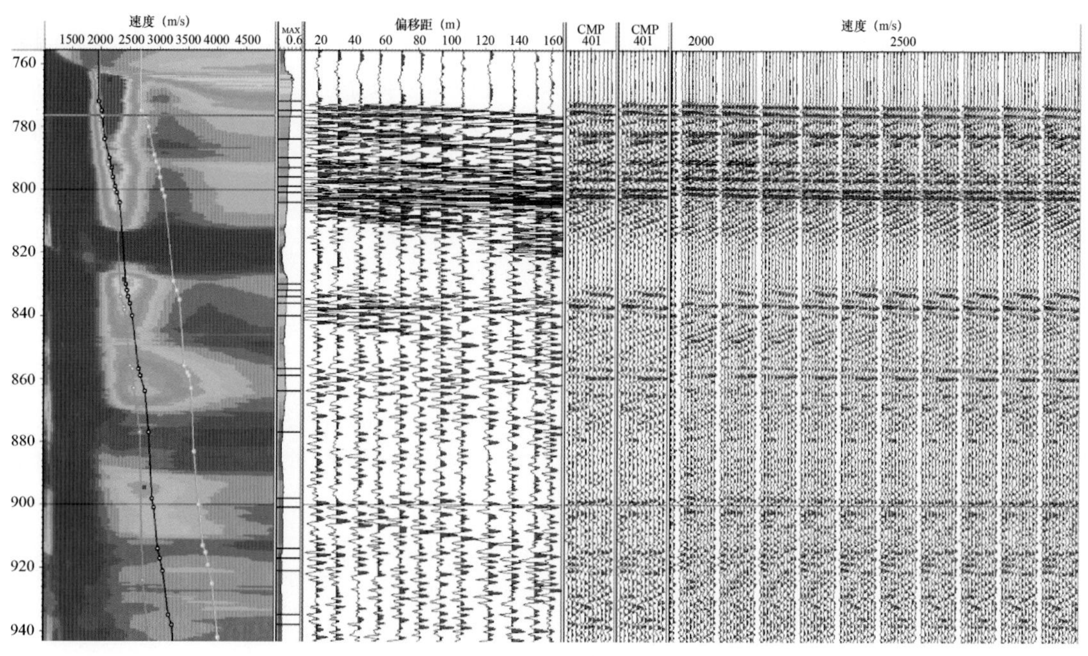

图 4 - 42 高信噪比 CMP 道集速度分析与交互速度拾取

4.2.6 海底热流处理方法

1）第五次北极科学考察

（1）原始数据处理

原始数据文件包含的是电阻变化值，温度与电阻值转换关系式将数据转换为温度值，得到时间与温度关系图（图 4 - 44）。具体的原始资料处理流程如图 4 - 45 所示。

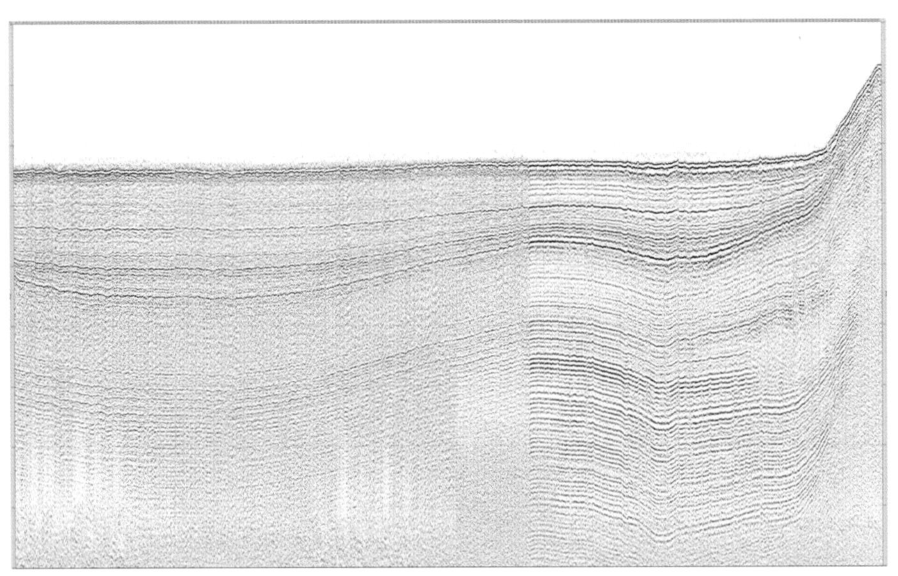

图 4－43 经速度分析拾取后通过动校叠加获得的剖面

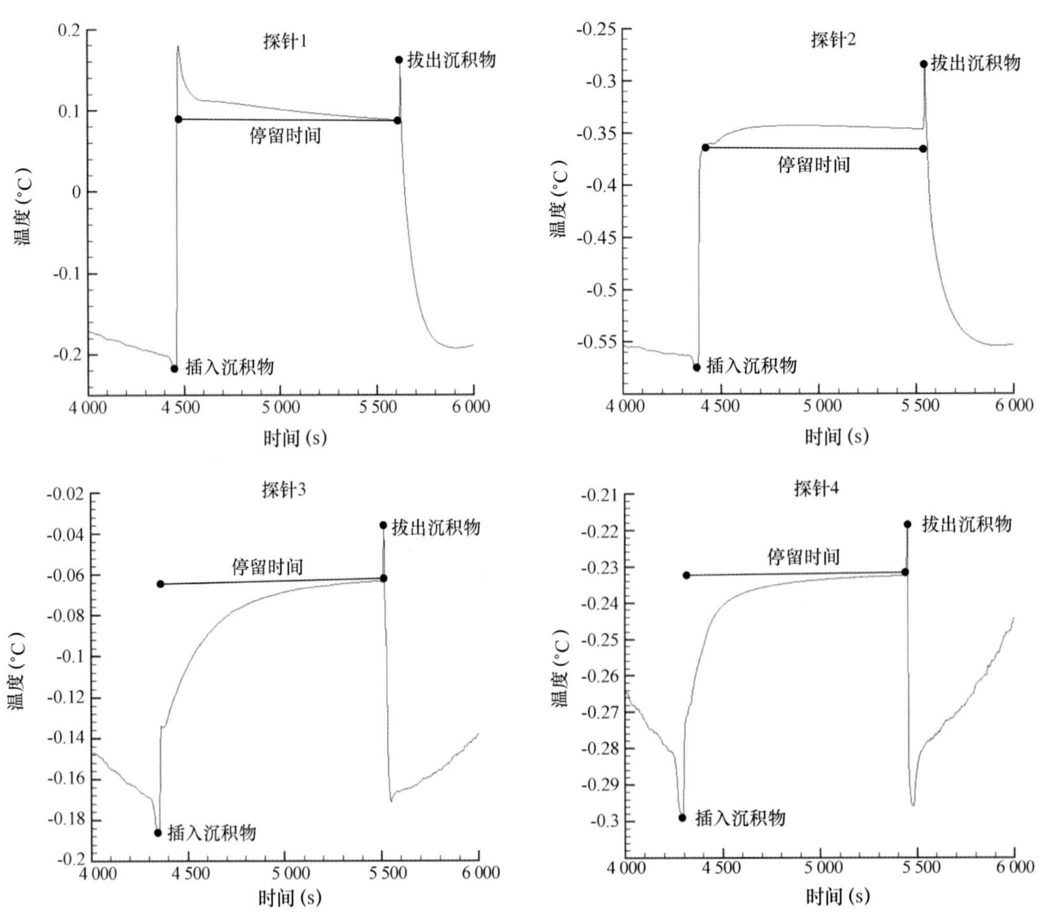

图 4－44 由各探针采集的原始资料得到温度与时间的关系（取 4 000～6 000 s 部分）

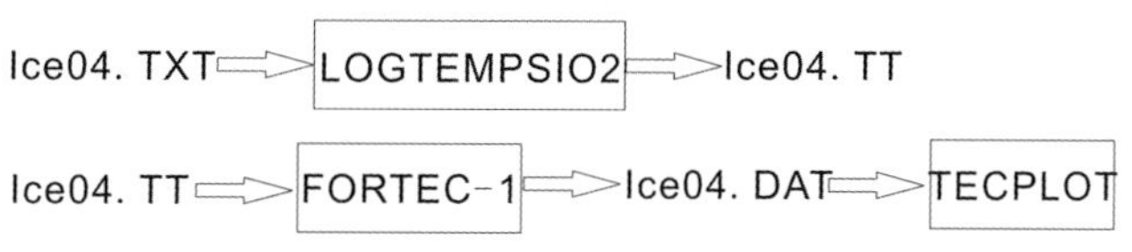

图 4－45　原始资料处理流程

（2）计算平衡温度、地温梯度

平衡温度的计算有直接读数和线性回归两种常用的方法。

探针在沉积物中的记录时间超过 7 min 时，温度已趋于平衡，可以简单地把拔出前的温度直接读出为该探针的平衡温度，实际上本次记录为 20 min，因此不断调整温度、时间刻度范围，得到相应的平衡温度如表 4－12 所示。

各探针入水时记录到的温度各不相同，需要校正到同一水平。我们以探针 1 为基点并考虑探针开始工作的时间差对探针 2、探针 3、探针 4 的平衡温度进行校正。

表 4－12　Ice04 站各探针的平衡温度 1

探针编号	相对位置（m）	入水温度记录（℃）	直接读取平衡温度（℃）	校正后平衡温度 1（℃）
探针 1	3. 97	－0. 163 0	0. 100 0	0. 100 0
探针 2	2. 76	－0. 561 0	－0. 340 0	0. 058 0
探针 3	1. 01	－0. 180 0	－0. 065 0	－0. 048 0
探针 4	0	－0. 272 0	－0. 236 0	－0. 127 0

通过平衡温度与位置的线性回归分析（图 4－46），回归系数即斜率就为所求的地温梯度（57. 5℃/km）。

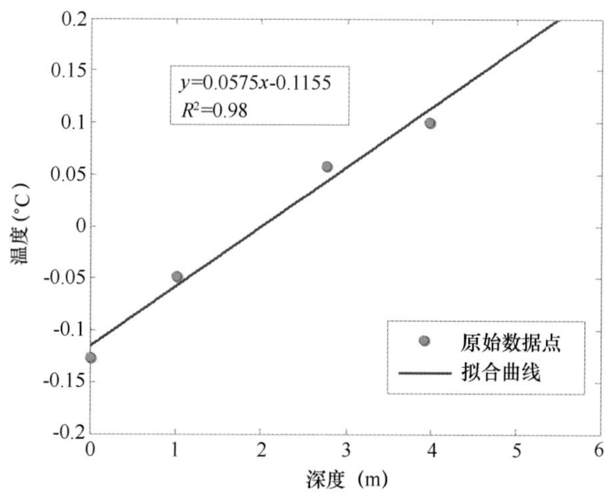

图 4－46　Ice04 站位平衡温度 1 与深度的线性回归

Bullard（2002）把探针理想化为半径为 r 并具纯传导型的无限长柱体，并给出探针沉积物中的热衰减公式，理论温度与实测温度的拟合可获得平衡温度。当记录时间足够长时，温度（单位℃）与时间 t（单位 s）的倒数为线性关系：

$$T(t) = \frac{k}{t} + T_a \tag{4-11}$$

式中：k 为斜率；t 为从有效插入时刻开始计时的时间。依据这一关系 Pfender 和 Villinger 建议利用拔出前 100 s 的温度数据进行 $T(t) \sim 1/t$ 线性回归，t 无穷大时对应的温度即为所求的平衡温度，如表 4－13 所示。

表 4－13　Ice04 站各探针的平衡温度 2

探针编号	入水温度记录（℃）	线性回归平衡温度（℃）	校正后平衡温度 2（℃）	与平衡温度 1 偏差
Probe1	－0.163 0	0.088 4	0.088 4	11.6%
Probe2	－0.561 0	－0.346 4	0.051 60	12.4%
Probe3	－0.180 0	－0.063 3	－0.046 3	3.5%
Probe4	－0.272 0	－0.238 0	－0.129 0	1.6%

同样利用回归系数得到的地温梯度 2 为 54.7℃/km，如图 4－47 所示。

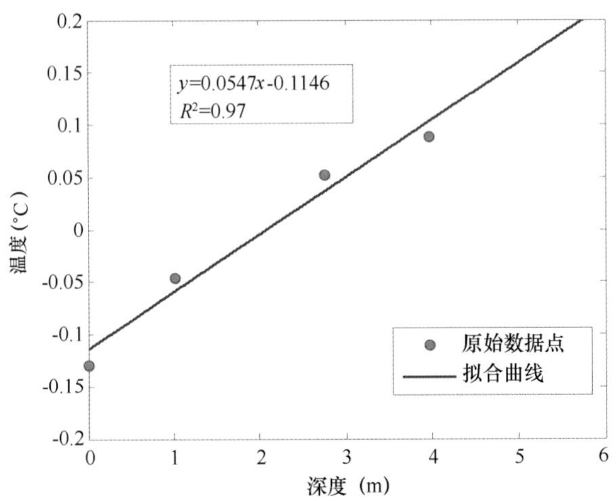

图 4－47　Ice04 站位平衡温度 2 与深度的线性回归

（3）计算热导率和热流密度

沉积物样品的热导率由 TK04 型热导率仪测量。样品在测量前均存放在恒温箱内恒温 24 h，以便样品与测量环境之间达到热平衡。样品进行 5 次测量，测量结果的平均值作为该样品的热导率。对深度 420 cm 的沉积物样品 5 次测量得到的热导率平均值为 1.81 W/mK。

沉积物的热导率和其含水量、温度及压力相关，因此测量得到的热导率还需经过温度、压力及含水量的校正，才能反映沉积物在原位条件下的导热性质。这里采用 Hyndman 等的校正公式：

$$\lambda_{P,T}(z) = \lambda_{lab}\left[1 + \frac{z_w + \rho_z}{1829 \times 100} + \frac{T(z) - T_{lab}}{4 \times 100}\right] \quad (4-12)$$

式中：$\lambda_{P,T}(z)$ 为深度 z 处的沉积物的原位热导率，W/mK；λ_{lab} 为测量条件下测量的热导率，W/mK；z_w 为水深，m；ρ 是沉积物平均密度，g/cm^3；$T(z)$ 为深度 z 处的沉积物的原位温度，℃；T_{lab} 是测量热导率时测量室的温度，℃。该公式适用的温度范围为 5～25℃，与本书的相关数据相当，沉积物的平均密度取 1.8 g/cm^3。校正后的热导率为 1.71 W/mK，校正量为 0.94%。

热流密度的计算一般采用 Bullard 方法。该方法假定测温段的热流保持不变，温度与热阻之间满足线性关系：

$$T(Z) = T_0 + q \cdot R(z) \quad (4-13)$$

式中：z 为深度，m；T_0 为海底温度，℃；q 为热流密度，mW/m^2。

热流密度的计算可以简化为平均地温梯度和平均热导率的乘积（即傅立叶定理），根据地温梯度 1 和地温梯度 2 分别计算得到 Ice04 站位的热流密度计算结果为 67.27 mW/m^2、63.99 mW/m^2，它们之间的偏差为 4.9%。

2）第六次北极科学考察

热流的数据处理分为温度转换、地温梯度计算和热导率测量三部分。温度探针测量的原始数据是电阻变化值，温度与电阻值转换关系式将数据转换为温度值。

本航次进行热流测量时，重力柱状样插入沉积物的后持续稳定时间大多超过 20 min。其中长期冰站期间，由于不受船时限制，持续稳定时间超过 30 min。在重力柱插入沉积物后 20 min后，温度曲线趋于稳定，其变化不超过 0.000 1℃/min，基本可以认为达到温度平衡状态，如图 4－48 所示。

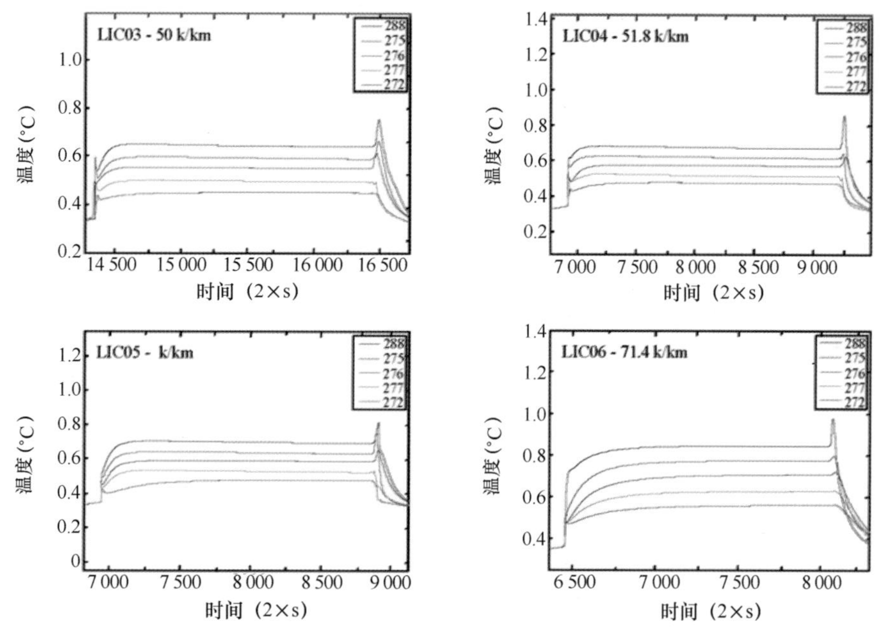

图 4－48 热流站位温度梯度

站位名称和相应温度梯度标在图左上方，右上方为每根温度探针的编号

沉积物样品的热导率由 TK04 型热导率仪测量。样品在测量前均存放在“雪龙”船样品库。样品库内温度与海水温度接近，测量热导率时样品与测量环境之间达到热平衡。每个热流站点的沉积物进行距沉积物顶界面和底界面 1 m 两个位置的测量。每个位置进行 5 ~ 10 次测量，测量结果的平均值作为该样品的热导率，部分站位热导率情况如图 4－49 所示。

热流的计算可以简化为平均地温梯度和平均热导率的乘积，即傅立叶定理，见式（4－13）。图 4－50 为第六次北极科学考察热流数据。

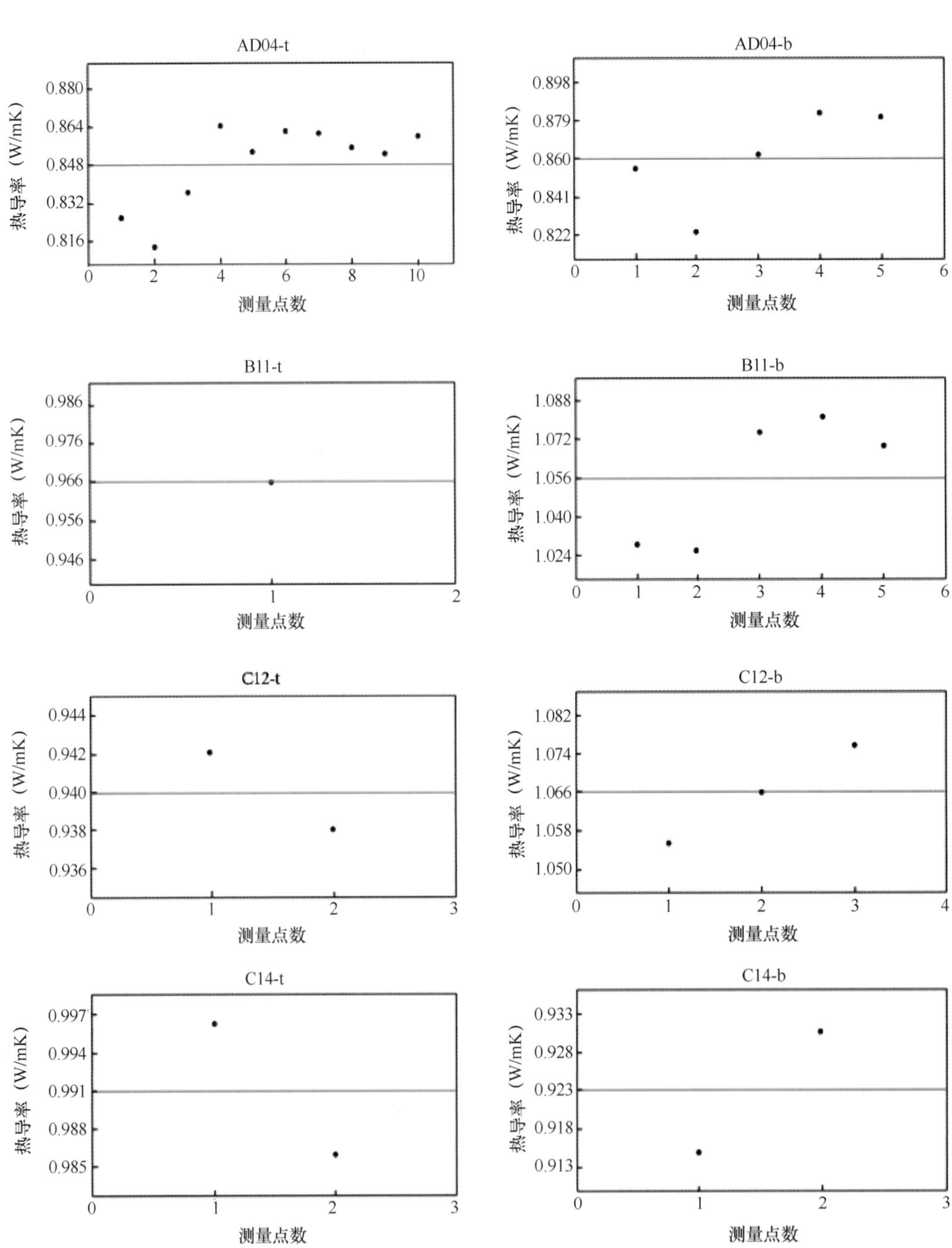

图 4－49　部分站位的热导率信息

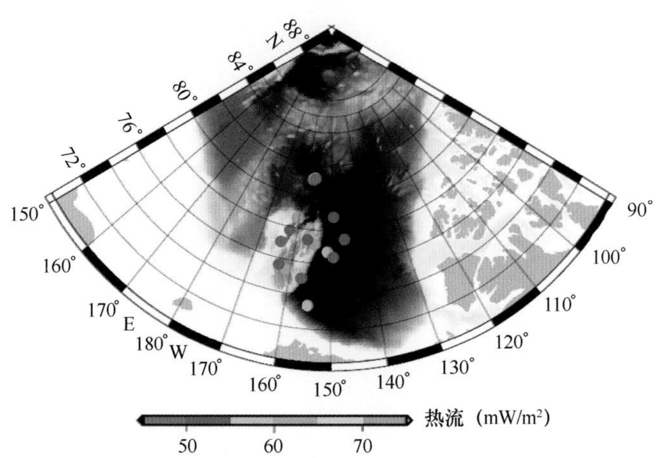

图4－50 第六次北极科学考察热流数据

4.2.7 船载双频 GPS 测量

利用精密轨道和时钟产品作为已知信息，结合单站双频 GPS 载波和伪距数据，通过一定的算法实现精密单点定位。

通常情况下，精密单点定位采用以下电离层组合模型进行求解：

$$L_p = \rho + c(dt - dT) + M \cdot zpd + \varepsilon_p \quad (4-14)$$

$$L_\phi = \rho + c(dt - dT) + amb + M \cdot zpd + \varepsilon_\phi \quad (4-15)$$

式中：L_p 是码 $P1$ 和 $P2$ 的消电离层组合；L_ϕ是相位 $L1$ 和 $L2$ 的消电离层组合；dt 是测站时间偏离值；dT 是卫星钟差偏离值；c 是光速；amb 是消电离层组合非整型模糊度；M 是投影函数；zpd 是天顶对流层延迟改正；ε_p和 ε_ϕ表示的是消电离层组合码和相位的噪声；ρ 表示的是接收机（X_r，Y_r，Z_r）到卫星（X_s，Y_s，Z_s）的几何距离。

$$\rho = \sqrt{(X_s - X_r)^2 + (Y_S - Y_r)^2 + (Z_S - Z_r)^2} \quad (4-16)$$

我们把测站坐标、接收机钟差、无电离层组合模糊度及对流层天顶延迟参数视为未知数，在未知数近似值（X_0）处对式（4－14）和式（4－15）进行级数展开，保留至一次项，误差方程矩阵形式为：

$$V = A\delta X + W \quad (4-17)$$

式中：V 为观测值残差向量；A 为未知数增量向量；W 为常数向量（观测值和计算值之差）；δ 为观测值方差协方差矩阵。式（4－17）中的计算需用 GPS 精密钟差和轨道产品。

4.3 数据反演

4.3.1 磁异常化极与磁化强度

在高纬度地区，地磁磁化倾角接近 90°，斜磁化影响小。进行化极处理时，由测线方位角和地磁倾角计算出剖面上的有效地磁倾角，然后通过一维傅立叶变换，在频率域中乘以化极因子，再进行反变换后即可得到化极后的磁异常剖面（管志宁，2005）。大西洋摩恩洋中脊区域化极磁异常如图4－51所示。

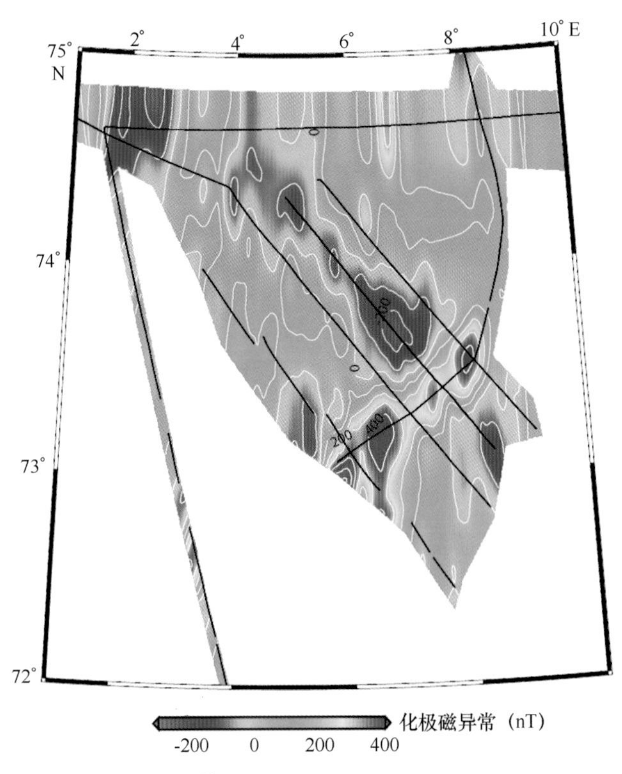

图4－51　大西洋摩恩洋中脊区域化极磁异常等值线

为了减少海底地形和倾斜磁化的影响，我们利用FFT技术反演（Parker & Huestis，1974）了磁异常剖面的磁化强度。反演过程中假定磁性层为0.5 km的等厚层，以水深作为磁性层的上界面并且计算出每条剖面的有效磁化强度。为了加强收敛性，在反演过程中还设置了余弦带通滤波器，滤除波长在100 km以上和5 km以下的异常信号。大西洋摩恩洋中脊区域磁化强度如图4－52所示。

4.3.2　均衡重力异常

我们使用Airy－Heiskanen模式计算均衡重力异常，选定地壳平均厚度为25 km，密度差为0.6 g/cm^3。第一步是计算大地水准面上的按正常密度分布的物质的重力效应。第二步是计算均衡面的重力效应，即相当于把大地水准面上多余的物质“填补”到大地水准面与均衡面之间，这项改正即为均衡校正，然后加入到布格重力异常中即为均衡重力异常。大西洋摩恩洋中脊区域均衡异常如图4－53所示。

4.3.3　Moho面的反演

为反映深部异常信息，我们使用Parker方法逐层去除已知模型的影响。从观测重力数据中去除沉积物厚度和地形的影响，计算并去除均一地壳厚度的影响，得到地幔布格重力异常（MBA）。MBA主要反映了地壳厚度的变化以及地幔温度的不均一性。同时，岩石圈在变冷的

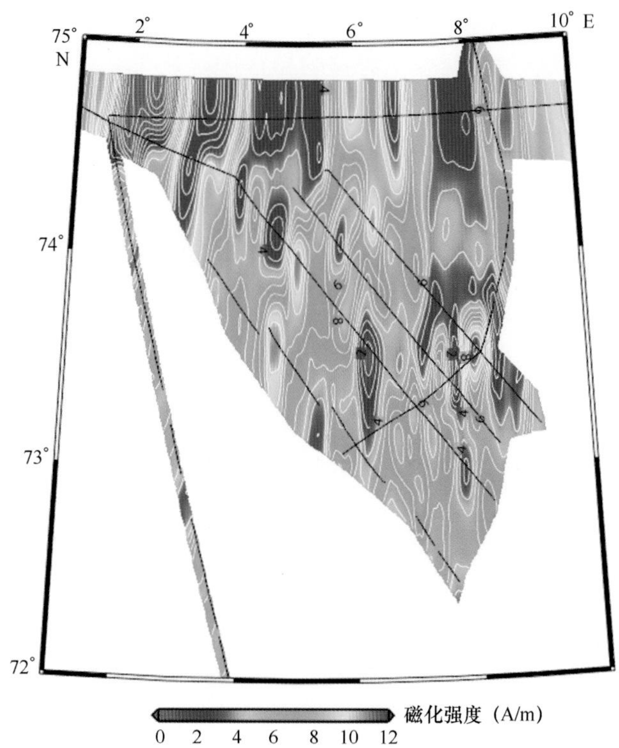

图4－52　大西洋摩恩洋中脊区域磁化强度等值线

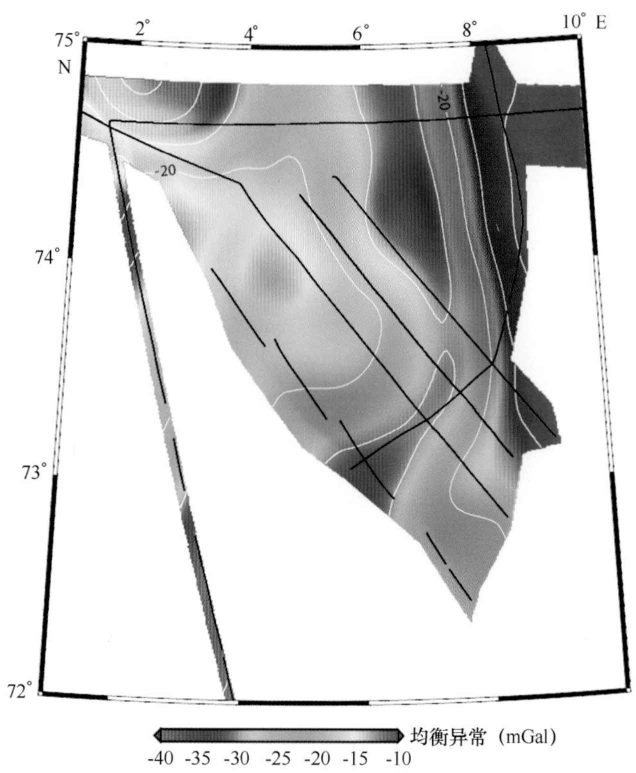

图4－53　大西洋摩恩洋中脊区域均衡异常等值线

过程中也会导致密度的变化。岩石圈在洋中脊形成后向两侧扩张的过程中不断地变冷变厚，从而导致了密度的不断变大。为了对整个海盆的异常进行统一基准的比较，需要去除岩石圈冷却的影响。在改正岩石圈的正常冷却效应时，使用有限元方法计算了被动上涌模型下不同扩张速率的岩石圈热效应。MBA 经过岩石圈热效应的改正后得到剩余地幔布格重力异常。如果认为地壳厚度变化导致了 RMBA 的变化，则可以反演得到最大的地壳厚度变化（即部分地幔温度的效应也被转换为地壳厚度的变化）。这里采用下延的方法计算地壳厚度的变化（Parker，1974）如下：

$$M(k) = \frac{\exp(KZ_{CR})}{2\pi G(\rho_m - \rho_c)} B(k) C(k) \tag{4-18}$$

式中：Z_{CR}表示下延深度；$C(k)$ 是一个低频余弦滤波器。我们这里下延深度取 10 km（5 km 平均水深加 5 km 平均地壳厚度），滤波器最长波长取 135 km，最短波长取 25 km，计算得到地壳厚度如图 4-54 所示。

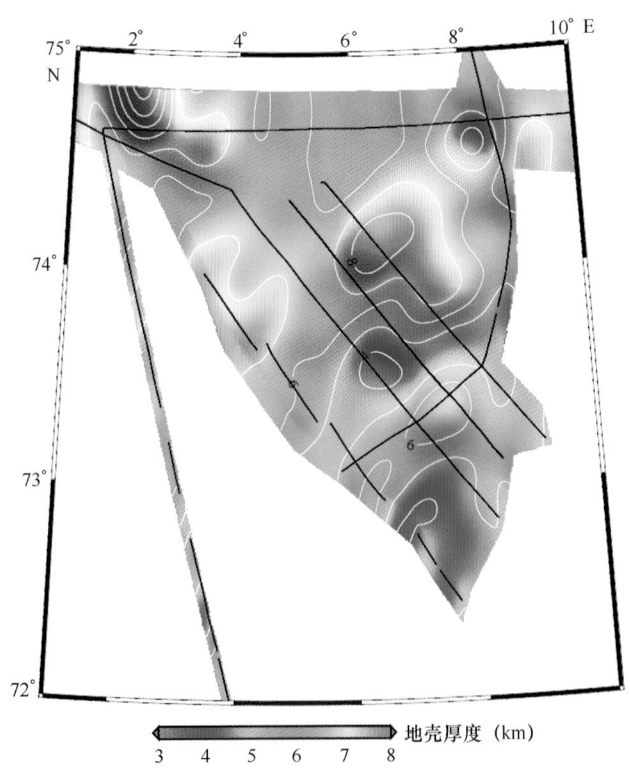

图 4-54　大西洋摩恩洋中脊区域地壳厚度等值线

4.4　质量控制与监督管理

4.4.1　质量保障组织机构及人员分工

（1）航次首席科学家对航次质量保障工作负责，组织考察学科负责人制定各学科质量保障措施，汇总形成航次质量保障实施方案，明确质量保障责任并依据方案内容组织开展航次质量控制。

（2）指定质量保障员。

（3）地球物理专业组长负责航次中专业调查项目的具体实施；负责本专业调查项目中人员、仪器、设施和环境、检测方法、依据标准规程等质量要素的控制和管理；及时纠正调查过程中出现的质量问题，重大质量问题应及时报告航次首席科学家并协助航次首席科学家采取应急措施予以纠正。

4.4.2 质量目标

（1）考察人员岗前培训率：100%。参与航次的4位人员具有丰富的极地科考经验并均进行了岗前培训。

（2）考察仪器设备完好率：100%。所有使用地球物理及相关辅助设备，如GPS、电火花震源、多道地震系统以及海底磁力仪均经过了航前的实验，保证仪器完好率。

（3）工作计量器具在检率：100%。

（4）数据无质量偏离率：100%。

4.4.3 航次任务质量保障计划

（1）考察人员

根据考察人员专业进行外业及内业分工并进行相应专项技术规程培训。培训内容包括《极地海洋水文气象化学生物调查技术规程》《极地地质与地球物理考察技术规程》。

对外业人员进行岗前及航次强化培训，航前组织人员进行了海上试航，试验海上使用的仪器。在抵达极区前的航渡期间，试验“雪龙”船设备与地球物理设备的配合，如万米绞车和磁力仪拖架的配合使用。

（2）仪器设备

见附件2。所有仪器均经标定或校准。

（3）现场调查及实验室分析方法

重力使用船载测量，利用陀螺仪保证仪器的水平状态；磁力使用近海底和船后拖曳两种方式，近海底磁力仪离海底约500 ~2 000 m，拖曳式拖于船后480 m；地震使用电火花震源、24道固体缆、24道液体缆和单道电缆的“一源多缆”的方式；热流使用小型温度探针，配合船上地质柱状样工作。

具体质量控制流程如图4 -55所示。

（4）样品采集、储存及处理方法

所有数据均为数字化数据，使用硬盘进行双备份。

（5）调查船条件及实验室环境设施

经过几次极地航次的磨合，“雪龙”船已经能够满足地球物理作业要求。重力仪实验室需要双向空调。地震作业时，需要船上折臂吊进行配合。近海底磁力仪作业时，需要船上万米绞车进行配合。各仪器设备都需配有UPS，船上出现断电情况，需提前10 min通知各专业实验室，避免损害仪器设备。

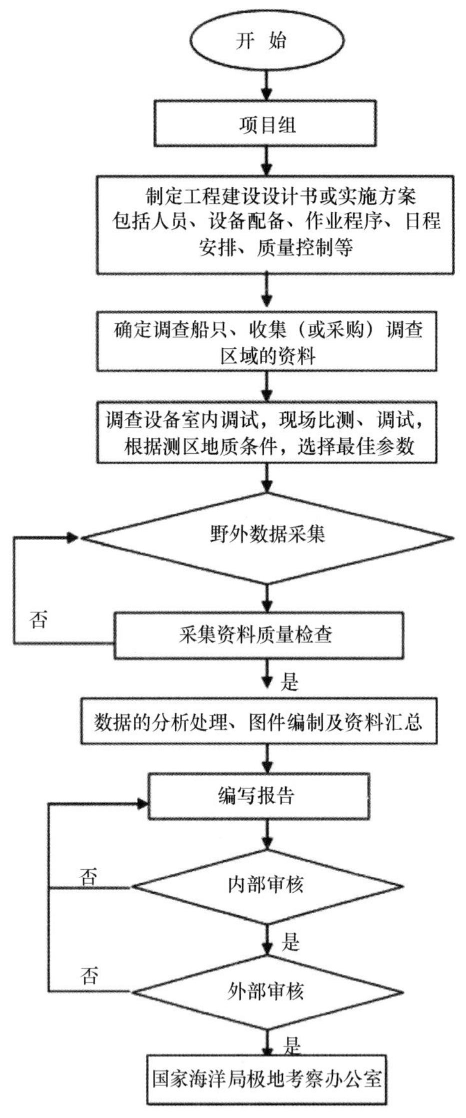

图 4－55　质量控制流程

（6）试航（全员演练）计划

2012 年 6 月 20 日，为了试验电火花和多道、单道地震接收电缆的配套使用情况，在舟山群岛海域进行了地震设备的试航；2014 年 6 月 20 日，组织人员进行了第六次北极科学考察地球物理海试，主要试验内容包括近海底磁力仪、地震系统以及磁力测量系统。

（7）原始记录质量自查

在航次实施期间内各学科负责人组织质量保障员定期对原始记录进行检查整改。在航渡期间，重力数据每 4 小时记录一次班报，在测线期间，所有仪器每半小时记录一次班报。项目负责人和各专业负责人每天进行复查。

（8）内业处理质量控制

在内业处理方面，所有数据处理留下相应流程和记录。项目负责人和各专业负责人进行周期性的复查。

(9) 报告编写

任务承担单位、学科负责人对报告考察的编写进行质控。根据科学目的设定统一的编写流程，各作业项目负责人编写相应报告，项目负责人负责整体报告的统稿。

4.5 数据总体评价情况

4.5.1 海洋重力

1) 卫星测高与船测重力联合反演

本研究采用的中国第三次、第五次和第六次北极考察获得的船测重力，根据其分布，将研究区域分为四大海域，分布如图4-56所示。由于中国北极考察从上海码头出发后，中途没有地面重力点检核，因此船测重力可能存在零漂等问题，这里采用卫星测高的重力作为基准点，对船测重力进行校准。

表4-14利用卫星测高重力异常和四大海域的船测重力，对两者进行了精度相互评估。从表中可以看出，第3个海域整体精度稍差，约为6 mGal，其他区域均优于5 mGal。对比船测和卫星测高结果，看出海域1的船测重力存在明显的系统偏差。

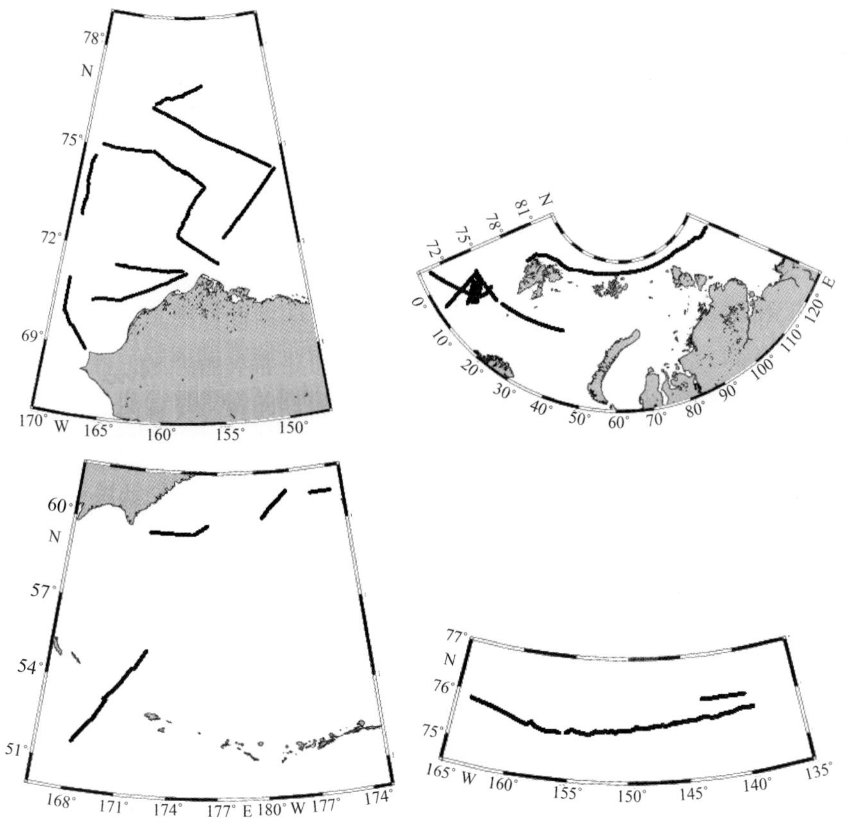

图4-56 四大海域船测重力分布图

利用3倍中误差，剔除船载粗差点；采用简单的2次曲线，对每条测线进行数据处理，获得了处理后的船测重力，处理前后差值如图4－57所示。对比表4－14和表4－15，可以看出经过系统偏差处理，可以提高船测重力的一致性。对于每个海域，通过系统误差处理，精度分别提高了19.6%、23.5%、46.7%和31.0%，尤其是海域3提高比例达46.7%。

表4－14　船测重力与卫星测高结果直接比较与统计　　单位：mGal

海域	最大值	最小值	平均值	标准差
1	-2.73	-54.23	-28.95	4.88
2	29.86	-15.13	-2.00	4.59
3	27.76	-43.83	2.22	6.04
4	16.42	-16.7	5.34	4.03

表4－15　处理后船测重力与卫星测高结果比较与统计　　单位：mGal

海域	最大值	最小值	平均值	标准差
1	27.29	-20.44	0.00	3.92
2	24.67	-12.82	0.00	3.51
3	18.53	-39.49	0.00	3.22
4	14.51	-9.99	0.00	2.78

2）船测重力与卫星测高融合研究

将船测重力与卫星测高进行数据融合，得到了四大海域融合后的海洋重力异常。图4－58给出了四大海域数据融合前后的对比。

表4－16对融合后精度进行了统计，其中最差精度约为1.47 mGal，其他海域均优于1 mGal。

表4－16　融合后船载重力与卫星测高数据对比　　单位：mGal

海域	最大值	最小值	平均值	标准差
1	3.54	-5.53	0.00	0.73
2	8.08	-7.78	0.00	0.53
3	15.52	-19.99	-0.01	1.47
4	5.86	-4.41	0.00	0.27

4.5.2　海洋重力数据质量评价

1）零点漂移

第五次和第六次北极科学考察起航前一个月内，按规范要求进行了重力整机系统的试验。如2012年3月19—23日，在国家海洋局第一海洋研究所重磁实验室内做了重力仪静态观测试验，试验表明，该重力仪工作正常，性能稳定（图4－59）。在航次开始和结束时都在码头

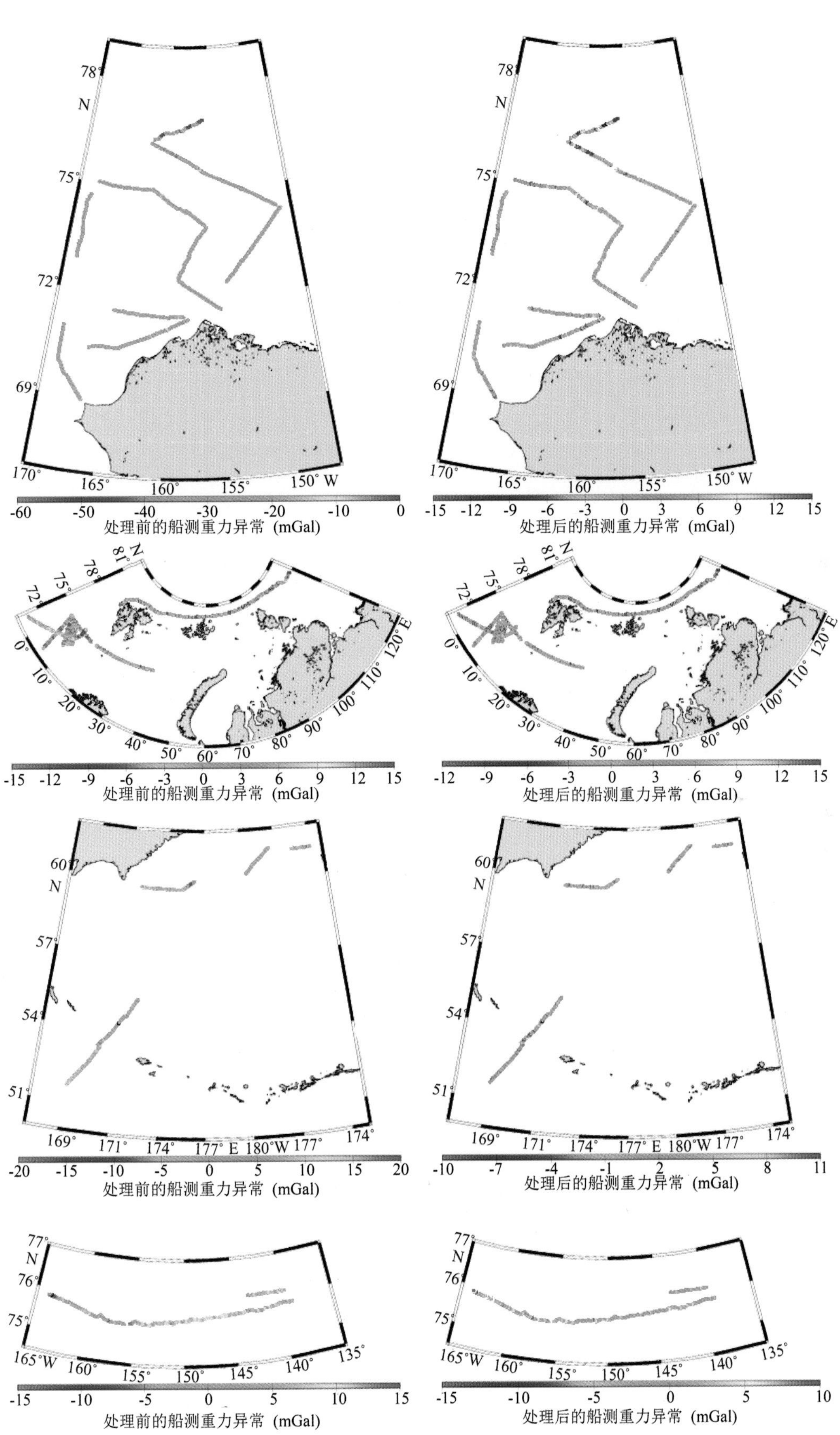

图4-57 船测与卫星反演数据差

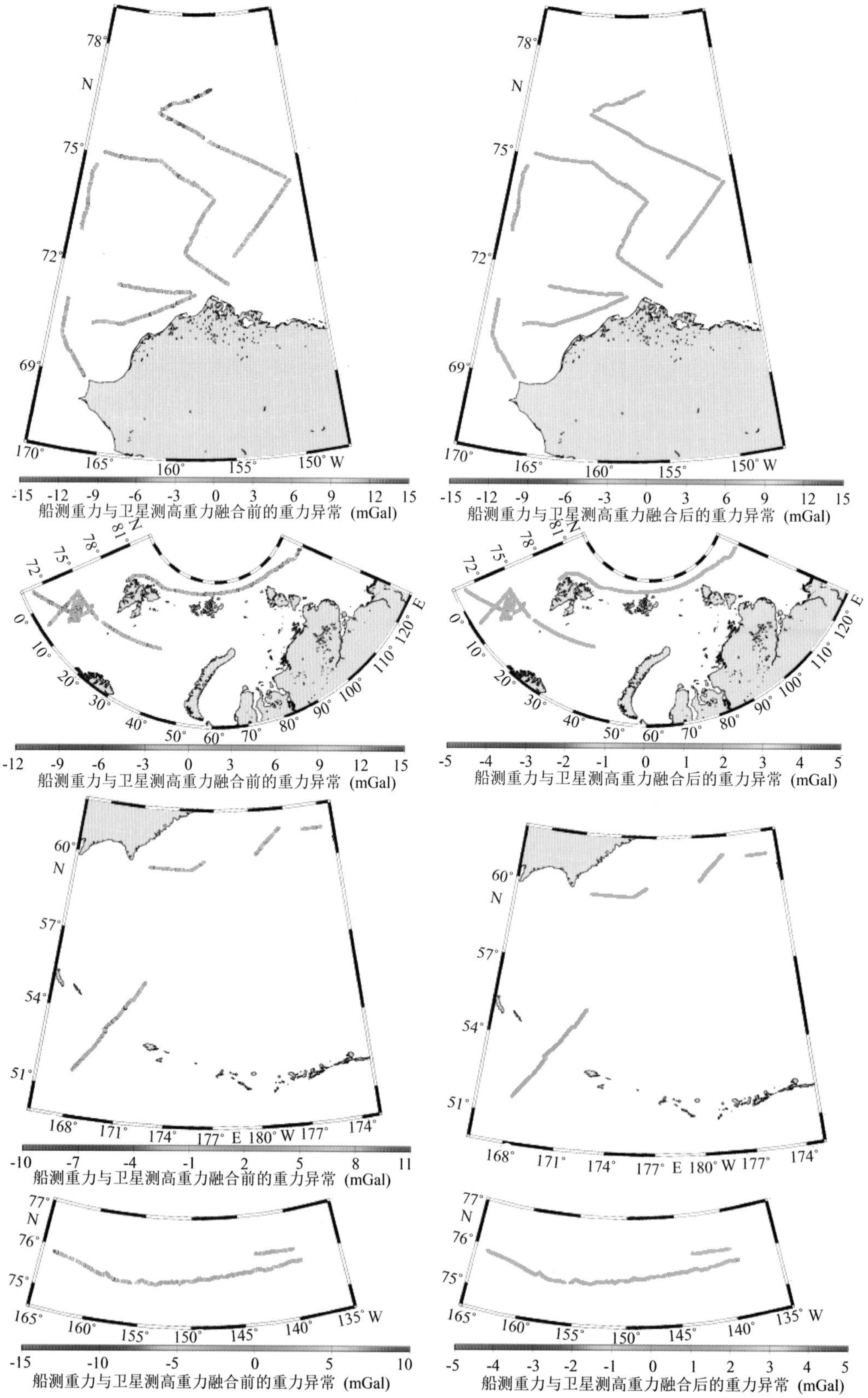

船测重力与卫星测高重力融合前的重力异常 (mGal)

船测重力与卫星测高重力融合后的重力异常 (mGal)

船测重力与卫星测高重力融合前的重力异常 (mGal)

船测重力与卫星测高重力融合后的重力异常 (mGal)

船测重力与卫星测高重力融合前的重力异常 (mGal)

船测重力与卫星测高重力融合前的重力异常 (mGal)

船测重力与卫星测高重力融合后的重力异常 (mGal)

图 4－58　四大海域数据融合前后与船测重力比较

进行了重力基点比对，结果表明第五次和第六次科学考察重力仪器的月漂移分别为2.99 mGal和1.23 mGal，符合调查规范和专题合同书的要求（表4－17和表4－18）。

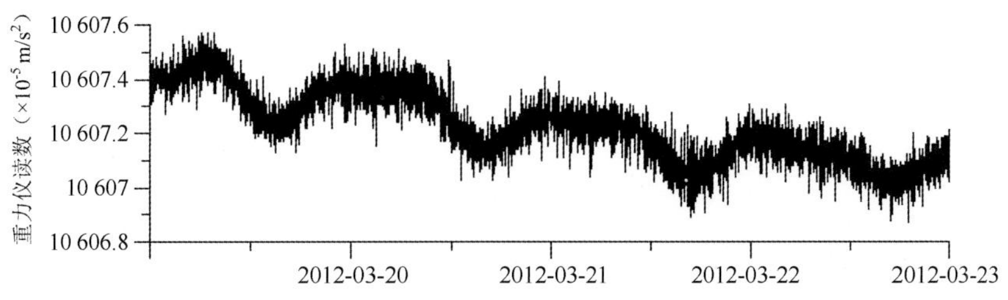

图4－59 重力仪静态观测试验曲线

表4－17 第五次北极科学考察重力基点对比

日期	时间	基点重力仪读数（mGal）
2012－06－27	14：17	10 219.00
2012－09－27	08：00	10 228.27

表4－18 第六次北极科学考察重力基点对比

日期	时间	基点重力仪读数（mGal）
2014－07－10	23：45	－536.85
2014－09－22	07：17	－539.91

2）数据质量

重力数据质量受海况、船只运动的影响较大。重力测量要求测量船尽量采取匀速直线运动，在需要修正航向、调整速度时均需缓慢进行。考察期间，天气、海况多变，并且在高纬穿越冰区。不同的作业条件，影响了数据的采集质量。在入浮冰区前，海况较好，再加上“雪龙”船吨位较重，具备较好的抗浪能力，此阶段重力数据曲线光滑，重力数据质量主要受站位作业时“雪龙”船航速、航向变化的影响（图4－60a）；进入冰区后，“雪龙”船需要经常改变航向选择最佳前进线路并在冰情较重时需倒船再前冲破冰而行，冰与船体的碰撞以及船体航速、航向的迅速变化给观测数据带来较强的高频扰动，使得低频的重力数据上叠加了很多“毛刺”（图4－60b），最大可达约30 mGal；而在长期冰站作业过程中，船随冰进行缓慢移动，速度、运动方向的变化均十分缓慢，观测曲线平滑（图4－60）。在地球物理测线作业过程中仍有较多冰覆盖，船只有时需要破冰前进或者大幅度调整航向以避过浮冰，这都对重力数据造成一定程度的不良影响。根据数据波动程度的差异，将所有测线大致分为两个等级：一类测线数据曲线平滑，质量良好；二类测线受海况和浮冰影响，数据波动较强，质量略差。

对比处理后的重力测线数据和公开的卫星重力数据（图4－61），可以看出：①实测数据与卫星数据在低频异常方面基本吻合；②实测数据更好地显示了高频异常，对于揭示地壳浅部结构有重要意义；③实测数据更多地受到实地测量条件（天气、海况、海冰等）的影响，部分高频干扰较为严重。

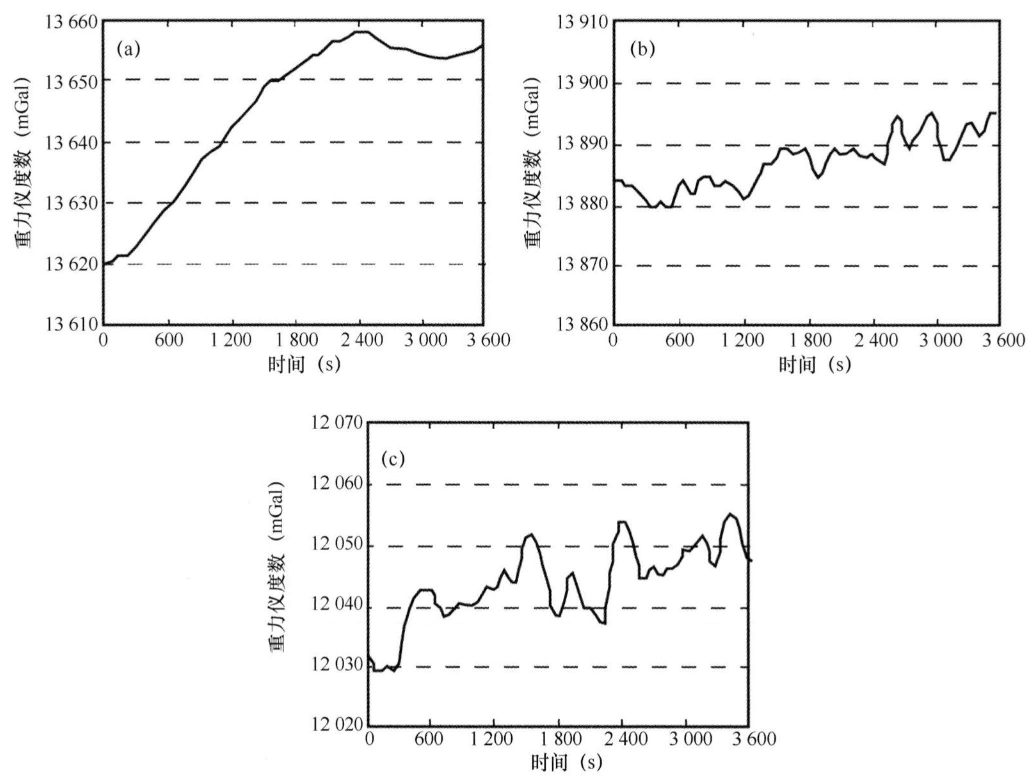

图 4－60　不同海况作业条件下数据波动对比

（a）I 级海况；（b）浮冰区；（c）III 级以上海况

4.5.3　海面拖曳式磁力

1）第五次北极科学考察

G－88X 型海洋磁力仪工作时传感器（探头）由电缆拖曳于船尾 300～500 m 后，地磁场采样间隔为 1 s。该仪器性能稳定，记录资料优良率大于 98%。记录资料可靠。摩恩洋中脊区域的地磁异常从－900 nT 到 900 nT 之间变化（图 4－62）。高异常值主要集中在洋中脊扩张中心，表明其新生火成岩为最主要的磁性层。

2）第六次北极科学考察

图 4－63 为 DTM2－8 的地磁异常剖面，变化范围基本上在－200 到 100 nT 之间，总体趋势变化比较缓和，没有明显毛刺，与近海底磁力测量数据一致性较好，说明数据质量较为可靠。

4.5.4　近海底磁力

压力传感器显示拖体在水下的深度变化较小，变化幅值主要在 200～300 m 范围内，每小时的深度变化不超过 100 m，表明仪器在水下的姿态基本稳定。与海面磁力数据相比（图 4－64），近海底磁力数据和海面磁力在整体低频上变化趋势一致，但是其幅值约为海面磁力仪

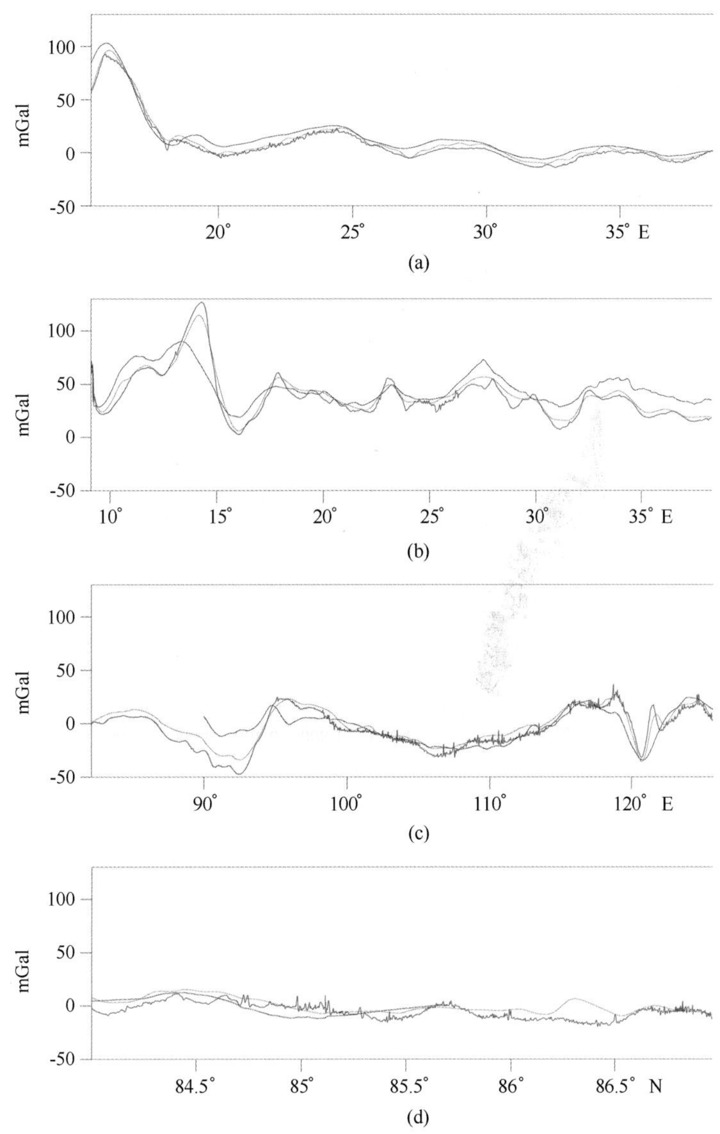

图4-61 实测重力（红线）与卫星重力（黑线和蓝线）数据的对比

（a）测线 AR01（无海冰）；（b）测线 AR02（少量浮冰）；

（c）测线 AR04（大量浮冰）；（d）测线 AR06（冰冻区）

的1.5倍，在高频上（波长4~10 km），海底磁力测量数据能够反映出更多细节。

4.5.5 海洋反射地震

地震剖面信息丰富，可以识别出多层明显反射波阻抗界面。各道能量比较一致，反映接收缆的姿态及检波器均正常工作。作业期间，仪器工作状态比较稳定。

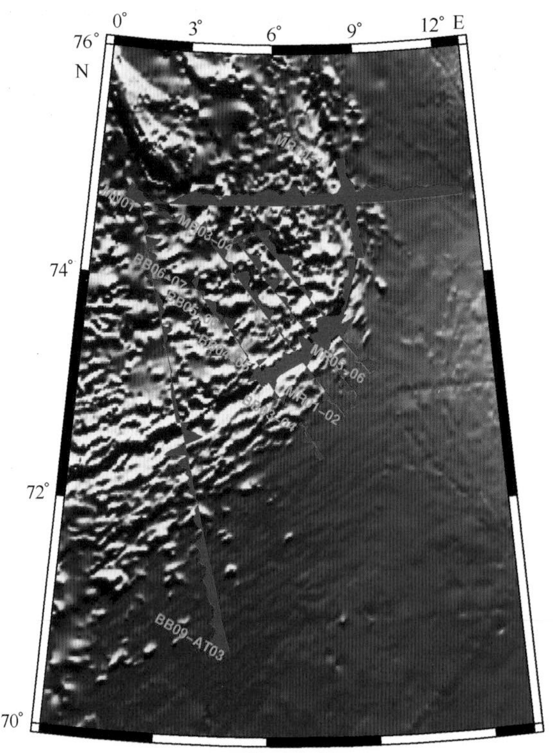

图 4 - 62　挪威海摩恩洋中脊地磁总场剖面

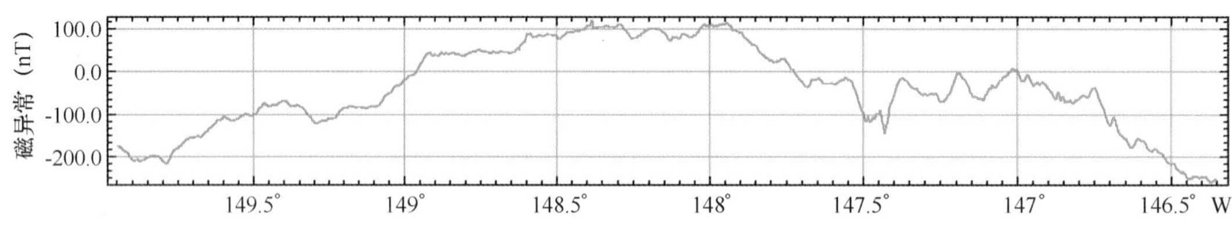

图 4 - 63　测线 DTM2 - 8 的磁异常

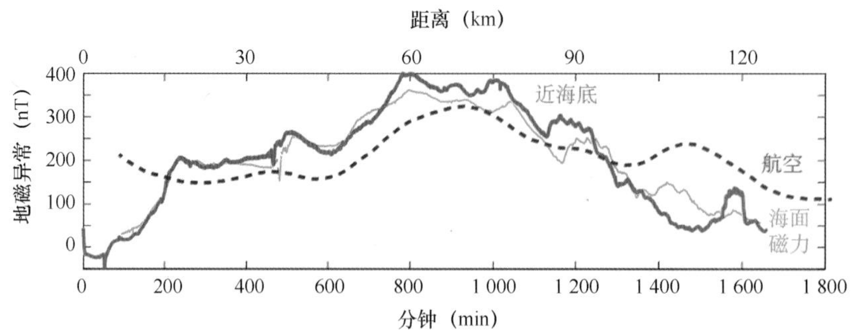

图 4 - 64　航空磁力、海面磁力测量与近海底数据的对比

1）第五次北极科学考察

从图 4 - 65 单道地震剖面可以看出，地震剖面的信噪比较高，剖面信息丰富，可识别出几十层明显的同相轴。剖面上从海底到最深处可达 450 ms，放大后纵向分辨率极高。震源系

统的频率越高，分辨率越高。本次使用30 000 J等离子体震源的频率集中在200 Hz到750 Hz之间。从最终剖面上密集的同相轴信息能看出，剖面不仅满足等离子体高分辨率的特征，从穿透深度上也超过传统小功率电火花震源。在剖面上2 000～3 000炮之间，我们能够清晰地看到波浪状的沙波体，在剖面上能够分辨出单个沙波体及其层位信息，这为研究其结构、形成原因提供了非常好的基础数据。

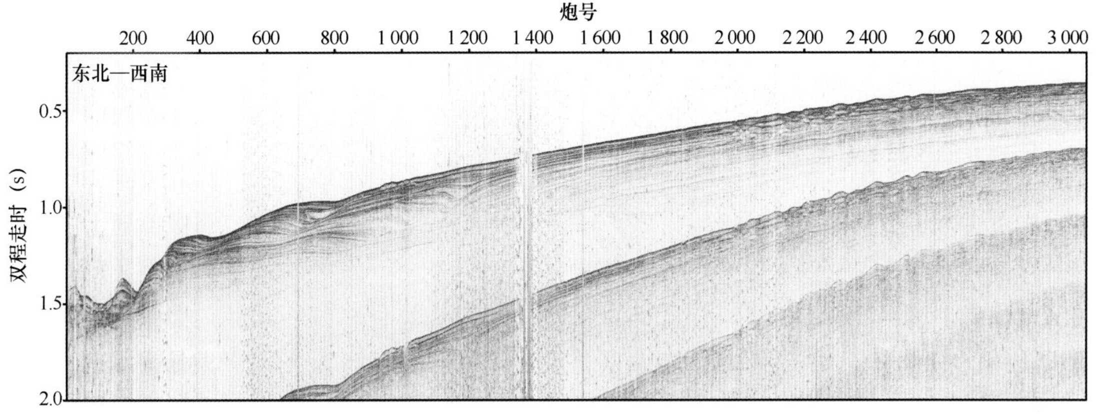

图4－65 第五次北极科学考察BL－11测线单道剖面

2）第六次北极科学考察

第六次北极科学考察在吸取第五次北极科学考察经验的基础上，第一次在北冰洋内采集到了多道地震数据。多道地震作业相对复杂，且在作业开始阶段遭遇大量浮冰，对测量工作造成了一定干扰。为了能够清晰地展示剖面的细节，我们将长剖面（图4－66）裁剪成四部分（图4－67至图4－70）。相对第五次北极科学考察采集的单道剖面，多道地震剖面整体上（图4－66）横向分辨率有了极大的提高。整个剖面的处理过程中，基本保证了四次叠加。从图4－66可以看出，整个剖面经过三个比较深的凹陷且凹陷中沉积物比较丰富，地震剖面上

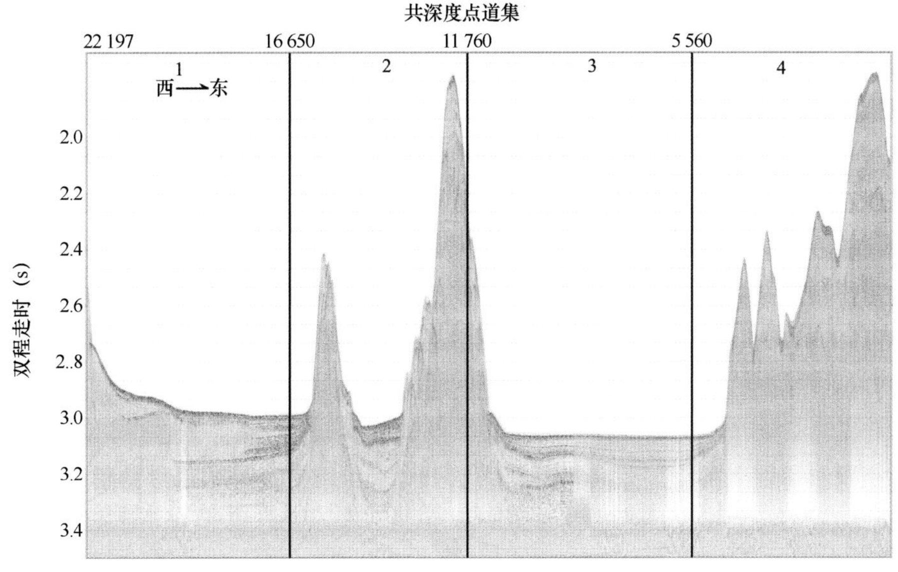

图4－66 第六次北极科学考察总地震剖面

实线标示了分段图的位置

能够清晰地显示众多层位信息。而在沉积物较薄的地形隆起区，剖面可以揭示出基底形态。图4－67上16 000～19 400 CDP之间和图4－69上8 900～11 500 CDP之间地形比较平缓，能够清晰识别凹陷中的连续沉积信息。经过对波阻抗界面的分析，其表层纵向分辨率可达2.5 m，可以用来揭示更小尺度的地质事件。在图4－68的11 200～13 550 CDP和15 180～16 200 CDP区域，由于基岩出露，缺失沉积层反射。剖面穿透最深区域位于13 550～15 180 CDP区域的两个海山之间，存在明显的层状沉积。在14 560 CDP区域，双层反射超过500 ms。从图4－70可以看出，在狭窄凹陷之间，能够清晰分辨出比较少的沉积层层位。

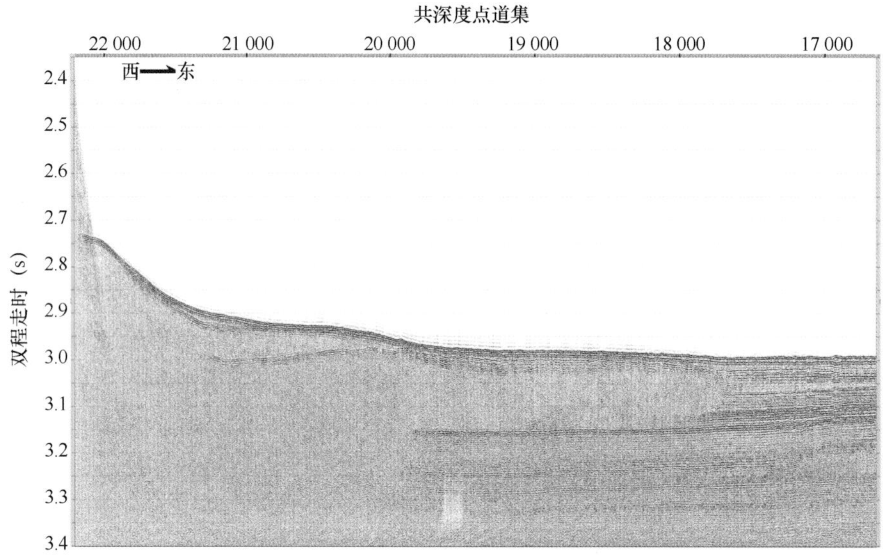

图4－67　第六次北极科学考察地震剖面部分1

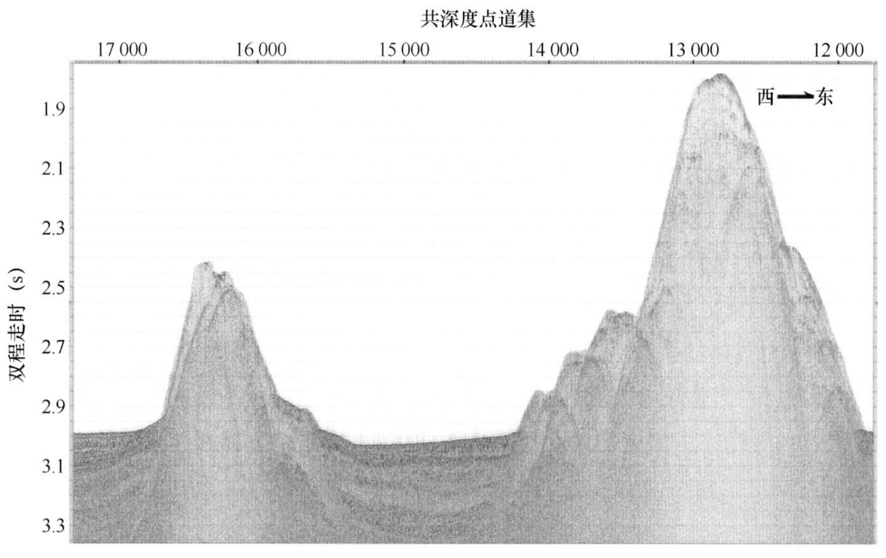

图4－68　第六次北极科学考察地震剖面部分2

因采集作业的特殊情况，数据也存在着一些问题。受到震源充电时间以及极地无差分GPS信号的限制，测量过程中只能设置为稍长的等时放炮。按照理论计算，若5 s的间隔激

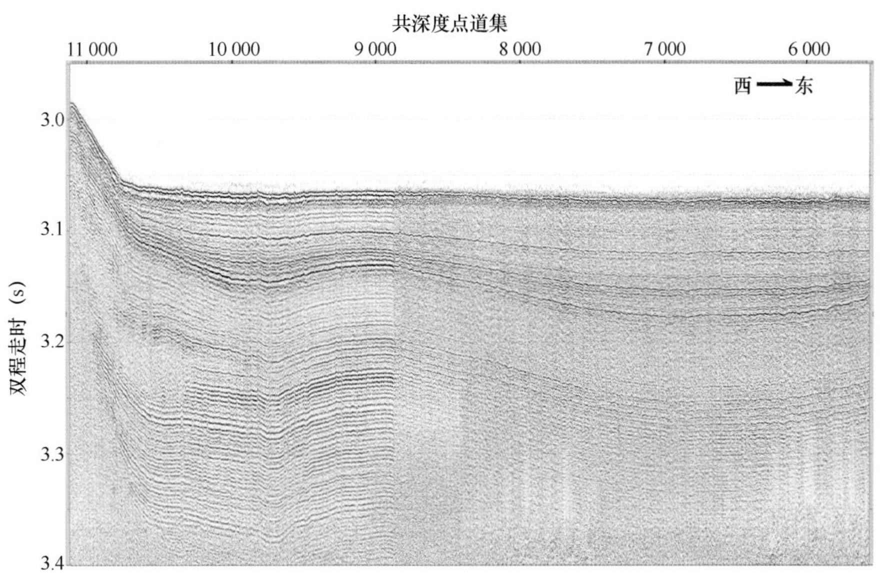

图4－69　第六次北极科学考察地震剖面部分3

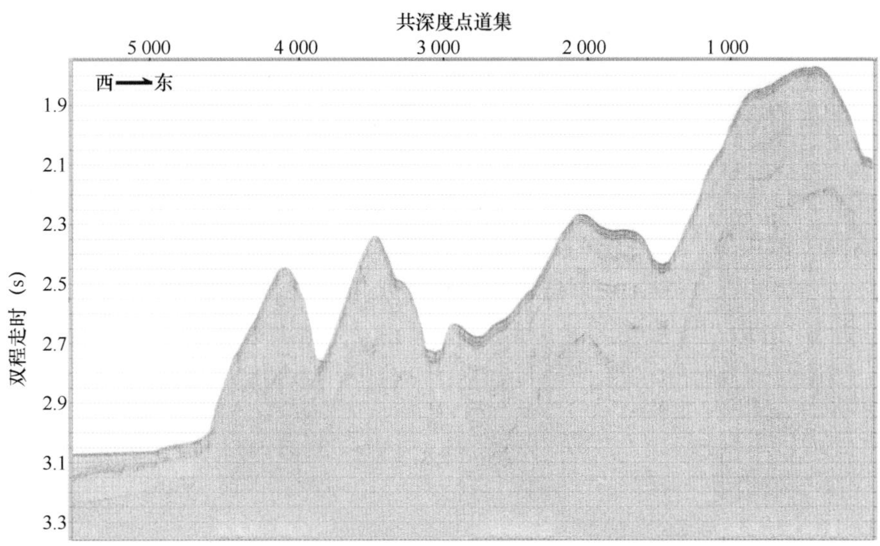

图4－70　第六次北极科学考察地震剖面部分4

发，6.25 m道间距24道接收排列满足6次覆盖采集，船的航行速度需要严格控制在4.86 kn。而实际航行速度基本在5 kn上下，造成实际资料覆盖次数不稳定，如图4－71所示。6次覆盖的CMP点较少且不连续，大部分为5次覆盖与4次覆盖，甚至有少量的3次覆盖。覆盖次数的减少会使采集的反射资料信噪比降低，影响叠加质量。

4.5.6　海底热流

1）第五次北极科学考察

根据Lubimova等（1969，1976）的资料，整理出调查区域附近的热流值表（表4－19）及位置图（图4－72）。

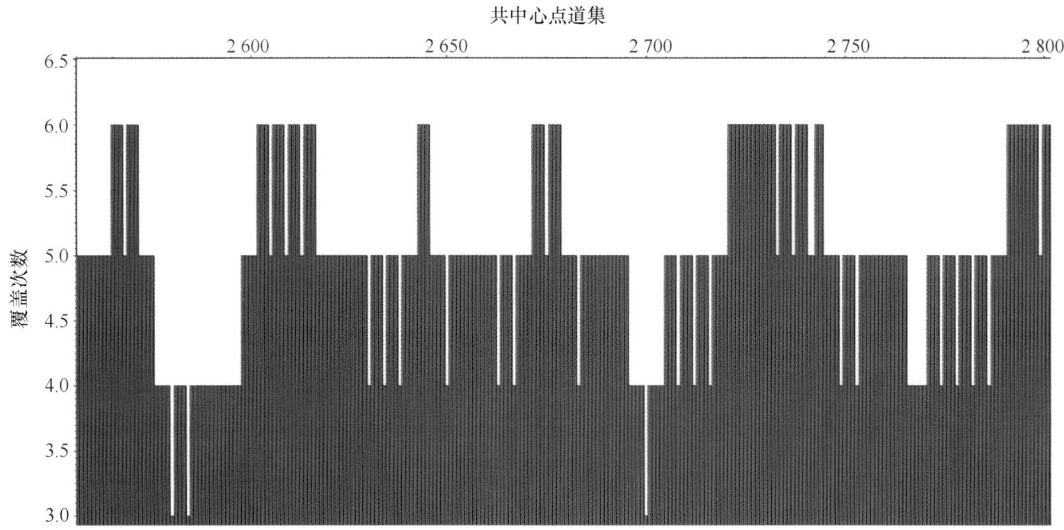

图 4－71　原始数据 CMP 点覆盖次数统计

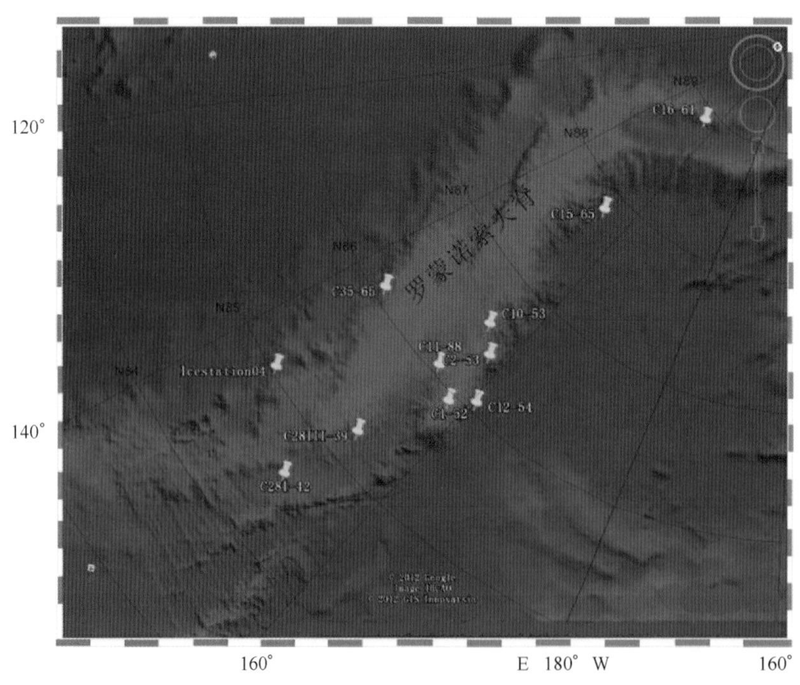

图 4－72　测点附近热流资料站位

（C16－61 表示站位 C16 处的热流值为 61 mW/m²）

表 4－19　罗蒙诺索夫脊上的热流资料

站号	纬度（N）	经度（E）	热流值（mW/m²）	站号	纬度（N）	经度（E）	热流值（mW/m²）
C11	86.000 0°	154.923 3°	88	C28III	85.230 0°	154.356 7°	39
C15	87.785 0°	154.823 3°	65	C10	86.526 7°	155.521 7°	53
C28I	84.578 3°	152.833 3°	42	C35	86.053 3°	144.666 7°	65

续表

站号	纬度 (N)	经度 (E)	热流值 (mW/m²)	站号	纬度 (N)	经度 (E)	热流值 (mW/m²)
C12	86.026 7°	160.813 3°	54	C2	86.358 3°	158.266 7°	53
C1	85.885 0°	158.435 0°	52	C16	88.846 7°	156.118 3°	61

C35站位于靠阿蒙森海盆一侧的罗蒙诺索夫脊上，Ice04站位正北方向86°N，两点相距127 km，阿蒙森热流值为65 mW/m^2，与航次测量结果吻合。从图4－72中可以推测罗蒙诺索夫脊靠阿蒙森海盆一侧的热流值比靠马克洛夫海盆的热流值高，这可能与阿蒙森海盆正在形成，而马克洛夫海盆的扩张在早新生代就停止了有关。罗蒙诺索夫脊两侧热流值的不同可能也与其经历了两个不同的裂谷阶段从而两翼表现出不同的地质特征相关。

沿脊轴纬度高的地方热流值也要高一些，这与前面论述的沿着罗蒙诺索夫脊走向地形和构造上有明显变化相符。其中86°30′N以北脊段热流值相对平稳，这与罗蒙诺索夫脊该段单一线性、块状及平坦的顶部结构特征相符。86°30′N以南的脊段热流值非常不稳定，站位C11热流达到88 mW/m^2，而站位C28III仅为39 mW/m^2，这可能受到复杂的次平行脊和盆地的构造特征的影响。

2）第六次北极科学考察

在C15站，使用船载CTD对使用的温度探针进行了标定。在所有19次测量中，除R12、R13和R14站位外，其他重力柱状样取样岩芯长度均超过3.4 m（图4－73）。考虑一定的重力柱状样取芯率，插入沉积物的探针数量至少4个，同一站位至少可以测得温度梯度3个，如图4－74所示。同时，各探针之间的温度梯度较为一致，表明测量环境稳定，S07测量站位的温度变化如图4－74所示。此外，除了C21、LIC03和LIC07站位外，沉积物样品上下两端测量的热导率差不大于0.2 W/mK，如图4－75所示。因此温度梯度、热导率以及相应的热流数据整体质量较好。

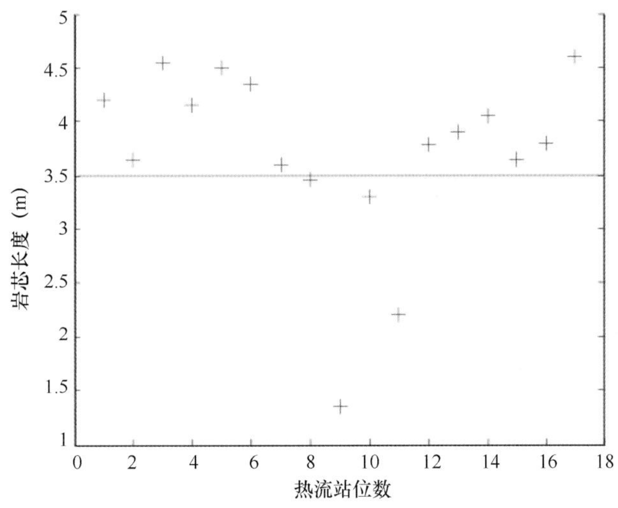

图4－73　第六次北极科学考察热流站位重力柱取样长度

北冰洋的热流测量极其缺乏。在整个北极区域的700多个热流站点中，绝大多数都是陆

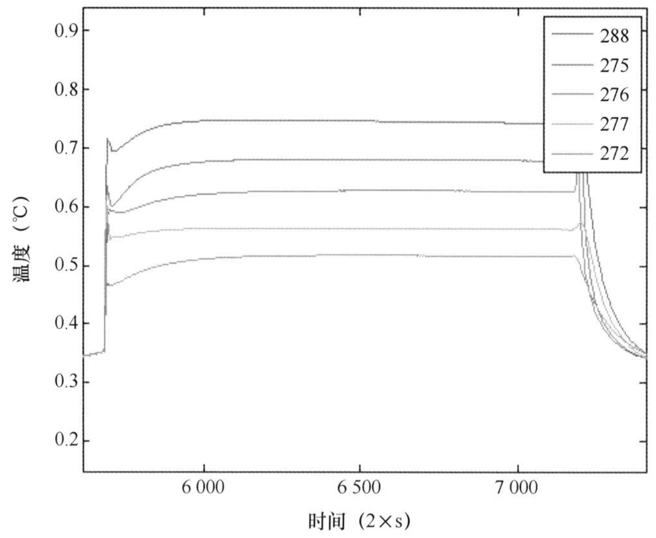

图 4－74　S07 站温度测量结果

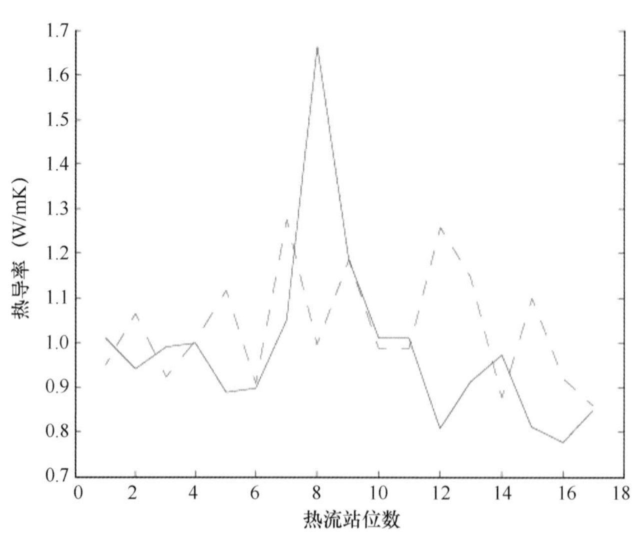

图 4－75　第六次北极科学考察热流站位沉积物样品上下两次测量热导率值（虚线为下端测量值）

地上的测量（Langseth et al.，1990）。在全球热流数据库（http：//www. heatflow. und. edu/）中，在整个美亚海盆居然没有任何一个站点。Langseth 等（1990）系统分析了前人（主要为美国和苏联）在海域的热流资料，如表 4－20 所示。另外，Jokat 等（2009）在美亚海盆西侧测量了 12 个地温梯度，但是并未测量相应的热导率。若将热导率视为 1 W/mK，则可以得到相应的热流，如表 4－21 所示。所有历史数据的热流值如图 4－76 所示。由图 4－50 和图 4－76的对比可以看出，在海盆内，第六次北极科学考察测量数据与历史上两个点数据较为一致。

表4-20 美亚海盆内历史热流数据

区域	平均纬度（N）	平均经度（W）	数量	平均值	标准偏差	95%置信界限	沉积层厚度（km）	不同岩石圈厚度年龄	
								125 km	90 km
加拿大海盆									
CB1	80°36′	137°16′	15	55.8	3.0	±1.5	4~5/5.5~6.5	78~92/82~95	80~120/90~110
CB2	75°30′	140°00′	5	57.3	5.7	±5.0	6~7	70~120	>90
CB3	82°22′	157°40′	30	67.2	3.0	±1.0	>2	51~55	51~55
楚科奇冠									
CH1	80°31′	158°42′	9	56.7	3.6	±2.4	-	-	-
门捷列夫海岭									
M1	78°39′	176°01′	21	49.6	3.3	±1.9	1~2	80~96	90~120
阿尔法海岭									
A1	84°57′	130°20′	14	48.0	7.4	±5.0	1~2	80~96	90~120
A2.	84°48′	130°53′	19	45.7	6.6	±3.5	1~2	80~96	90~120
A3	84°31′	128°30′	11	49.4	6.7	±4.5	1~2	80~96	90~120
A4	84°30′	125°55′	13	52.7	4.0	±2.7	1~2	80~96	90~120
A1-A4	84°45′	129°55′	57	48.6	6.5	±2.0	1~2	80~96	90~120
A5	84°15′	112°17′	17	54.4	8.5	±5.0	-	-	-
A6	84°07′	85°00′	14	72.5	13.7	±9.0	1~2	37~60	37~60
CESAR	85°50′	108°40′	10	56.0	6.5	±5.0	-	-	-

表4-21 Jokat（2009年）测量的热流站位

站位	站名	热导率（W/mK）	地温梯度（K/m）	热流值（mW/m^2）	底层水温度（℃）	深度（m）	纬度	经度
PS72/343	HF0801A01	1.00	0.049 6	50	-	1 225	77°18.194′N	179°3.360′E
PS72/343	HF0801A02	1.00	0.050 2	50	-	1 226	77°18.331′N	179°2.917′E
PS72/392	HF0802A01	1.00	0.059 7	60	-0.287	3 599	80°27.862′N	158°49.243′W
PS72/392	HF0802A02	1.00	0.057 4	57	-0.287	3 607	80°27.825′N	158°49.821′W
PS72/393	HF0803A01	1.00	0.072 7	73	-	3 801	80°43.239′N	155°32.759′W
PS72/399	HF0804A01	1.00	0.055 7	56	-0.313	3 307	80°39.427′N	166°46.465′W
PS72/404	HF0805A01	1.00	0.042 5	43	-	2 131	80°45.259′N	171°9.688′W
PS72/408	HF0806A01	1.00	0.046 3	46	-	2 534	80°33.179′N	174°42.179′W
PS72/413	HF0807A01	1.00	0.039 4	39	-0.39	1 237	80°17.31′N	178°29.071′W
PS72/418	HF0808A01	1.00	0.042 1	42	-0.409	1 991	80°24.05′N	178°51.780′E
PS72/430	HF0809A01	1.00	-	-	-	2 813	81°03.984′N	164°43.592′E
PS72/438	HF0810A01	1.00	0.059 6	60	-0.384	2 420	80°58.951′N	148°01.399′E

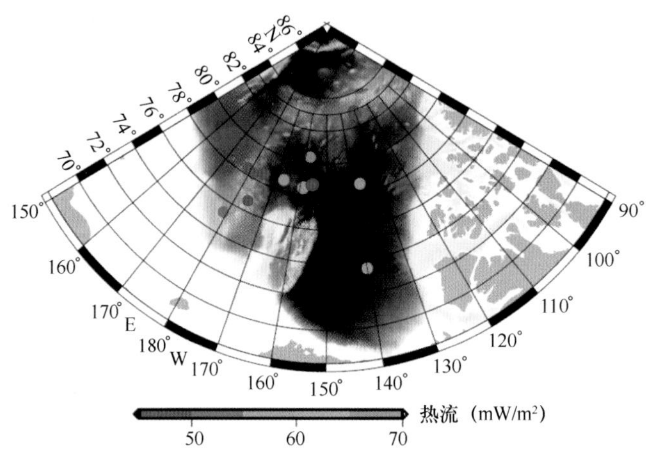

图 4－76　美亚海盆内的历史热流数据点

第5章 考察数据分析与环境初步评估

5.1 北冰洋基本地球物理场特征及初步认识

5.1.1 北冰洋的重力场特征

1）北冰洋的区域重力场特征

北冰洋被陆地包围，近于半封闭。通过挪威海、格陵兰海和巴芬湾同大西洋连接并以狭窄的白令海峡沟通太平洋。

地形上，北冰洋显著地分为两大类，即周边的陆架区和中心的深水区，陆架区范围在西伯利亚和北欧以北较为宽阔，包括巴伦支陆架、卡拉陆架、拉普捷夫陆架、东西伯利亚陆架和楚科奇陆架等。北美以北、格陵兰以东以及斯堪的纳维亚半岛以西等海域的陆架则较窄（图5－1）。北冰洋深水区水深在3 000 m以上，被一系列的水下线状高地划分为多个次级的深海盆，包括中心区的欧亚海盆和美亚海盆以及大西洋扇区的挪威海盆、格陵兰深海平原等。欧亚海盆进一步被中央的加克洋中脊分成南森海盆和阿蒙森海盆两部分，美亚海盆则分为加拿大海盆、马克洛夫海盆以及阿尔法—门捷列夫海岭和楚科奇边缘地。

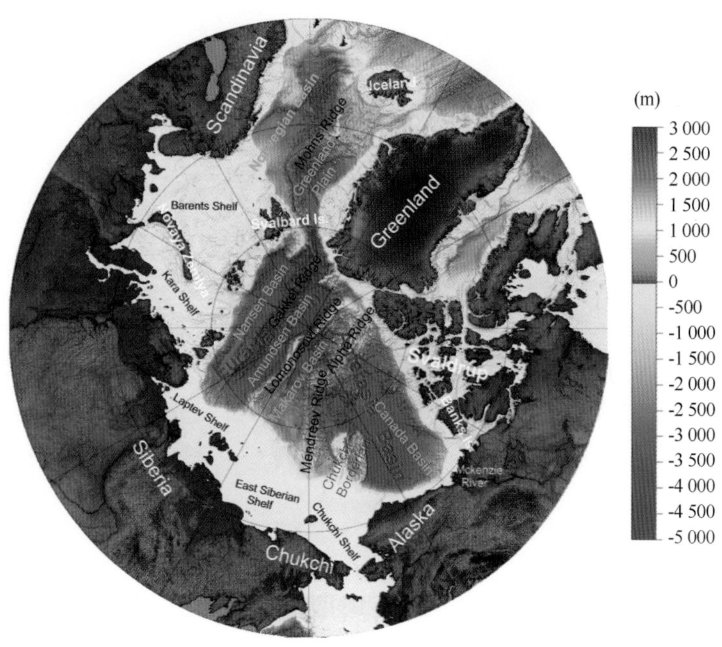

图5－1 北冰洋地形渲染（水深数据来自IBCAO，单位：m）

北冰洋空间重力异常值大致在-100~100 mGal之间，显示出与水下地形较强的相关性。加克洋中脊、克尼波维奇洋中脊、罗蒙诺索夫海岭、楚科奇边缘地等均为线状正异常，异常值多在50 mGal以上（图5-2）。阿尔法—门捷列夫海岭的正异常值略低，而且线性走向不明显。在深水区与陆架区的边缘，发育一系列长椭圆形异常，这些异常呈断续的带状分布，被认为是洋陆过渡带在重力场上的反映。陆架区重力异常值略高于深水盆地，但在卡拉陆架和巴伦支陆架东部，异常值较低并显示多个团块状负异常区，可能与陆架厚层的中新生代沉积有关。陆架区重力场变化与水深地形关系不大，多与局部沉积盆地的发育有关，走向没有明显的规律性。深水区空间重力异常与地形无关的一个典型部位在加拿大海盆的中央，重力场上显示一条近N-S走向的线状异常低，两侧异常升高，而该线状异常在水深上没有反映。挪威海盆、格陵兰深海平原以及两者之间的摩恩和克尼波维奇中脊的异常值较中心区的对应的海盆和中脊的异常值偏高。

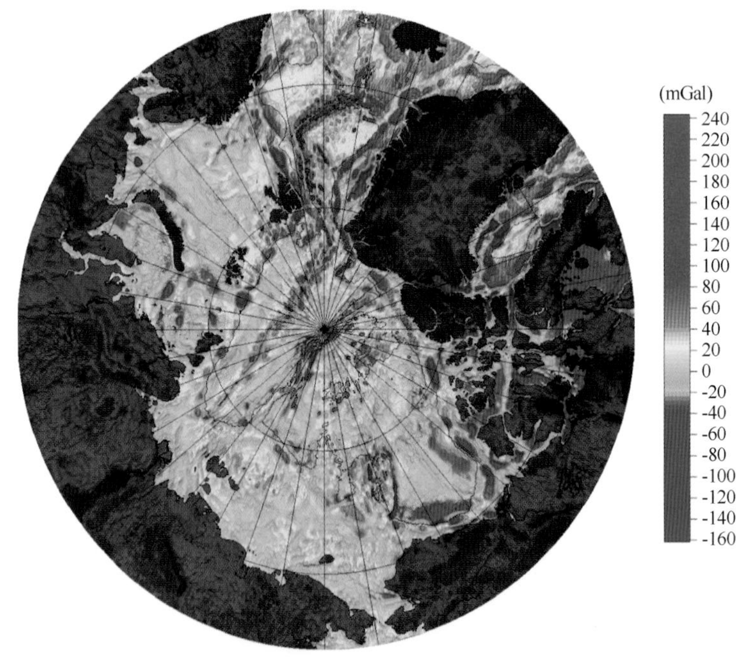

图5-2　北冰洋空间重力异常渲染（单位：mGal）

在布格重力异常图上（图5-3），前述的深水区和陆架区的边界仍然十分明显，深水区以正异常为主，范围在50~400 mGal之间，陆架区为低值正负异常，范围-200~50 mGal，两类区域之间为显著的异常梯度带。罗蒙诺索夫海岭和阿尔法—门捷列夫海岭均显示为线性低幅值正异常，后者线性特征较空间异常更为显著。楚科奇边缘地为近N-S走向的正负相间异常带，插入加拿大海盆的团块状高异常之中，两者之间有强异常梯度带分界。包括加克、摩恩和克尼波维奇洋中脊在内的现代活动洋中脊显示为区域性正异常高内的线性异常条带，异常值略小于两侧盆地。陆架区负异常背景之上发育很多块状或者线状异常带，卡拉陆架和巴伦支陆架东部的负异常较其他陆架区显著，可能显示更大的莫霍面埋深。

以下分别就加拿大海盆（包括楚科奇边缘地）、欧亚海盆、马克洛夫海盆（及周边罗蒙诺索夫海岭、阿尔法—门捷列夫海岭）、北冰洋北欧海域以及白令海（含阿留申岛弧）的重力场细部特征做简单论述。

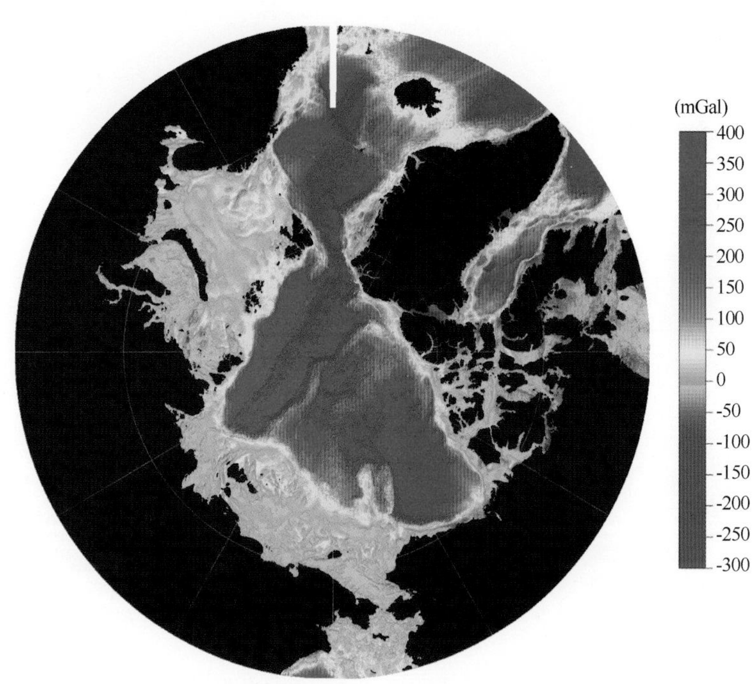

图5－3 北冰洋布格重力异常渲染图（单位：mGal）

2）加拿大海盆

包含加拿大海盆在内的美亚海盆，其构造演化历史尚无定论。尽管很多人认为加拿大海盆形成于海底扩张，但太平洋板块捕获说、陆壳转换洋壳说等观点也得到较多的支持。从重力场特征上看，加拿大海盆海底扩张可以解释很多异常的分布。其中最重要的是海盆中部的线性异常带，该异常带呈中间低两端高的槽状，在布格异常图上也约略可辨（图5－4），因此被认为是停止活动的古扩张脊。其特点与目前正在活动的欧亚海盆扩张脊（加克洋中脊）具有较大的相似性，不同的则是其峰—谷幅值相对较小，可能与上覆的厚达4 000 m以上的沉积层有关。同样由于沉积层的作用，目前仍未识别出残留脊两侧的磁条带，而无法夯实其海底扩张起源的论断。该线性异常带走向在76°N以南发生向东的转折，可能与扩张过程中后期楚科奇边缘地的阻挡有关。较多的证据表明楚科奇边缘地为一微型陆块，其起源有东西伯利亚块体裂离和北极加拿大地块裂离两种，但随着加拿大海盆的扩张加宽，两者之间可能发生了类似板块俯冲的作用，空间重力图上楚科奇边缘地北风海脊的东缘发育类似现代海沟的弧形线性负异常带和布格异常图上的强异常梯度带。楚科奇边缘地发育一系列近N－S走向的异常条带，正负空间异常相间排列，布格异常同样高低相间，显示边缘地内部发生了构造分化，在中部的北风平原发育地壳的减薄作用。

3）欧亚海盆

欧亚海盆起源于大约56 Ma，其演化历史已经比较清楚。海盆中央的加克洋中脊是活动的洋中脊，也是全球扩张速率最慢的洋中脊，其东端扩张速率仅为6.0 mm/a，在拉普捷夫海域扩张轴消失，向拉普捷夫陆架方向，据认为与陆架上发育的一系列SE走向的裂谷带相接。欧亚海盆的空间重力异常总体变化较为平缓，幅值大致在－50～50 mGal之间，仅在中脊轴两侧高地以及海盆周边存在较高的正异常（图5－5）。中脊轴部为线性负异常带，与两侧的线性正异常带呈现为凹槽状。向拉普捷夫海方向，异常带在陆架边缘中断，显示了扩张中脊

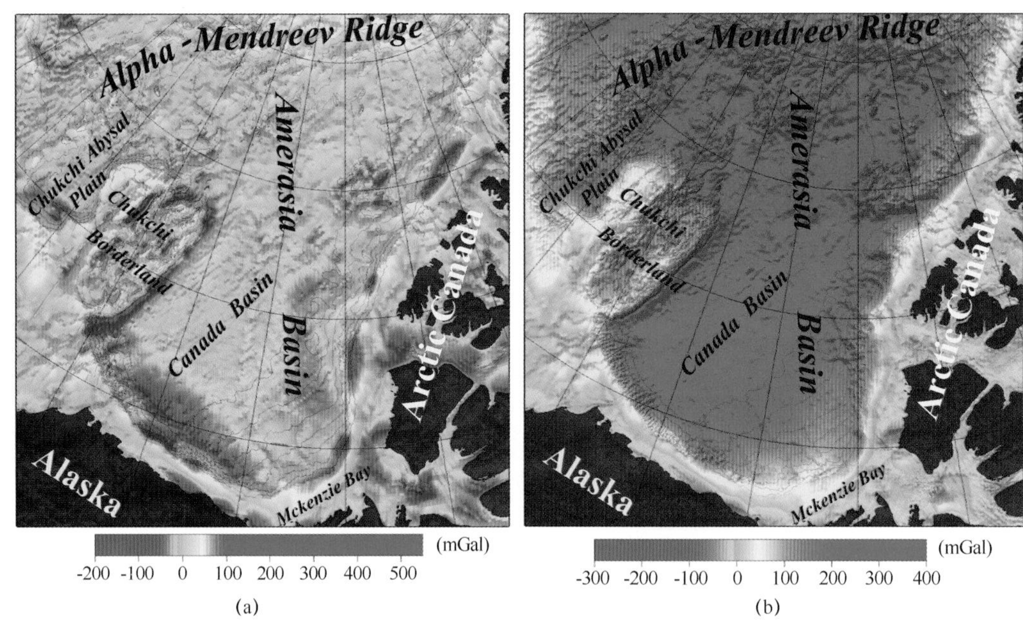

图 5－4　加拿大海盆空间重力异常（a）和布格重力异常图（b）（单位：mGal）

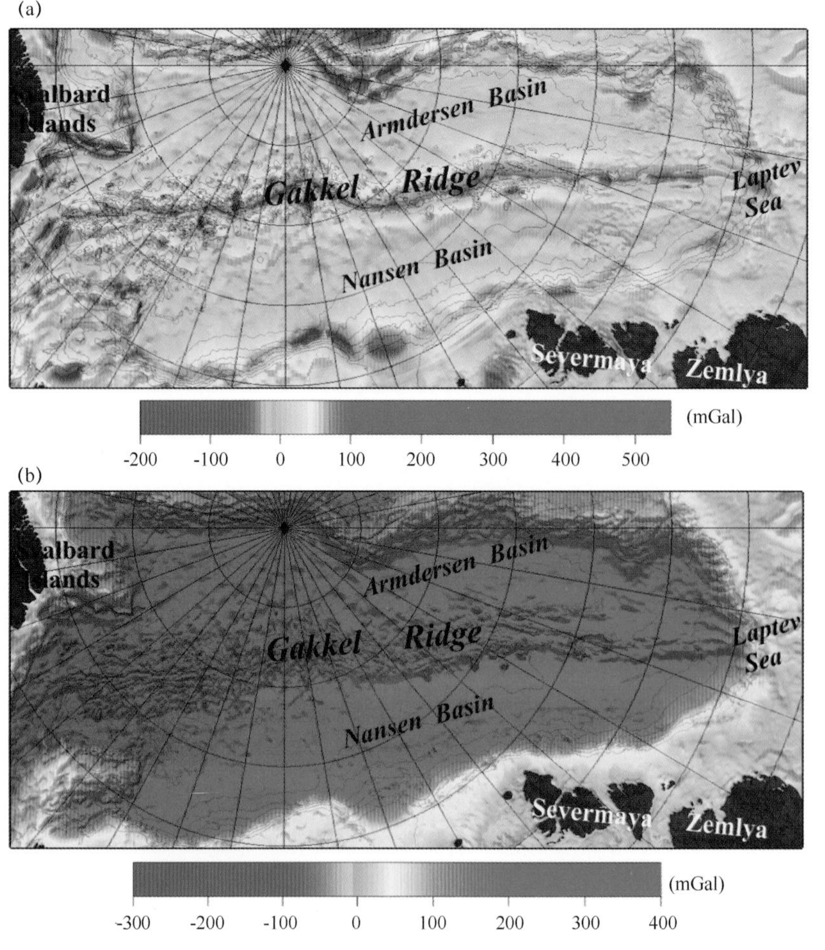

图 5－5　欧亚海盆空间重力异常（a）和布格重力异常（b）（单位：mGal）

的终止。向格陵兰方向，则经过格陵兰转换断层与克尼波维奇洋中脊相连。自加克洋中脊向海盆两侧，异常值缓慢降低，但在盆地两侧与巴伦支陆架和罗蒙诺索夫海岭相接部位，重力场特征略有不同。阿蒙森海盆与罗蒙诺索夫海岭之间为线性负异常带，南森海盆与巴伦支陆架相接处则为串珠状正负相间异常带，两个异常带在外形上极为相似，这与欧亚海盆的扩张起源相吻合，但其异常值分布的差异也表明巴伦支陆架和罗蒙诺索夫海岭在地壳结构上的差别，这种差异在布格异常图上也很明显，南边界向巴伦支方向迅速降低为负异常，北边界则仅是异常值略为降低。

4）马克洛夫海盆

此处所论及的区域包括马克洛夫海盆以及其两侧罗蒙诺索夫脊和阿尔法—门捷列夫脊。同加拿大海盆一样，该两脊一盆的演化历史也没有公认的看法，其主要原因在于阿尔法脊以及门捷列夫脊北段被大面积的火成岩所覆盖，掩盖了早期的地壳结构。该火成岩区已经得到地磁资料和地震资料的证实。空间重力场上（图5－6），显示为内部变化杂乱的正异常区，局部有低值负异常发育，布格重力场上，为高异常区，被其掩盖的阿尔法—门捷列夫脊的线状低值正异常轮廓较空间异常图上略为清晰。空间异常图上，罗蒙诺索夫脊为线性正异常带，在中央的牛轭形转折部分异常值高，此转折的两侧异常值降低，形态上相似，具有一定的对称性。值得注意的是，该转折部位处在前述加拿大海盆古扩张脊向北的延伸线上，中间被火成岩区掩盖，这一现象可能反映了欧亚海盆扩张之前美亚海盆的海底构造格局。很多学者将马克洛夫海盆的形成与加拿大海盆形成割裂开来，认为两者是相对独立的过程。马克洛夫海盆形成于一次小规模的海底扩张，其扩张中心位于南侧，与罗蒙诺索夫脊斜交。在空间异常图和布格异常图上，该位置均显示为近N－S走向的线性异常带（图5－6），但在南段并不连续。另一种观点则认为马克洛夫海盆的扩张中心为SE方向，与罗蒙诺索夫脊近乎垂直（图5－6），但该处的重力异常的线性特征并不明显。横穿罗蒙诺索夫脊、马克洛夫海盆和门捷列夫脊的地震剖面（图5－7）显示，近NS向古扩张脊在水下地形上虽无反映，但在中、新生代沉积之下对应声学基底隆起，可能是古扩张脊的反映，其形成必然在欧亚海盆扩张开始之前。沉积层内较少的断层构造发育也表明至少在欧亚海盆扩张期间，包括马克洛夫海盆以及加拿大海盆在内的美亚海盆是作为一个整体在运动的。

5）北冰洋北欧海域

该区域包括挪威海盆、格陵兰海盆、冰岛海台以及分割这几个区域的摩恩洋中脊、克尼波维奇洋中脊以及其间的转换断层。在重力异常图上（图5－8），全区显示为正异常为主，沿摩恩洋中脊北段和克尼波维奇洋中脊为低异常，向摩恩洋中脊南段异常值升高。摩恩和克尼波维奇洋中脊为两侧高中间低的槽状线性异常带，异常带走向急剧转折部位对应两海脊的分界，该处发育格陵兰转换断层，在海脊西侧显示为高低变化的线性异常带，大致垂直于摩恩洋中脊走向，与克尼波维奇洋中脊斜交，但在海脊东侧没有明显的显示。海盆东西两侧的线性正异常带大致对应洋陆过渡带，挪威海盆的洋陆过渡带内侧还存在一条平行的负异常带。最新的研究认为，直到第四纪以来，现在的克尼波维奇洋中脊才形成，发生了所谓拉直作用，取代了原有的整体走向NE的雁列式中脊。无论空间重力异常还是布格重力异常，均显示中脊两侧不完全对称的格局。在中脊的东侧（向欧亚板块一侧），异常值和水深均较低且变化平缓，西侧（向北美板块一侧）则水深较浅，异常值较高，而且横向变化剧烈。自南部的摩恩洋中脊向北部的克尼波维奇洋中脊，空间重力异常逐渐降低，显示两条中脊在深部结构上

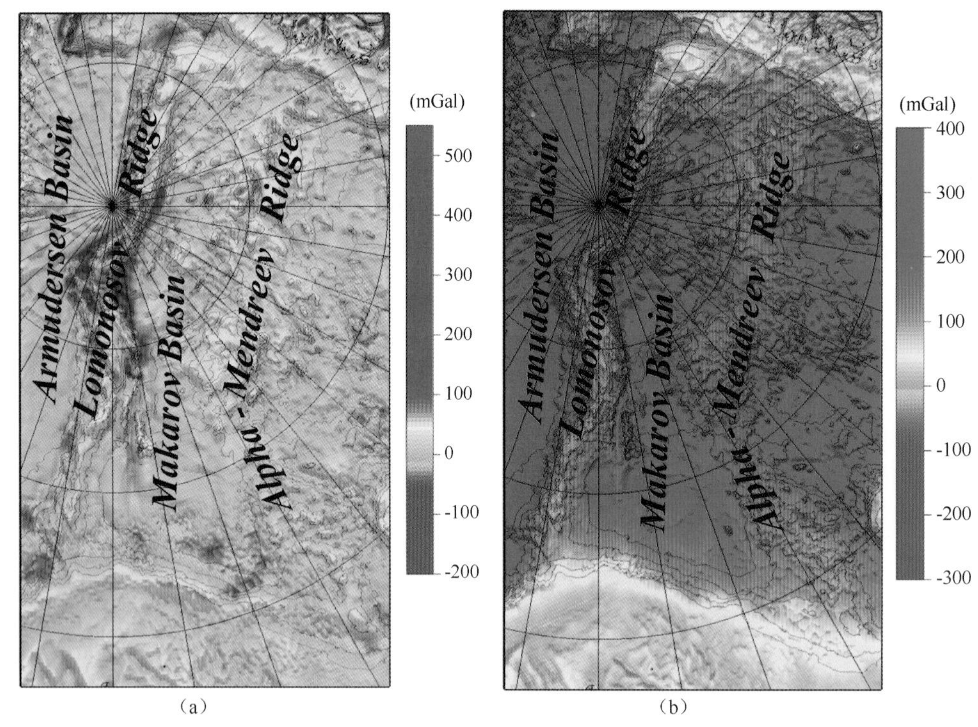

图5-6 马克洛夫海盆空间重力异常（a）和布格重力异常（b）（单位：mGal）

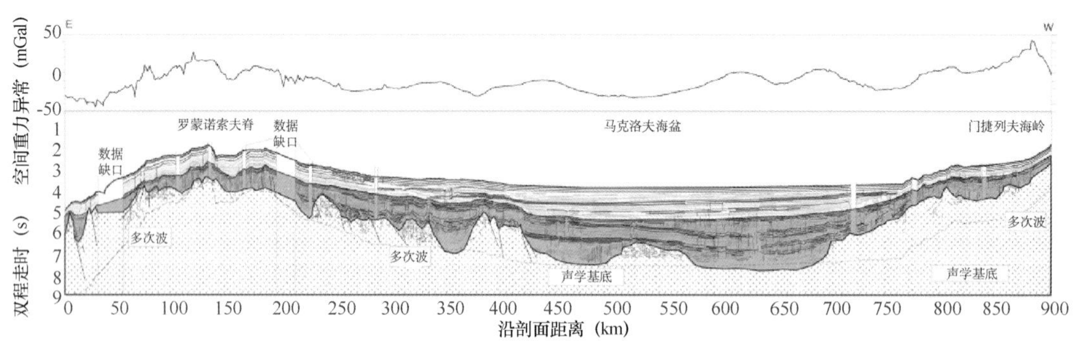

图5-7 横穿马克洛夫海盆的地震剖面解释

可能存在差异。

6）白令海

白令海包括白令海陆架、阿留申深海盆以及外侧弧形的阿留申岛弧—海沟系，阿留申岛弧是西北太平洋沟—弧—盆体系的一部分，但其成因却远较其他部分复杂。仅就西阿留申海脊而言，其成因也与岛弧的东部和中部不同，Yogodzinski 等（1993）提出了一种走滑成因模式，认为西阿留申海脊形成于43 Ma 开始的扭张性裂谷作用，无震的希尔绍夫海岭为最早的北太平洋俯冲带，在25 Ma 以来发生张裂和海底扩张，形成了科曼多海盆。在沿阿留申岛弧—海沟的重力异常图上（图5-9），岛弧位置正异常和海沟位置负异常平行排列的格局十分明显，同时注意到在东段，海沟负异常的宽度明显较西段宽，可能与北太平洋相对岛弧俯冲的方向有关。在白令海陆架外缘，向阿留申海盆过渡处，地震剖面显示，该位置属于白令海陆架上发育的纳瓦林盆地，该盆地面积7.6×10^4 km^2，沉积物厚度10~15 km，基底为中生

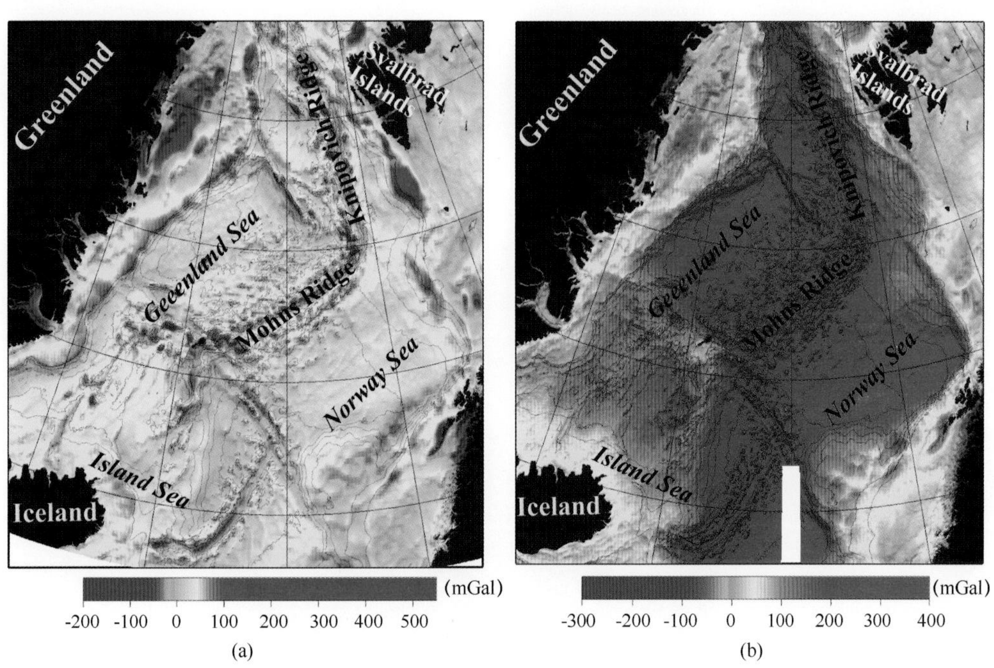

图 5-8 北冰洋北欧海域空间重力异常（a）和布格重力异常（b）（单位：mGal）

代的洋壳。纳瓦林盆地与阿留申盆地之间为一隆起区——纳瓦林海脊，沉积层变薄甚至缺失，反映在重力场上，在隆起区表现为空间重力异常高，并向纳瓦林盆地内部异常逐渐降低。

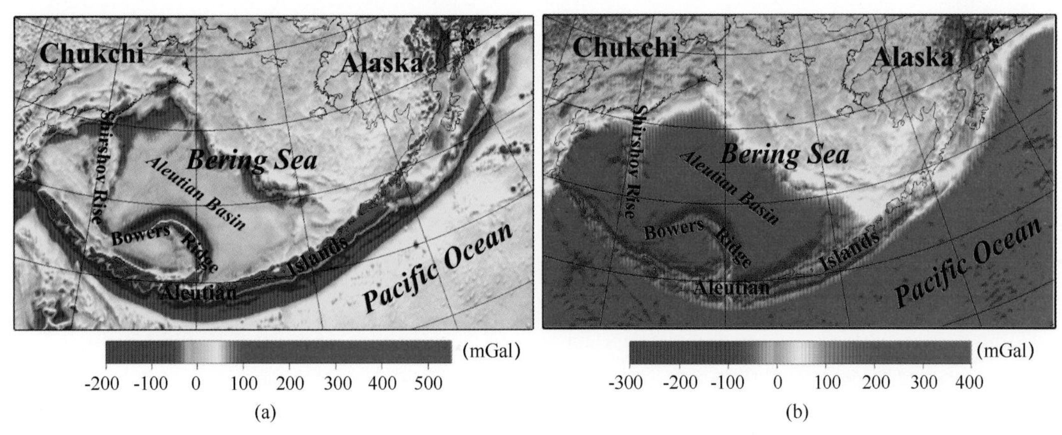

图 5-9 白令海空间重力异常（a）和布格重力异常（b）（单位：mGal）

5.1.2 北冰洋的磁力场特征

环北冰洋区域的磁力数据的分辨率可以优于 10 km。Gaina 等（2011）编汇了 2 km 网格间距的上延 1 km 的北冰洋磁力异常数据（图 5-10）。此数据汇集了国际极地年计划各国 1945 年至 2011 年的所有数据。根据磁力异常特征及其与水深重力的对应关系，Saltus 等（2011）将环北冰洋区域的磁力异常分为了 A ~ F 的 6 个类型并给出了相应的地球动力学机制的解释（图 5-11）。

A 型磁力区域表现为不同波长上的强振幅变化，几何形态上为曲线状的高低异常相间分

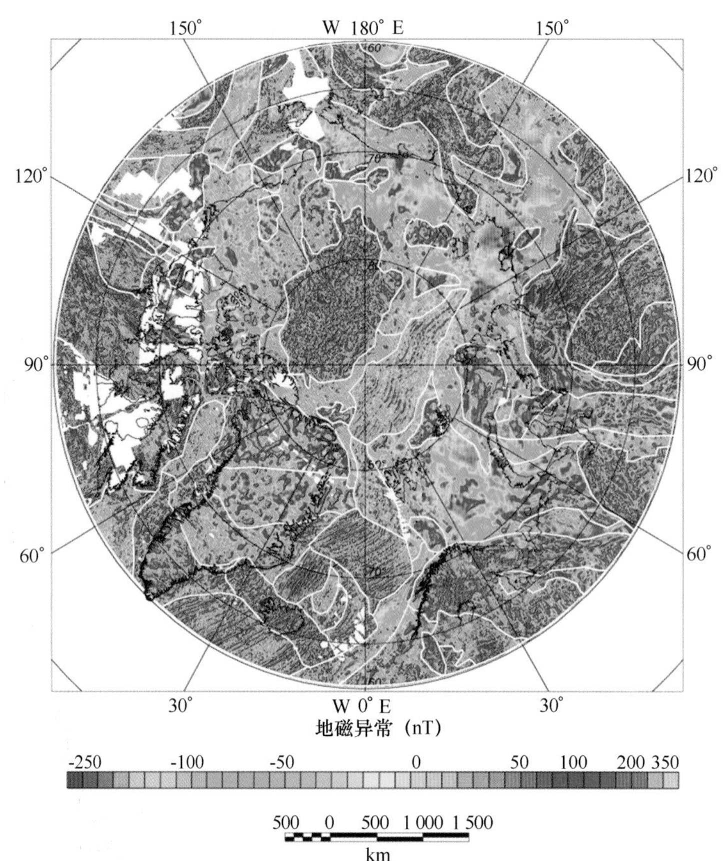

图 5－10　北冰洋磁力异常

白色实线标出了磁力异常内部较为一致的区域

布。A 型区域大多对应前寒武的地盾，如加拿大地盾、格陵兰、西西伯利亚、北卡拉和东西伯利亚块体。这些区域的磁场变化反映了盖层下稳定克拉通的横向空间变化。大部分 A 型区域对应高于水平面的低地形和低幅值的空间重力异常，表明其内部缺乏板块级别的边界。B 型磁力区域表现为多变的偏强振幅，但是弱于 A 型磁力区。这些区域对应了显生宙的碰撞、拉伸和张裂，包括部分阿拉斯加及其相邻的育空区域、巴芬湾以及挪威—格陵兰海等。B 型磁力区域几何形态相对较窄，在区域面积上也小于 A 型。大部分 B 型区域对应起伏的高地形，反映了较新的构造活动。C 型磁力区域表现为低幅值的长波长变化，缺失短波长的强幅值异常。这些区域大多对应大陆架，如加拿大海盆的北冰洋陆架。D 型磁力区域表现为强振幅的变化，可能反映了增厚的基性岩石。此类型对应造山带和拉伸区域，在面积上小于其他类型。其中造山带的地形相对复杂而拉伸区域的地形相对平滑。E 型磁力区域为海洋岩石圈，表现为明显的线性高地异常相间的特征，反映了洋中脊扩张时的剩磁作用。欧亚海盆、挪威—格陵兰海、挪威海盆和北大西洋均为典型的海底扩张区域。这些区域对应较深的水深和高低相间的空间重力异常，也与海底扩张的过程相一致。F 型磁力区域为复杂多变的强振幅短波长变化，对应地质上的 3 个大型火成岩省。

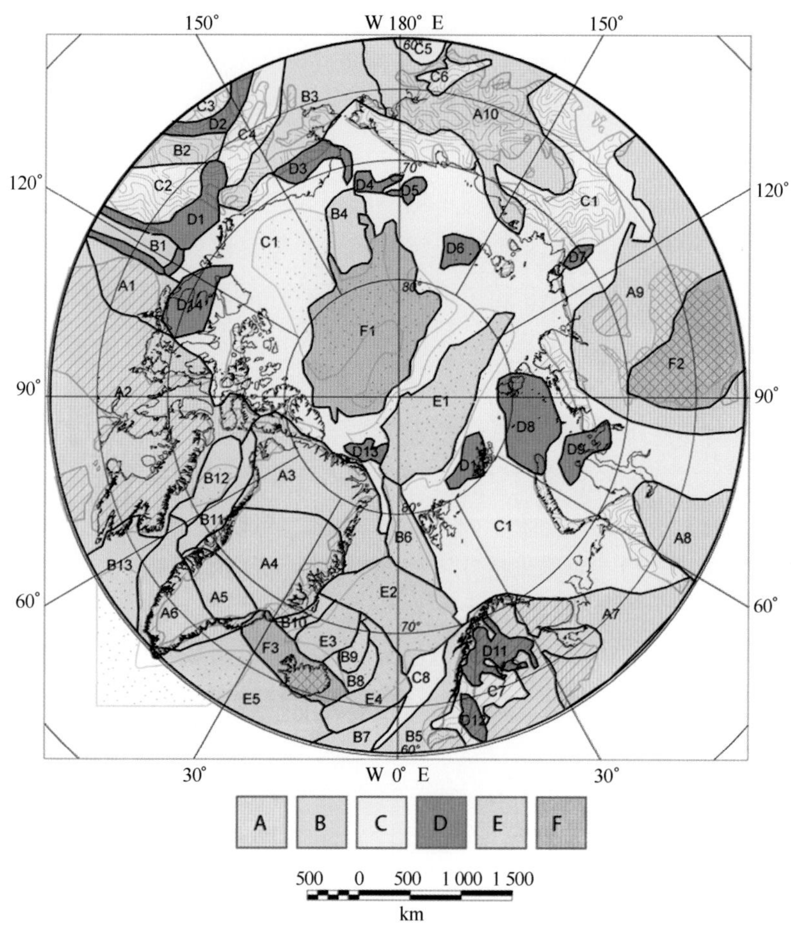

图 5－11　磁力异常解释（Saltus et al.，2011）

散点表示水深大于 2 000 m 的区域

5.1.3　北冰洋的热流特征

1）简介

热流测量的一个根本性目的是为了确定地球深部通过地壳向外热传输的速率，它也是观测全球热量散失通量的最直接参数。过去几十年的调查表明，热流数据的大小与地质构造单元的类别相关，在长波长上与其他地球物理特征相关。通过与其他地球物理数据的联合解释，海域热流数据能够提供岩石圈内的热结构、年龄和演化历史。同时，热流数据提供的沉积层热结构也可以为油气资源的评估与勘探提供重要的参考。

北冰洋的热流测量开始于 1963 年。USGS（美国地质调查局）在其命名的 T－3 浮冰岛上进行了 10 年共 356 次的测量。1964 年，Law 等在 McClure 海峡以及 Patrick 王子岛西北部进行了 9 个海底热流测量。苏联最早在 20 世纪 60 年代中期实施了两个热流测量计划：一个穿越马克洛夫（Makarov）海盆和罗蒙诺索夫脊；另一个为穿越加克洋中脊的热流剖面。此后，Crane 等（1991）、Urlarb 等（2009）和 Jokat 等（2009）分别在格陵兰海、欧亚海盆和美亚海盆进行了热流测量。

2012 年，第五次北极科学考察在罗蒙诺索夫脊上首次采集到了极区的热流资料，为揭示罗蒙诺索夫脊的沉降历史提供了热方面的约束。2014 年，第六次北极科学考察在加拿大海盆和楚科奇边缘地上采集得到了 19 个热流站点，为研究加拿大海盆和楚科奇边缘地的演化过程提供了极佳的条件。

2）数据来源与精度评估方式

海底热流测量主要由地温梯度和热导率测量两部分组成。地温梯度使用多个温度探针插入未结晶的沉积物内直接测量，热流探针在沉积物内停留足够长时间后，就可以外推出每个探针的平衡温度。热导率可以在原位测量或者通过柱状样品采样进行甲板测量。在部分没有热导率测量的区域，也可以通过水含量、深度和热导率的经验公式推断得到。历史上北冰洋所有的热流测量见表 4 – 22 和表 4 – 23。Langseth 等（1990）分别从数据质量、地质和水文环境以及相邻点的统计信息等方面详细地评估了北冰洋已有资料。

数据质量方面，大部分的热流测量有 2 ~ 5 个探针插入沉积物中，可以用于测试热流随深度变化的规律。非均一的变化可能源于测量误差、瞬时热流和流体对流等因素。由于可能的长周期瞬时热流的存在，均一的热流也并不能完全保证测量的准确度。热导率随深度的变化非常大，因此热导率的估计方法在北冰洋尤其重要。若要保证平均热导率在 10% 的变化范围内，则需要进行非常密集的热导率测量（Lister，1970）。由于北冰洋的沉积物的物性来源复杂，如果不是通过同一站点的测量，而是通过相邻站点的热导率来估算热流值，则会导致非常大的误差范围。

在一些海底区域，尤其是大洋中脊，水通过断层等渗透到地壳深部完成对流，导致了空间尺度上和洋壳厚度接近的热水循环（Williams et al.，1974）。垂直的对流在没有沉积物覆盖的海洋地壳浅部形成大范围的热扩散区域。在海水向下渗透的区域，海水吸收了大量的热量，因此沉积物内的热流不仅与沉积物的深度有关。但是在大部分区域，沉积物本身渗透性较差，水循环基本被沉积物所隔离，测量的热流值反映了深部的热状态。

Sclater 等（1976）认为测量区域的沉积物厚度与分布对测量值的可靠性极其重要，只有足够厚的低渗透率海洋沉积物才能够隔离海水对流引起的热散失。他们将沉积物分为 A ~ D 四类：A 类要求在 18 km 的半径内沉积物连续分布且厚度不小于 150 m；D 类为海底基底直接出露，几乎没有沉积物；B 和 C 类型为其过渡类型。大量的测量表明，只有 A 类的沉积物才能采集到可靠的热流数据。

时变的底层水温度也可以明显地影响热流测量结果，因此热流数据只有在底层水温度稳定时才可靠。北冰洋的深部水团的温度和盐度均非常均一，是测量热流的极佳环境（Taylor et al.，1986）。

同一或相近站位多次采集数据的统计分析被广泛地应用于热流数据本身质量及其与其他地球物理资料相关性的评估上。由于缺少实际热流的基准值，这种方法只能用于 A 类沉积物区域，因为这些区域系统性的误差可以近似忽略。

3）格陵兰海的热流特征

摩恩—克尼波维奇洋中脊是格陵兰海的最主要的活动构造单元。Crane 等（1982）首次制作了格陵兰海的地热图。他们的研究表明，克尼波维奇北端的斯匹茨卑尔根破裂带被拉分盆地所分割为三段，其中叶尔马克海台的西北部的一段具有非常高的热流值。1983 年，挪威、法国和美国的联合航次在两条横穿克尼波维奇洋中脊的剖面上测量了 39 个热流站点。测量表明克尼波维奇洋中脊两侧的热流值非常不对称，如图 5 – 12 所示。在洋中脊附近，热流值可以达到160 mW/m^2，东侧离轴后热流值在10 km的距离内迅速下降为118 mW/m^2，而西侧热流值则在离轴60 km后才逐步降低到110 mW/m^2，表现为两侧的强烈非对称性。这也与Taylor等（1983）观测到的地形、地震、重力等的非对称相一致。

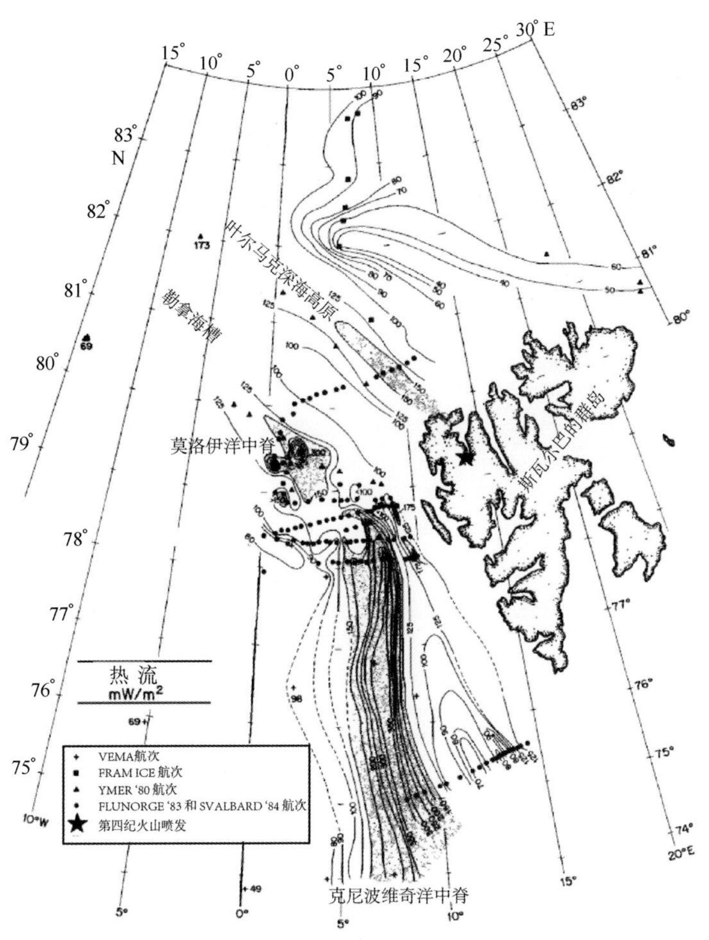

图5-12 克尼波维奇洋中脊热流值（Crane，1991）

基于板块冷却模型，Crane等（1991）利用热流数据估算了克尼波维奇洋中脊的扩张速率。其西侧的半扩张速率为4.0 mm/a，而东侧为3.0 mm/a，全扩张速率为7.0 mm/a。但是这与全球板块运动模型Nuvel-1中估算的全扩张速率14~16 mm/a差别较大，表明此区域的热流难以用传统的板块冷却模型来估算。地幔的热异常、地壳的生热以及热液循环等都是可能的影响因素。

4）欧亚海盆的热流特征

欧亚海盆起源于65 Ma，其现在的扩张中心为加克洋中脊。2001年，美国的USCGS Healy和德国的Polarstern调查船在加克洋中脊测量得到了19个站点的热流数据，如图5-13所示。

最多5个小型温度探针按照0.75~2.0 m的间隔安装到重力柱状采样器或热流探针上。为保证插入时产生的热完全衰减，每次测量时温度探针在沉积物中稳定7~10 min。热流测量主要是沿加克洋中脊进行，另外有一条剖面穿越阿蒙森海盆。为增强数据的可信度，其中8个站点为重复测量，穿越阿蒙森海盆的剖面上大多为3次重复测量。但是19个站位中只有5

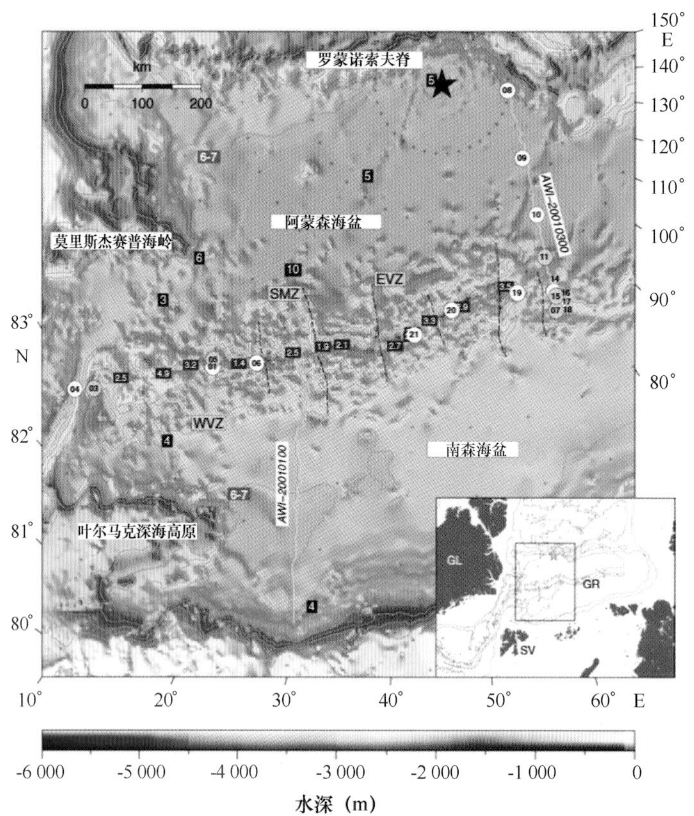

图 5 - 13　欧亚海盆热流站点位置（Urlaub et al.，2009）

灰色圆圈标示了热流站点位置；黄色曲线为 AWI - 2010100 和 2010300

个进行了热导率测量。

Urlaub 等（2009）采用了两种方式确定热导率。在 Polarstern 甲板上使用长 6 cm、直径为 0.2 cm 的探针以 20 cm 为间隔在沉积物上测量。首先测量 100 s 的温度漂移以确定沉积物的热状态。以 5 s 的热脉冲加热后，再测量 150 s 的沉积物的温度衰减。热导率则可以通过以下公式计算：

$$T(t) = \frac{Q}{4\pi} \cdot \frac{1}{K} \cdot \frac{1}{t + t_{sft}} + T_0 + d \cdot t \tag{5-1}$$

式中：$T(t)$ 为衰减温度；Q 为总热量；T_0 为初始温度；$\frac{1}{t + t_{sft}}$ 为数据时间转换。

第二种方法是利用孔隙度和热导率的关系推算（Brigaud and Vasseur，1989）。海底表面的沉积物可以认为是水与固体物质的两相系统，其热导率取决于含水量，如式（5 - 2）所示。

$$k = k_f^{\phi} \cdot k_m^{1-\phi} \tag{5-2}$$

式中：ϕ 为孔隙度；k_f 为海水热导率；k_m 为模型热导率。

Urlaub 等（2009）假定水与固体的热导率分别为 0.605 W/mK 和 2.7 W/mK。其中固体的热导率为低石英含量的碳酸岩和页岩的平均值（Clauser and Huenges，1995）。两种方法推断的热导率之间较为相符，所有数据均在 0.6 W/mK 到 1.9 W/mK 之间。由于含水量较大和未压实的原因，海底面以下 1 m 以内的热导率变化较大。

在加克洋中脊西段，地温梯度测量结果较好，热流值平均值为 116 mW/m^2，自 34 mW/m^{2}到 426 mW/m^2 之间强烈变化，且没有明显的变化规律。在加克洋中脊中段，所有站点的平均值为 7.5 mW/m^2，但是有部分测量站点出现负的热流数据。73°E 以东，热流站点的平均值为 155 mW/m^2，变化范围自 39 mW/m^2 到 197 mW/m^2。沿穿越阿蒙森海盆的剖面，热流值呈现两边大当中小的趋势，罗蒙诺索夫脊处的热流值可以高达 150 mW/m^2，而海盆内的值仅为 100 mW/m^2 左右。

除了孔隙度外，Brigaud 和 Vasseur（1989）认为沉积物内的石英含量与导热能力呈正相关。相比加克洋中脊另一侧的南森海盆（1.1 W/mK），阿蒙森海盆的热导率较高（1.3 W/mK）。这可能预示着阿蒙森海盆主要为陆源沉积物，或者其孔隙度相对较小。

加克洋中脊是世界上扩张速率最慢的洋中脊。一般认为，慢的扩张速率对应长的冷却时间，因此对应低地幔熔融和热流值。但是沿加克洋中脊观测到的热流值（平均值 150 mW/m^2，最高值 426 mW/m^2）与快速和中速扩张洋中脊的热流值相近（Stein and Stein, 1992）。沿加克洋中脊中段，沉积物较薄，在离轴 130 km 处仍然有基底露头出现。同时，沿扩张中心大量分布的热液系统可能导致了负的热流值。

在阿蒙森海盆内离轴 130 km 后，沉积物厚度逐步增厚到 2 km，热流测量值也趋于稳定。但是热流的衰减曲线与板块冷却模型并不完全相符（Parson and Sclater, 1977），如图 5－14 所示。由于增厚的沉积物基本排除了热液循环的影响，沉积物内的生热率也并不能导致如此大的热异常，因此热异常可能直接来源于高温地幔，这可能表明传统意义上超慢速扩张对应较冷地幔的认识需要修正。沿加克洋中脊的重力反演和数值模拟表明，除了岩浆贫瘠区域外，若要产生相应的熔融异常，加克洋中脊下的地幔温度不小于 1 270℃的全球平均地幔温度（张涛等，2015）。

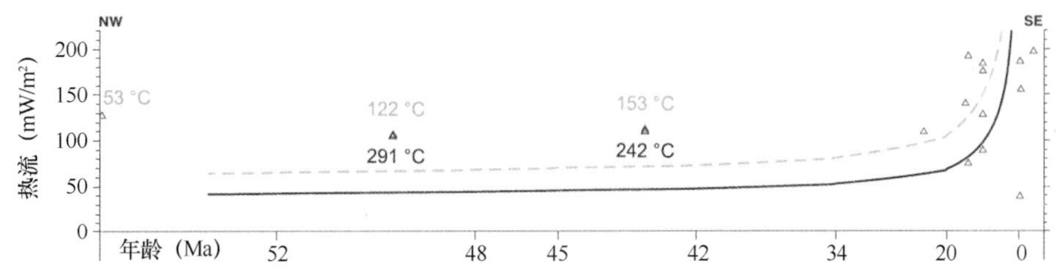

图 5－14　热流数据对应的 Moho 温度（黑色）和基底温度（灰色）

黑色实线为 Parsons 和 Sclater（1977）模型；虚线为 Stein 和 Stein（1992）模型

5）美亚海盆的热流特征

作为美亚海盆的主体，加拿大海盆内的沉积物巨厚（超过 4 km），底流相对稳定，其地质和热液循环条件都极为适合热流观测。在 T－3 浮冰岛上小范围内的多次连续测量也具备了使用统计方法评估测量精度的条件，测量位置见图 5－15。在 CB3 区域的 30 次测量呈现正态分布，数据离散度非常小，标准差仅为 3 mW/m^2。95% 置信度下的平均热流值为 67.2 ±1.0 mW/m^2。同样的置信度下，CB1 区域 15 次测量的平均值为 55.8 ±1.5 mW/m^2，CB2 区域 5 次测量的平均值为 57.3 ±5.0 mW/m^2，CH1 区域的平均值为 56.7 ±2.4 mW/m^2。这表明整个海盆内的热流干扰都比较小，也为估计海盆内的热流测量误差提供了参考。

门捷列夫脊和阿尔法脊的热流相对加拿大海盆较小。M1 区域 21 个站点的测量的平均值为 49.6 ± 1.9 mW/m²。考虑到平坦的海底和地震揭示的巨厚沉积物，此区域的热流干扰应该也较小。阿尔法脊上的热流平均值与门捷列夫脊相近（48.6 ± 6.5 mW/m²），但是其变化范围相对较大，可能与其下的地形起伏较大有关。阿尔法脊的海底地形存在高 55 m、波长达 1 km的起伏（Hall，1970），这可能导致热扩散的面积增大，测量得到的热流值减小 2% ~ 5%，在此区域对应 1 ~ 3 mW/m²。

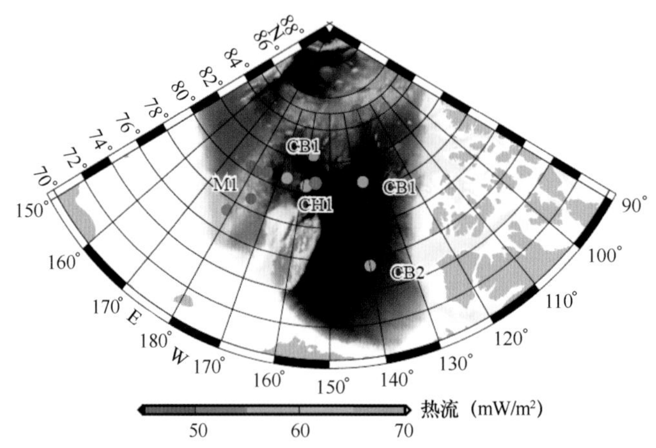

图 5 - 15　美亚海盆热流站点

楚科奇边缘地剧烈的基底变化和较薄的沉积物也给热流测量带了相应的作业难度和误差干扰，目前尚未有公开发布的历史资料。2014 年，我国第六次北极科学考察中在楚科奇边缘地采集到的 8 个热流站点（C12、C14 ~ C15、C21 ~ C22、R12 ~ R14），其平均值为 63.51 mW/m²，高于与加拿大海盆内的平均值，如图 5 - 15 所示。楚科奇边缘地的热流值离散度较大，最低值为 40.12 mW/m²，而最高值超过其两倍（86.56 mW/m²）。考虑到楚科奇边缘地的陆源性质、基底形态及张裂特征，北风平原内高热流值（平均 77.33 mW/m²）反映了新生代初期张裂后热平衡的过程，而高地形区域的低热流值（平均 49.70 mW/m²）主要反映了相对较厚的大陆岩石圈。

第六次北极科学考察在加拿大海盆内共进行了 10 个站点的热流测量，其中长期冰站跟随浮冰的漂移在 6 d 的时间内进行了 4 次重复测量。所有测量站位的平均值为 53.43 mW/m²，与历史资料的范围相近。整个海盆内的热流分布较为均一，变化范围在 ± 10 mW/m² 左右。整体上，在靠近残留洋中脊的区域，热流值相对较小，在靠近陆缘的区域，热流值相对较大。考虑到美亚海盆形成时代较早（中生代），其地幔热源在海盆内部分布较为均一，陆缘区的高热流值可能是靠近陆缘区沉积物较厚、生热较多的原因。

6）小结

北冰洋的构造单元、沉积分布和水文环境均呈现高度的多样性，在解释热流资料时，必须充分考虑这些因素。北冰洋含有众多的构造单元，从残留的陆块（楚科奇边缘地、罗蒙诺索夫脊等）、中生代海盆到活动扩张中心和热点影响区域（阿尔法脊），差异巨大的岩石圈厚度、地幔温度提供了不同的深部热源。同时，不同的地壳性质和沉积物厚度又提供了不同的浅层热源。在热传递方面，热液活动和底流环境的差异又在海底表面造成了传导和对流的巨大不同。

整体上，北冰洋的热流值与构造单元的类型相一致。其最高值出现在加克洋中脊，其次是新生代早期张裂的北风平原，然后是中生代的加拿大海盆，最低出现在北风脊、门捷列夫脊和阿尔法脊等可能的残留陆块区域。

5.1.4 北冰洋的地层特征

1）加拿大海盆

2006年以前，在加拿大海盆区大约只有不到3 000 km的反射地震剖面，大部分数据集中在南部（图5-16）。从2007年至2011年，美国和加拿大联合开展了6个航次的多道地震航次，获得了15 481 km的反射地震数据，同时布设了171个声呐浮标以获得广角反射和折射数据，从而得到沉积层速度信息（Mosher et al.，2012）（图5-16）。

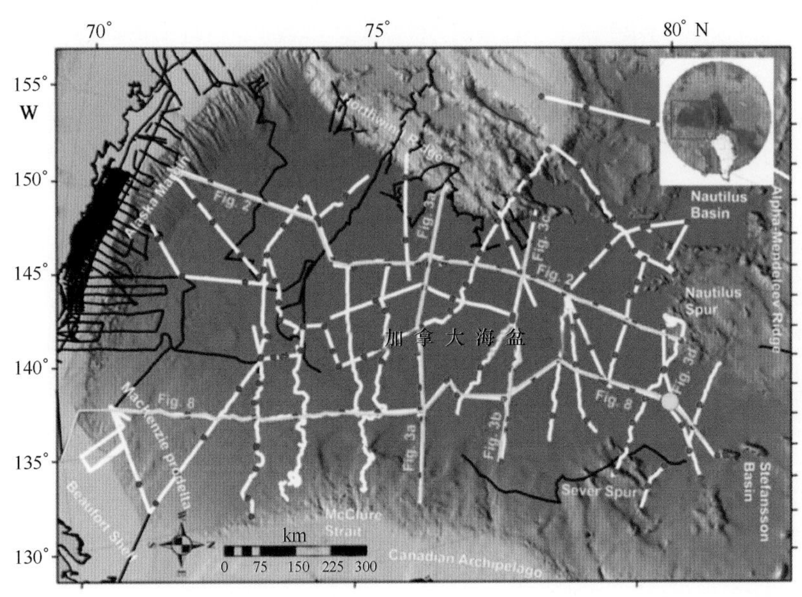

图5-16 加拿大海盆地震测线（Mosher et al.，2012）

白线和黄线是2007—2011年反射地震测线；红点是声呐浮标；黑线是2006年以前历史数据

2007年后新采集的地震反射剖面采用了1 150 in^3的G枪阵列，枪阵沉放深度为11.5 m；地震电缆工作段长100 m，16道，道间距6.25 m，加上延长段等总长为250 m。数据主频带范围是5～65 Hz，垂向分辨率为8～15 m。

加拿大海盆从下往上主要有基底、R40、R30、R10和海底5个反射界面（图5-17）。

（1）基底

基底反射特征比较明显，其下是相对空白的反射。从北往南基底深度整体加深（图5-18和图5-19），从北风脊附近不到500 m深至马肯兹河三角洲超过15 km（图5-19）。基底地形在多种空间尺度上均有变化，在海盆内也不同。在加拿大海盆南部的中间区域，基底以断块为主，往东西两侧基底地形变得平坦，基底反射振幅增强（与图5-18a类似）。盆地边缘沉积层非常厚，基底反射不是很清晰。在海盆中部，出现一系列独立的基底隆起，可能构成和加拿大海盆走向平行的海脊以及中间的峡谷（中央裂谷）（图5-18a和图5-19）。在北部（约78°N以北），基底形态变化很大，出现很多正断层及地垒、地堑构造（图5-18c）。在有些地方，基底呈现叠瓦状反射特征（图5-18d）。在更北的区域，基底变得崎岖不平，

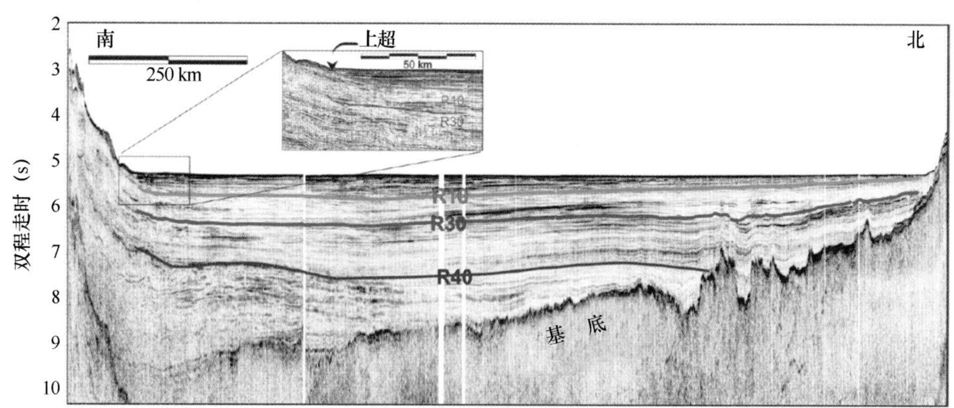

图 5-17　穿过加拿大海盆的南北向长剖面结构，位置见图 5-16 中的 Fig. 2 测线（Mosher et al., 2012）

和阿尔法海脊—门捷列夫海脊相似，基底甚至刺穿沉积层（图 5-18b）。

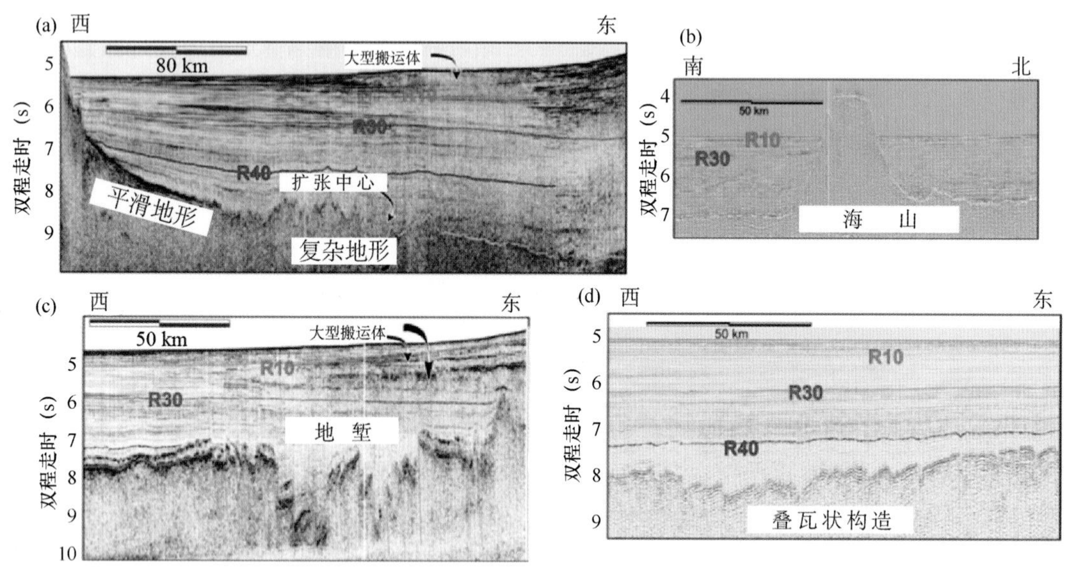

图 5-18　加拿大海盆的基底反射特征，位置见图 5-16 中的 Fig. 3 测线（Mosher et al., 2012）

（2）R40 界面

R40 是基底之上的一个反射界面，在很大的范围内可以追踪，但在马肯兹—波弗特、阿拉斯加陆架和加拿大北极群岛陆架的巨厚沉积物之下无法连续追踪。往北在约 78°N 附近，R40 上超到一个较陡的基底地形上，R40 与基底之间的地层具有南厚北薄、东厚西薄的特点，在开始识别出 R40 的地方，R40 与基底之间地层厚度大约是 5 km，往西边的北风脊和北边 78°N 尖灭。该地层是最早期的盆地充填。

（3）R30 界面

R30 从南部的马肯兹河三角洲前缘到北边的阿尔法海脊均可对比追踪。总体而言，该层位向南、向东有轻微倾斜。R30 与 R40 之间的地层由一些平行的反射同相轴组成，在几百千米范围内均可对比。地层厚度在东部最厚（在 McClure 海峡外超过 6 km），朝北朝西减薄。

（4）R10 界面

R10 是沉积层中最浅的对比追踪的层面，从加拿大海盆的深海平原到 Nautilus Spur（阿尔

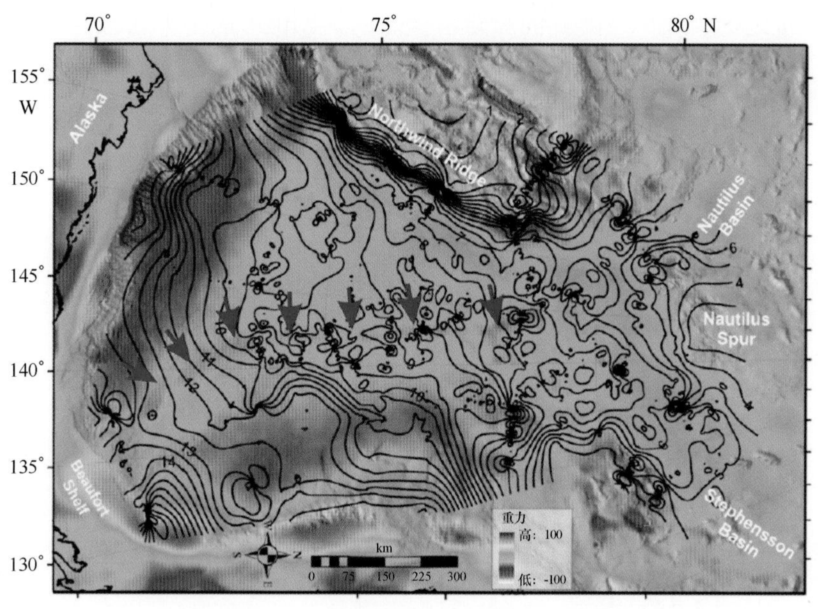

图5-19 加拿大海盆基底深度图，位置见图5-16中的Fig. 5测线（Mosher et al., 2012）
底图为空间重力异常；红色实心箭头指示了海盆中央的低重力异常条带

法海脊向南延伸的部分）均可对比。在到达Stefansson或Nautilus盆地之前，R10就已经尖灭。然而，在南部的马肯兹河三角洲前缘R10之上是一个楔形沉积体，往北变浅。R10与R30之间的沉积层基本也是由平行的、连续性较好的反射层组成，东厚西薄。在加拿大北极群岛陆缘，超过3km厚的区域主要是一些密度流引起的楔形沉积物堆积（Mosher et al., 2012）。R10往西突然终止到北风海脊上，一些上翻回转的反射显示其上超到北风脊上。R10与R30之间的地层厚度在北风海脊尖灭，从尖灭点往盆地方向厚度马上变成400 m左右。

（5）海底

加拿大海盆的主体部分是加拿大深海平原，面积大约是588 000 km^2，包括了北部的Stefansson和Nautilus盆地，在这些深海平原中水深大约3 800 m，海底面非常平坦，深度变化不大，从南到北、从东到西的水深变化只有数十米。R10至海底面之间的地层厚度变化比较大，在马肯兹河三角洲前缘有4 km厚，往盆地方向呈辐射状减薄。马肯兹河三角洲前缘是一个扇形的沉积体。三角洲的斜坡上出现陡崖、（断层）旋转滑动面和滑塌构造等，而其内部为空白反射。在深海平原部分，R10和海底之间反射以平行、连续反射为主。

阿拉斯加陆缘远离马肯兹河的影响，R10和海底间地层上超到陆坡上（图5-17），往北上超并尖灭到北风海脊上。在加拿大北极群岛陆缘，R10到海底间地层很薄，但因为测线并没有向陆地方向延伸很远，因此并没有探测到该地层的尖灭点。

在北部，海底面和一些基底隆起交汇的地方并没有变形，而是突然中断。上超面向上弯曲的程度随着深度增加而增大，显示盆地同沉积沉降很小。Nautilus和Stephansson盆地的海平面海拔略高于加拿大海盆其他部分，表明本地的沉积物输入具有一定的作用。

（6）地震地层的地质年代标定

由于缺少钻井约束，目前地层的年代的确定是个难题，很难把它和波弗特陆架上建立的地层框架进行对比。粗略的对比得到的结果认为基底可能对应了早、中白垩世之间，R40是古新世和始新世之间，R30 是始新世和渐新世之间，R10 可能是中新世内部一个界面（图 5－20）。

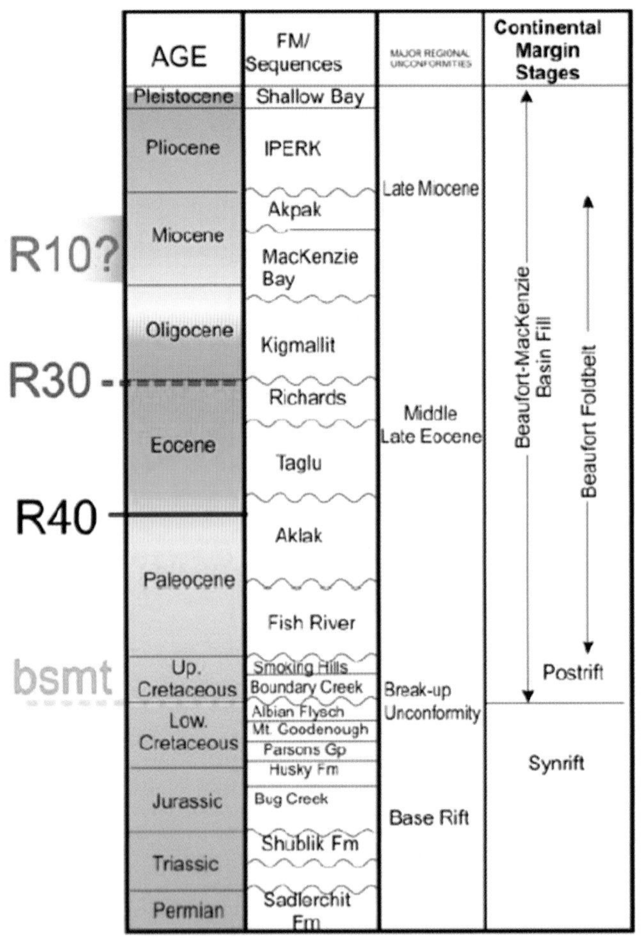

图 5－20　加拿大海盆主要地震界面的地质时代标定（Mosher et al.，2012）

2）门捷列夫海脊至罗蒙诺索夫海脊区域

从 1989—2007 年的近 20 年间，俄罗斯在门捷列夫脊到罗蒙诺索夫脊之间的海域开展了数条广角反射/折射剖面（图 5－21），这些剖面揭示了地层的大尺度特征。

（1）马克洛夫盆地和 Podvodnikov 盆地的地壳结构

图 5－22 是一条由三条地震剖面合成的长剖面（MCSR 的测线 MAGE－90801，SR 测线 Tra－91 和 NP28－87）。该剖面从东西伯利亚海陆架 De－Long 隆起的北坡开始，横切 Vilkitsky 海槽，然后沿着 Podvodnikov I 盆地、Podvodnikov II 盆地和马克洛夫盆地的走向穿过这三个盆地，终止于罗蒙诺索夫脊美亚海盆一侧的斜坡上。

TransArctic 1989—1991 年的地质断面的沉积层包括三个层序：上部、中部和下部。根据反射地震剖面，上部层序的速度为 1.9～2.9 km/s。厚度变化也较大，Vilkitsky 海槽处为 3 km，分割 Podvodnikov 盆地的地块处为数百米。中部层序的速度为 3.2～3.8 km/s，该层只在 Vilkitsky 海槽才能被追踪，厚度不超过 3 km，向西北方向减薄。上部层序和中部层序之间是一个区域不整合面（RU），这个不整合面是一个重要的地层界面，在中部北极隆起（Central Arctic rises）所有的正、负地形之间都可以追踪，包括 Podvodnikov 盆地和马克洛夫盆地

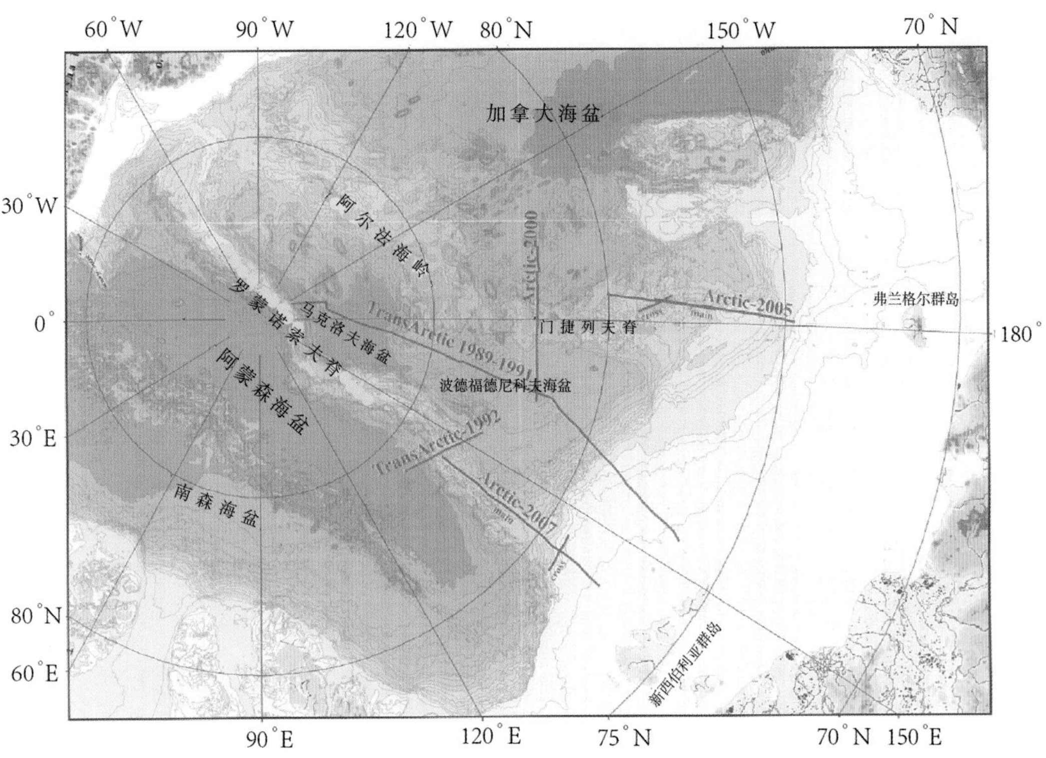

图5-21 俄罗斯的广角反射/折射剖面测线位置（Kaminsky et al.，2014）

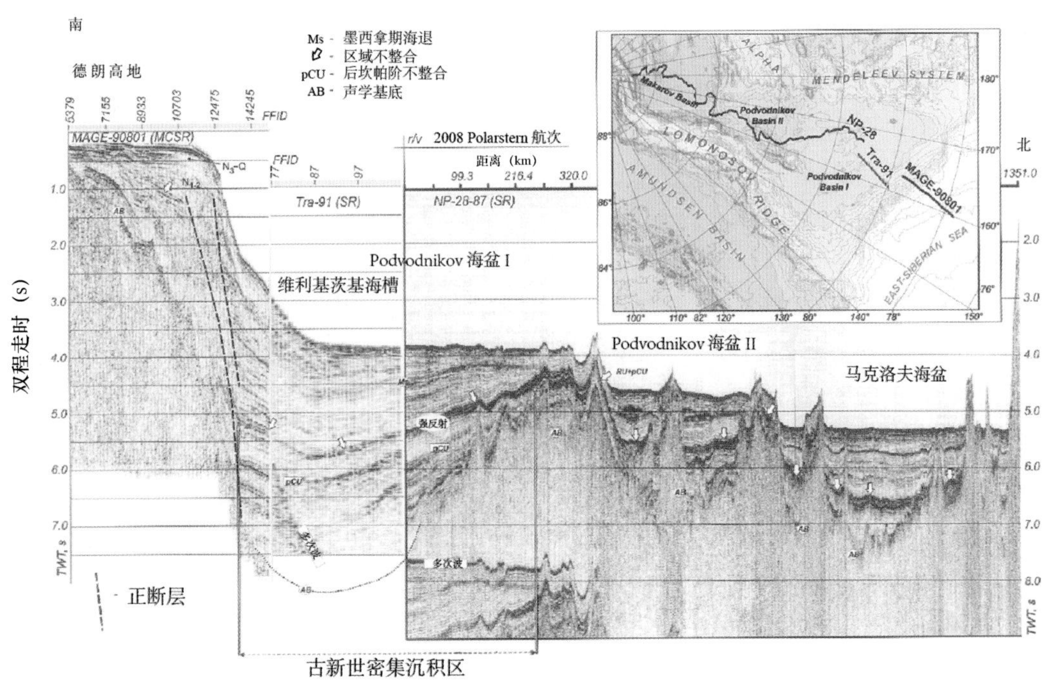

图5-22 马克洛夫盆地和东西伯利亚陆坡的地层结构

MCSR 的 MAGE-90801 测线；SR 的 Tra-91 和 NP28-87 测线（Kaminsky et al.，2014）

以及东西伯利亚外部陆架。下部层序的速度为4.0～4.4 km/s，厚度变化从 De Long 隆起的几百米到 Vilkitsky 海槽的3 km，然后往 NW 方向厚度都不超过2 km。中部层序和下部层序之间也存在一个不整合面。总的沉积厚度在 Vilkitsky 海槽处最大（约 7km 厚），往两个方向减小，De Long 高地和西北方向的 Podvodnikov 盆地以及马克洛夫盆地的厚度均在 4 km 至几百米之间。

不整合面的时代可以通过在罗蒙诺索夫脊进行的 IODP 302 航次的 M0002 - M0004 站位（Backman et al.，2006）来标定。通过对比钻孔数据和地震剖面，区域不整合面（RU）对应前中新世剥蚀事件（pre - Miocene erosion event），该事件造成的沉积间断约为 27 Ma，它分隔了下伏的富含生物成因物质的中始新世滨海相硅质碎屑岩（黏土和粉砂岩）和上覆的早—中中新世含极少生物成因物质的地层。中部层序和下部层序之间的不整合面经过比较是对应后坎潘期剥蚀事件（pCU），造成的沉积间断约为 24 Ma，它分隔了坎潘阶三角洲前缘/滨海相砂岩、泥岩和其上的晚更新世浅海黏土。

另外在广角反射/折射剖面（WAR）上发现了一层 Metasedimentary sequence（MS），速度为 5.0 ~ 5.4 km/s。这一层从波速上看比较均一，但构造上是不均一的。它的底界是声学基底（AB），也就是结晶基底。厚度在大陆坡处达 2km，在 Podvodnikov 盆地和马克洛夫盆地开始减薄至 1 ~ 1.5 km，再减薄到几百米。这一层的年代和性质还未能确定，在不同区域其性质也不同，可能是加里东期和 Elsmirian 期的褶皱带，也可能是褶皱带及上覆的磨拉石和台地沉积，或者是更古老的台地沉积。

Podvodnikov 盆地和马克洛夫盆地里特殊的磁异常特征可能和岩浆侵入到沉积盖层中有关。

（2）罗蒙诺索夫脊和周边陆架的地壳结构

俄罗斯在罗蒙诺索夫脊的工作主要包括两条近垂直的测线，一是垂直海脊走向的 TransArctic - 1992；一是沿着海脊走向的 Arctic - 2007（图 5 - 21）。

TransArctic - 1992 剖面上可见三个沉积层，之间分别被两个不整合面（RU 和 pCU）分隔。从上往下的地层速度分别是 1.6 ~ 2.6 km/s（上部层序）、3.6 ~ 3.9 km/s（中部层序）和 4.2 ~ 4.5 km/s（下部层序）。地层总厚度从海脊上的约 1.5 km 到边上盆地的 2 ~ 2.5 km。

Metasedimentary sequence（MS）在声学基底之下，速度为 5.3 ~ 5.5 km/s。在罗蒙诺索夫海脊轴线部位最厚，约为 5 km，朝着阿蒙森盆地方向慢慢变薄，在马克洛夫盆地变为 4 ~ 4.5 km，在阿蒙森盆地约 1.5 km。

通过 Arctic - 2007 项目，俄罗斯在 2007 年 8—9 月，利用 Professor Kurentsov 号科考船进行了多道地震和广角反射/折射测量（剖面位置见图 5 - 21），接收缆长 8 km。这在高纬地区作业具有极大的难度，但保证了地震数据叠加次数较多，从而使数据质量较高。

剖面的南段从 Kotelnichiy 隆起的北坡开始，穿过 Vilkitsky 海槽的沉积中心区，剖面北段沿着罗蒙诺索夫脊。在整条剖面上依然可以追踪出两个区域不整合面——RU 和 pCU（图 5 - 23）。朝着大陆坡方向这两个不整合面有合并为一个反射面的趋势，但在大陆坡部位的 Vilkitsky 盆地，仍然可以区分这两个界面。

在大陆坡脚位置，RU 之下存在古近纪海相的楔形沉积，向海方向减薄。在罗蒙诺索夫脊上，RU 分隔了上白垩统和早—中中新世沉积。古近纪地层缺失或者只有几百米。

WAR 剖面建立的罗蒙诺索夫脊的地壳模型中，RU 和 pCU 不能区分，是一个不整合面，该面分隔了上部和下部层序。上部层序的速度从陆架的 1.9 ~ 2.6 km/s 到海脊上的 1.9 ~ 2.5 km/s。下部层序从陆架上的 3.1 ~ 3.5 km/s 到 Vilkitsky 海槽的 2.8 ~ 4.2 km/s 到海脊上的

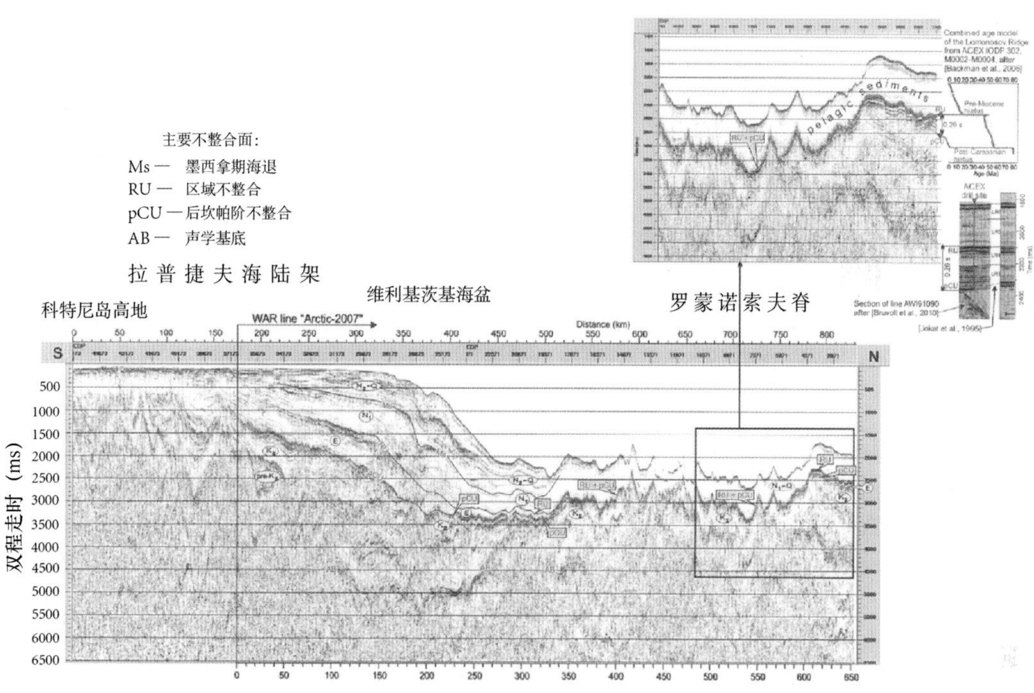

图5-23 沿着 Arctic-2007 MCSR 测线的时间偏移剖面（Kaminsky et al.，2014）

2.6~3.8 km/s。总沉积厚度在 Vilkitsky 海槽的沉积中心最厚，达约 7 km，在海脊上不超过 3 km。

变质沉积岩层序（MS）的速度从陆架上的 4.7~5.0 km/s 到海脊上的 5.1~5.3 km/s。厚度从陆架上的约 7 km 到陆坡的约 1.5 km 再到海脊上的 3.5 km。

（3）门捷列夫脊和周边陆架的地壳结构

门捷列夫脊的工作主要包括两条近垂直的测线：一条是垂直走向的 Arctic-2000；另一条是平行走向的 Arctic-2005（图5-21）。

Arctic-2000 项目的地震测量是使用了单道反射地震，它穿过了门捷列夫脊，伸入 Podvodnikov I 盆地和门捷列夫盆地。

沉积层中有一个不整合面（RU+pCU），这和罗蒙诺索夫脊的情形类似，分隔了上下两个层序。上部层序的速度从 1.8~2.6 km/s 到 2.1~2.8 km/s 到 2.9~3.5 km/s。地层厚度在 Podvodnikov I 盆地达到最大的约 3.5 km，在门捷列夫海脊上（Shamshura 海山）减小到约0.5 km。

变质沉积岩层序（MS）的速度横向变化很大，从 Podvodnikov I 盆地和门捷列夫盆地的 4.6~5.3 km/s 到门捷列夫隆起的 4.5~5.3 km/s。厚度变化为 1~4 km，在 Shamshura 海山达到最大。

Arctic-2005 沉积层中有一个不整合面（RU+pCU），分隔了上下两个层序。上部层序的速度从北楚科奇盆地（North Chukchi Basin）的 1.8~2.5 km/s 到门捷列夫隆起的 1.6~1.9 km/s。下部层序的速度从北楚科奇盆地的 3.9~4.4 km/s 到门捷列夫隆起的 3.1~3.3 km/s。地层厚度在北楚科奇盆地达到最大的约 12 km，在门捷列夫隆起上减小到约 2.5 km。另外，在北楚科奇海槽（North Chukchi Trough）的沉积中心发现了 4 km 厚速度为

4.7 ~5.9 km/s的沉积层，因此在此处沉积层序的总厚度达约16 km。

变质沉积岩层序（MS）可以从门捷列夫隆起一直追踪到北楚科奇海槽北翼。速度从4.8 ~5.1 km/s 到门捷列夫隆起的4.5 ~5.3 km/s，厚度变化范围为2 ~3 km。

3）欧亚海盆

欧亚海盆主要包括阿蒙森盆地和南森盆地，中间是北冰洋洋中脊（Arctic Mid - Ocean Ridge）（图5 -24）。图5 -24 和图5 -25 是1990 年之前能收集到的部分反射和折射地震剖面，其中苏联的地震剖面并没有包括在内。由于技术上的限制，欧亚海盆内1990 年以前的地震剖面主要还是在格陵兰以北不远的区域内（图5 -24 和图5 -25）。

图5 -24 1990 年前北极区域部分反射地震测线（Jackson et al. , 1990）

当时反射地震的震源主要是电火花和气枪。电火花震源的能量较弱，不能很好地穿透沉积盖层从而达到基底。在Morris Jesup 海底高原的唯一的反射地震剖面是在Arlis II 冰站上获得的（Ostenso and Wold，1977），震源是5 kJ 的电火花。另外一条电火花震源的地震剖面是图5 -24 中的line 13A，但质量较差（Hunkins et al. , 1981）。图5 -24 中的line 19 是一条当时来说质量较高的剖面，使用120 in^3 气枪震源，2 km 长的地震接收阵列（Kristoffersen and Husebye，1984）。这是当时北极地区唯一一条炮间距规则的地震剖面。

在Line 11 上可以看到沉积物厚度在靠近加克洋中脊的地方减小以及不规则的基底隆起（图5 -26），在Morris Jesup 海底高原附近，沉积厚度为1.5 ~2 km。地层的速度是1.6 ~2.1 km/s，根据S 波的特征推断该沉积物固结较差。

在南森盆地，多道反射地震剖面上看到1.5 km 厚的沉积（Kristoffersen and Husebye，1984），后来的折射地震数据（Duckworth and Baggeroer，1985）也证实了这点。

4）格陵兰海区域

1988 年夏天，法国IFREMER 在72°N 的摩恩洋中脊附近进行了两个地球物理航次。第一个航次是在1988 年7 月，利用“Jean Charcot”科考船进行了单道地震、多波束测深和重磁测量。第二个航次是在1988 年8 月，利用“Le Suroit”科考船进行了一个单道地震航次。

图 5-25 1990 年前北极区域部分折射地震测线（Jackson et al.，1990）

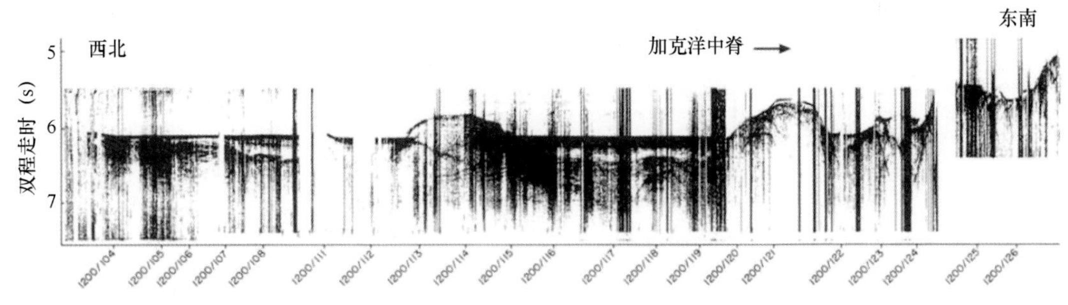

图 5-26 欧亚海盆地震测线 line 11（Jackson et al.，1990，位置见图 5-24）

利用上述两个航次所有的单道地震数据，可以绘制出基底深度对距中脊距离的图（图 5-27）。从图 5-27 可以看出摩恩洋中脊两侧的基底深度是非常不对称的。

在远离摩恩中脊超过 90 km 的地方，沉积序列就有不同。在水枪震源的测线上，可以看到两个反射界面（S1 和 S2），分别在海底之下双程反射时 140～160 ms 和 340～360 ms 处。在气枪震源的测线上，因为分辨率的问题（水枪的中心频率是约 50 Hz，而 Bolt 气枪是约 12 Hz）S1 看不太到。在盆地的主要区域，S1 和 S2 都有，在 LM1 剖面上可见。在挪威陆缘的 LM2 的 LM3 剖面上，S2 可见但 S1 不可见。在深海洋盆部分，1970 年 Jean Charcot 科考船获得的单道地震剖面上也可以看到一个类似 S2 的层，该层从摩恩洋中脊盆地部分朝陆缘方向以及熊岛以南均可看到。

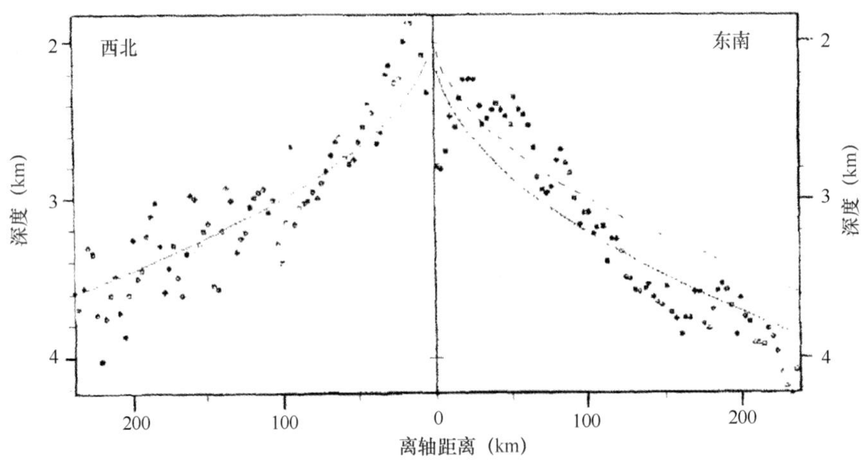

图 5－27　摩恩洋中脊基底深度和距中脊轴线距离的关系（Géli，1993）

5.2　重点内容的分析与评价

5.2.1　摩恩洋中脊非对称扩张的机制

1）简介

根据洋中脊两侧的地形和地壳结构，其地壳增生可以分为对称和非对称的两种模式。传统的对称模式中常见于快速扩张洋中脊，两侧与洋中脊平行的高角度正断层将火山地形分为海底丘陵（Buck et al.，2005）。这些高角度正断层的断距较小，构造拉伸占较小的地壳增生比例（20%）（Escartin et al.，2008）。与之相对应的非对称扩张常见于慢速和超慢速扩张洋中脊，尤其集中在转换断层的内角区域，大多与拆离断层和大型断层有关（Tucholke and Lin，1994；Tuchiolke et al.，1998；Smith et al.，2006）。在拆离断层活动的一侧，其断层下盘对应隆升的地形和减薄的地壳厚度。拆离断层长时间持续的活动导致构造拉伸占整个地壳增生的比例较大（50%），从而使得非对称地貌成为慢速—超慢速扩张区域普遍存在的现象（Escartin et al.，2008；Cannat et al.，2006）。构造作用的活跃程度可能受到地幔温度、岩石圈厚度、岩浆供给和热液冷却等的影响，其中岩浆供给被认为是最主要的因素（Buck et al.，2005；Cannat et al.，2006）。数值模拟工作表明，当岩浆增生（magmatic accretion）占整个地壳扩张（crustal extention）的比例减小到 30%～50% 时，地壳增生过程中容易形成拆离断层（Tucholke et al.，2008）。

10 Ma 以来，摩恩洋中脊西侧的地形高于共轭的东侧，其中最为明显的区域是摩恩洋中脊和克尼波维奇洋中脊的交界处，东西两侧的地形差值达到 600 m（Bruvoll et al.，2009），如图 5－28 和图 5－29a 所示。关于这种现象的解释一直存在很大的争议。Crane 等（2008，2011）认为摩恩洋中脊和克尼波维奇洋中脊交界处西侧的地形隆起可能是构造积压隆升的结果。Dauteuil 和 Brun 等（1996）根据 72.5°N 附近的地形认为这种非对称性是整个挪威海区域性的大尺度现象。Pedersen 等（2007）利用地形资料（位置见图 5－29）在克尼波维奇和摩恩洋中脊的交界处识别出了部分拆离断层，表明西侧的强烈构造作用导致了这种非对称性。在此区域的多道地震也表明，西侧的断层更加活跃，1.3 Ma 以来的构造作用几乎一直集中在西侧（Bruvoll et al.，2009）。

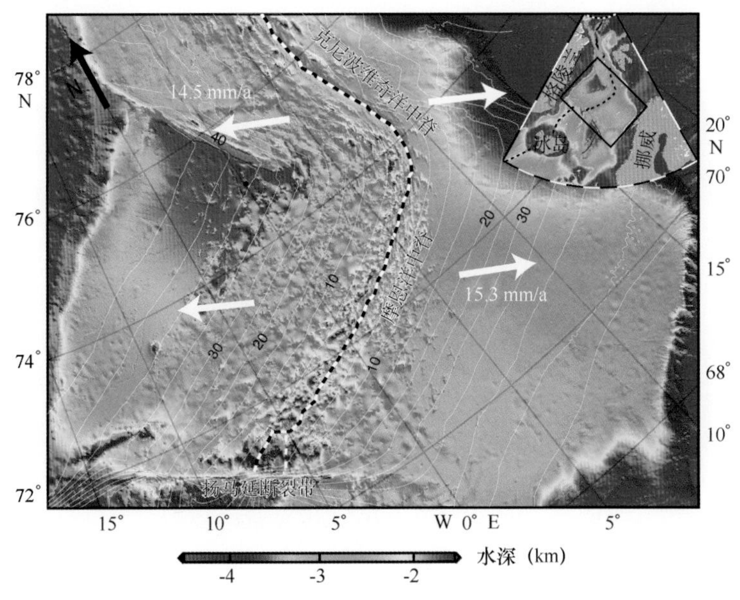

图 5-28　摩恩洋中脊区域水深

白色实线为等时线，黑色字体标识地壳年龄；扩张速率使用 Nuvel-1 模型（DeMets et al.，1990）计算得到；右上角小图为摩恩洋中脊位置图，其中黑色方框区域为研究区域

本节利用水深和重力数据计算了 35 Ma 以来摩恩洋中脊两侧的地形和地壳厚度的变化并结合磁力数据、多道地震数据研究了摩恩洋中脊两侧的非对称性。我们的结果表明，热点的作用导致了摩恩洋中脊的地壳增生分为三期。摩恩洋中脊在 35 Ma 时开始靠近冰岛，导致了增强的岩浆供给。摩恩洋中脊在 15 Ma 快速远离冰岛，岩浆供给量开始减小。热点作用从远离冰岛的北部开始减弱，呈“V”字形逐步向南后撤。随着岩浆供给的进一步减小，构造作用分别在 10 Ma 和 2 Ma 开始控制摩恩洋中脊北部和南部的地形和地壳结构。在构造主控期间，摩恩洋中脊西侧大多对应隆升地形和减薄地壳，表明构造作用长时间集中在摩恩洋中脊西侧。

2）地质背景

位于挪威海的摩恩洋中脊总长约 580 km（Geli，1994），呈 ENE 走向连接扬马延转换断层和克尼波维奇洋中脊。摩恩洋中脊形成于 55 Ma 前（Talwani and Eldholm，1977；Torsvik et al.，2001），形成之初为垂直扩张，呈 NNW—SSE 走向。在 Anomaly 13（33.5 Ma）时，随着拉布拉多海的停止扩张，洋中脊的扩张方向逆时针旋转 30°，转变为 WNW-ESE 扩张，但是洋中脊的走向并未随之改变。目前，摩恩洋中脊走向和扩张方向呈现 110°~120°N 的夹角，为强烈的斜向扩张（Dauteuil and Brun，1993）。摩恩洋中脊内部新生火山脊仍然基本垂直于扩张方向，表明在这一尺度上斜向扩张并不存在。除了扩张方向的转变外，摩恩洋中脊曾经经历了几次扩张速率的变化（Geli，1993；Mosar et al.，2002）。摩恩洋中脊早期的扩张速率较快，达到 36 mm/a，之后系统性地减小到磁异常条带 7（24 Ma）的不足 10 mm/a，并且之后又逐步增大，达到现在的扩张速率。目前，摩恩洋中脊的扩张速率为慢速到超慢速的 15~

17 mm/a（Eldholm et al.，1990），由南向北略有减小。

摩恩洋中脊的地形由一系列平行于扩张中心脊状地形组成，深度从1 000 m到2 000 m。沿中央裂谷，摩恩洋中脊的水深从南部的2 500～3 000 m逐步加深到北部的2 800～3 500 m（Vogt，1986）。地形的变化反映了冰岛热点的影响（Dauteuil and Brun，1993；Vogt et al.，1981，1982）。中央裂谷的宽度在北侧摩恩与克尼波维奇连接区域宽度为9～11 km（Geli，1993），而在南侧的变化范围更大，达到8～15 km（Dauteuil and Brun，1993）。摩恩洋中脊缺失明确的转换断层，其南端为扬马延转换断层，北端与的克尼波维奇洋中脊相连。克尼波维奇转换断层可能源于早期连接加克和摩恩的剪切带或者大陆转换带（Vogt et al.，1982）。

在摩恩与克尼波维奇的连接区域，西侧地形的最高点比东侧可以高出600 m（Bruvoll et al.，2009）。虽然测线仅集中在洋中脊两侧较小的范围内，但是Pedersen等（2007）利用高精度多波束地形资料，在此区域识别出了新生的拆离断层并且取到了辉长岩和片岩云母样品，表明在此区域西侧的地形是构造作用的结果。在另外一个被多波束覆盖的72.5°N区域，中央裂谷西侧边界水深比东侧高出平均近500 m。东侧地形更加光滑，而西侧裂谷肩部的地形变化更加复杂（Dauteuil and Brun，1996）。与地形的变化相对应，摩恩洋中脊北西侧的基底地形要比南东侧高（Vogt et al.，1982）。Geli（1993）的单道地震数据也表明，离轴200 km以内的西侧基底普遍比东侧要高。

3）数据与分析

（1）数据来源

水深数据来源于最新发布的Smith和Sandwell的V17.1网格数据（Smith and Sandwell，1997）。水深网格数据的经度间隔为0.33′，纬度间隔为1′。相比以前的数据，现在的数据改进了算法并加入了更多的多波束数据。在摩恩洋中脊区域，扩张中心西侧10 Ma和东侧35 Ma至今，大部分区域受到了密集的实测数据的控制，如图5－29a所示。

重力数据来源于最新发布的Sandwell和Smith的V22.1版本的重力网格数据（Sandwell and Smith，1997）并增加了第五次北极科学考察的重力数据，如图5－29b所示。由于重力数据网格间距与水深数据相同，因此我们在以下的异常计算中均使用与原始数据相同网格间距。在3 000 m水深的情况下，此版本的重力数据经过了16 km的滤波处理。根据其同步发布的重力误差网格数据，摩恩洋中脊区域的重力误差大多在±5 mGal以内，如图5－29c所示。

沉积物数据使用NGDC 5′网格间距的数据（Divins，2003），此数据主要来源于Eldholm和Windisch（1974）的地震剖面测量得到的沉积物数据，如图5－29d所示。在此区域外，我们使用了Laske和Masters（1997）的1°的网格数据。两个数据使用GMT surface命令进行边界上的拼接。在摩恩洋中脊附近，沉积物厚度总体小于500 m，但是在离轴东北侧，受到斯匹茨卑尔根群岛和Bear Island Fan的影响，其沉积物厚度达到2 000 m。西侧沉积物厚度相对较薄，在靠近格陵兰大陆区域，其沉积物厚度也仅为1 000 m。

我们使用Muller等（2008）的2′网格间距的地壳年龄来进行重力的热效应的改正（图5－29e）。在摩恩洋中脊区域，大部分的地壳年龄误差均小于1 Ma，如图5－29f所示，只有在东部35 Ma以前，其地壳年龄误差最大可以达到5 Ma。

（2）数据分析

①剩余水深。我们从水深数据中去除沉积物和岩石圈正常沉降对地形的影响，得到剩余水深，如图5－30a所示。沉积物的影响包括沉积物厚度和沉积去除后的反弹作用（Crough，

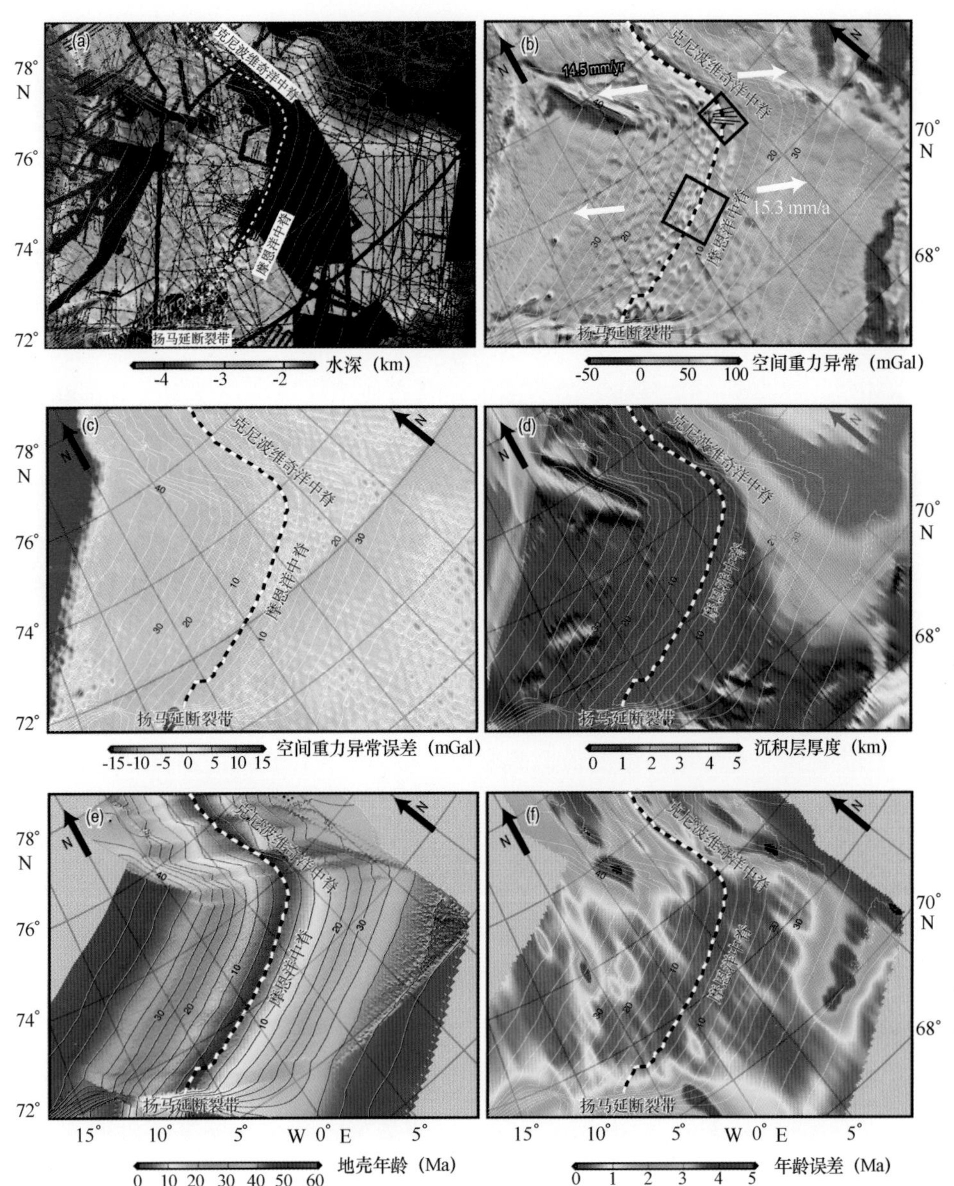

图5-29 本节使用的数据和误差

(a) 实测回波控制的水深数据分布；(b) 空间重力异常数据 (Sandwell and Smith, 1997)，黑色方框为多波束测量区域，北侧为 Pedersen (2007) 数据，南侧为 Geli 等 (1993) 数据。北侧黑色方框内的实线为 Bruvoll 等 (2009) 多道地震剖面位置；(c) 空间重力异常误差 (Sandwell and Smith, 1997)；(d) 沉积物厚度 (Divins 2003；Laske and Masters, 1997)，其中分辨率较低的 Laske and Masters 数据进行了半透明的遮挡；(e) 地壳年龄 (Muller et al., 2008)；(f) 地壳年龄误差 (Muller et al., 2008)

1983)，岩石圈冷却造成的地形影响使用 Stein 和 Stein (1992) 的模型。剩余水深更加明确地反映了洋中脊形成时的初始地形和后期的离轴岩浆改造作用。剩余水深中除了由南向北逐步降低的趋势外，最为明显的特征沿流线方向两处地形的隆起。一是 35～20 Ma 时，西部的地形有一个比周边区域高出近 500～1 000 m 的明显地形隆起，但是东部共轭位置却并不存在。第二个地形隆起集中在 10 Ma 以来摩恩洋中脊与克尼波维奇洋中脊交界处以及 72.0°—73.0°N 区域。西侧比东侧共轭区域地形高，其剩余水深差值最大分别达到 1 600 m 和 1 100 m。

②重力分析。为了反映岩浆供给量的变化，我们使用前人常用的方法来计算剩余地幔布格重力异常（RMBA）（kuo et al. ，1978；Georgen et al. ，2001；Van Ark et al. ，2004）。空间重力异常中反映了海底地形、沉积物、地壳和地幔的密度异常。我们从空间异常中去除了海水—沉积物、沉积物—地壳和假定均一地壳厚度的地壳—地幔密度界面的重力效应。根据此区域有限的地震确定的地壳厚度，均一地壳厚度假定为 4 km（Klingelhofer et al. ，2000）。海水、地壳和地幔的密度分别取 1 030 kg/m^3、2 800 kg/m^3 和 3 300 kg/m^3。沉积层的密度取变密度，在沉积物厚度为 0 ~ 500 m 时取 1 950 kg/m^3，在 500 ~ 1 500 m 时取 2 100 kg/m^3，得到的地幔布格重力异常（MBA）如图 5 - 30b 所示。我们进一步从 MBA 中去除了岩石圈的热效应，得到 RMBA，如图 5 - 30c 所示。岩石圈的热状态使用板块冷却模型（Turcotte and Schubert，2002）和地壳年龄数据（Muller et al. ，2003）计算。将 100 km 厚的岩石圈分为等厚的 10 层，通过热膨胀系数（3.5×10^{-5}/K）计算每层的密度变化和相应重力效应，最终将这些重力效应积分后得到整个岩石圈热冷却造成的重力影响。RMBA 反映了偏离计算中假定地壳—地幔结构模型的部分，可能来源于地壳厚度、地壳内密度变化以及地幔温度的综合影响。

沿摩恩洋中脊，RMBA 由南侧的 72.0°N 附近的 260 mGal 逐步增加到 73.8°N 附近的 285 mGal，反映了岩浆供应量的逐步减小或者地幔温度的逐步变冷。在沿流线方向，摩恩洋中脊的 RMBA 逐步升高，目前几乎是摩恩洋中脊 35 Ma 以来 RMBA 最高的值，表明目前是摩恩洋中脊的岩浆供应量最小或者地幔温度最低的时期。整体上，RMBA 的高异常值以摩恩洋中脊为轴呈现倒“V”字形的形态，可能预示着岩浆作用在北侧最早开始减弱。与东侧共轭处相比，西侧 35 ~ 20 Ma 的地形隆起区对应着负的 RMBA，而靠近扩张中心的区域，剩余水深上西侧地形隆起对应着更加正的 RMBA。这种地形和 RMBA 的差别表明这两个时间段的隆起可能对应着不同的形成机制。

③地壳厚度。若将所有 RMBA 均归为地壳厚度变化的作用，则可以反演得到最大的相对地壳厚度变化，如图 5 - 30d 所示。我们使用 Parker（1974）的方法反演地壳厚度的变化，其下延深度（7 km）为平均水深（3.0 km）和平均地壳厚度（4.0 km）之和。在反演过程中，其滤波的最大波长取 135 km，最小波长取与空间重力异常数据分辨率相近的 15 km。根据 Klinelhofer 等（2000）在 72°N 附近的折射地震测量，此区域的地壳厚度为 4.0 ± 0.5 km，因此本节将此区域的平均地壳厚度标定为 4.0 km。

4）摩恩洋中脊地壳增生的三个阶段

35 Ma 以前沉积物数据厚度较大，计算模型密度可能和实际密度差别较大。同时考虑到 35 Ma 以前的地壳年龄误差较大，可能造成较大的岩石圈热效应误差，因此我们重点讨论 35 Ma以来的地形和 RMBA 的变化。

根据洋中脊两侧的地形与 RMBA 的对称性的变化，我们将 35 Ma 以来摩恩洋中脊两侧的地壳增生划分为 3 个阶段。阶段 I（30 ~ 15 Ma），RMBA 最低，西侧地形隆起对应增厚地壳；阶段 II（15 Ma 至 10 ~ 2 Ma），东西两侧地形和地壳厚度相对对称；阶段 III（10 ~ 2 Ma 至现在），RMBA 最高，西侧隆起地形对应减薄地壳厚度。

在阶段 I 期间，东西两侧的地形比现在更高，RMBA 比现在更低，表明当时存在较强的岩浆活动或者地幔热异常。在 35 ~ 25 Ma 时，东西两侧的 RMBA 达到最低值。以 72.5°N 区域为例，在此期间的西侧地形比现在高超过 1 km，而 RMBA 比现在低 40 mGal。西侧的地形比东侧高 0.5 ~ 0.8 km，对应的 RMBA 也降低 20 ~ 40 mGal（图 5 - 31）并且这种对应关系在整

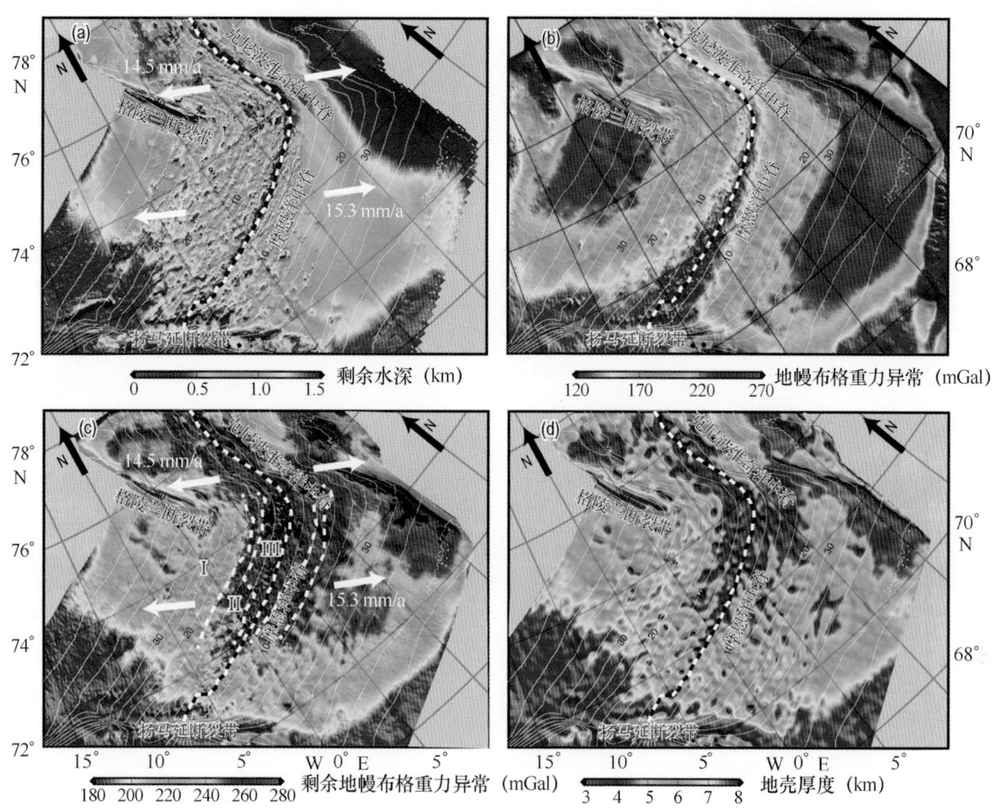

图5-30 计算结果

（a）剩余水深；（b）MBA；（c）RMBA，白色虚线为3个阶段的分界线，阶段II和阶段III的分界线呈V字形；（d）地壳厚度

个第一阶段都较为一致。由于已经扣除了地形和均一地壳厚度的影响，RMBA反映了地幔温度的变化或者地壳厚度的变化，因此推断西侧地形的增加大部分被地壳厚度的增加所补偿，呈现较为均衡的状态，如图5-31所示。第一阶段结束的时间较为一致，在14~15 Ma之间。

在阶段Ⅱ期间，东西两侧的地形和RMBA较为对称。地形差不超过0.5 m，RMBA差不超过20 mGal，并且东西两侧的地形和RMBA的差值经常正负交替（图5-31）。与阶段Ⅰ和阶段Ⅲ相比，阶段Ⅱ的西侧地形最低，但是其RMBA却比阶段Ⅰ高，比阶段Ⅲ更低，表明其岩浆供给量处于阶段Ⅰ和阶段Ⅲ的过渡状态。

在阶段Ⅲ期间，西侧比东侧高的地形（0.5~1.0 km）对应着正的RMBA（10~20 mGal），意味着西侧的地壳厚度更薄（或者地幔温度更低），岩浆活动更弱。35 Ma至今，整体上的岩浆活动在阶段Ⅲ期间最弱，其西侧RMBA比阶段Ⅰ和阶段Ⅱ要高60 mGal和20 mGal，但是其水深却比阶段Ⅱ高500 m。考虑到西侧拆离断层的发现（Petersen et al.，2007）和1.3 Ma以来的构造作用的集中（Bruvoll et al.，2009），我们认为这种区域性的非对称现象都是由于构造作用所引起的。阶段Ⅲ的开始由南向北呈现出“V”字形的形态，似乎与摩恩洋中脊岩浆供给量由南向北逐步减小有关（图5-31）。在北侧岩浆供给相对较少的区域，其起始时间最早可以达到10 Ma，而在南段岩浆供给相对较强的区域，其起始时间仅为2~3 Ma。

三个阶段地形和RMBA对称性的变化使得我们认为岩浆供给量的大小与摩恩洋中脊两侧

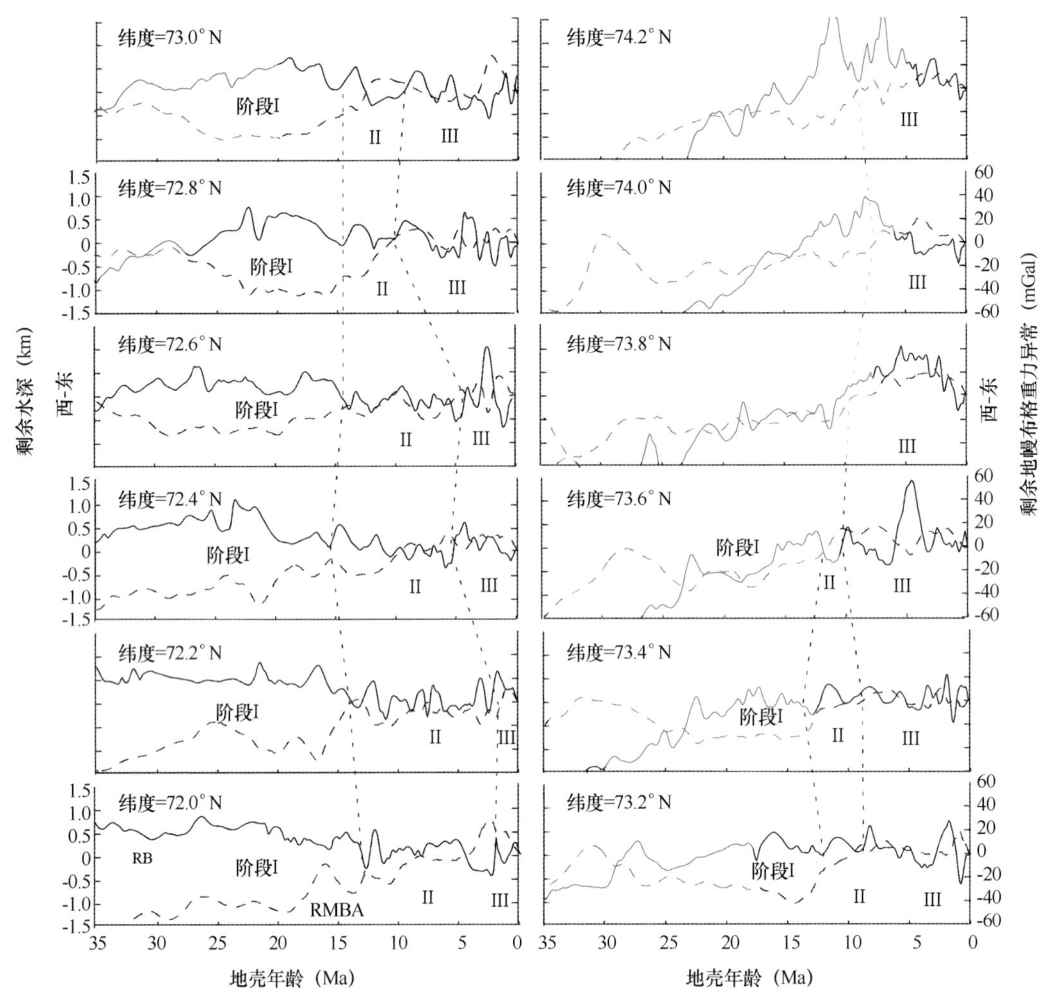

图 5－31　沿流线两侧水深和 RMBA 的对称性

实线为西侧减去东侧的剩余水深；虚线为西侧减去东侧的 RMBA。纬度标示了现在扩张中心的位置，上下方向的虚线表示各阶段的分界线；计算剩余水深和 RMBA 时低分辨率的沉积物的数据部分进行了半透明的遮挡

的地形和地壳结构有密切的关系。阶段 I 强岩浆活动控制了两侧的地形和地壳厚度，导致岩石圈处于较为均衡的状态，其西侧比东侧厚的地壳部分来源于热点离轴的效应（见下节讨论）。阶段 II 的岩浆供给量逐步减小，但是其仍然能够形成两侧较为对称的地形和地壳厚度。在阶段 III，由于岩浆供给减小到一定程度，构造作用开始主控摩恩洋中脊两侧的地形和地壳厚度。西侧持续的隆升地形和高 RMBA 表明其构造作用可能一直集中在这一侧。

5）冰岛热点的效应

沿洋中脊，水深由南向北逐步变深，RMBA 逐步增加。而在流线方向，水深和 RMBA 从老到新逐步减小。这种地形和 RMBA 的变化表明了摩恩洋中脊下地幔温度或地幔组成等因素的变化。在图 5－32 中，我们做了 55 Ma 以来冰岛热点与摩恩洋中脊的相对位置的变化。摩恩洋中脊的岩浆供给量和冰岛热点与摩恩洋中脊的相对距离有明显的相关性。摩恩洋中脊形成初期位于冰岛热点的东北侧 530 km 处。35 Ma 开始，摩恩洋中脊离冰岛热点的距离减小为 300 km，其南部东侧地壳厚度超过 6.5 km，而西侧的地壳厚度超过 8.0 km。我们推测东侧的地壳增厚是受到热点效应沿洋中脊传播的结果，而西侧的地壳增厚是热点离轴的作用。直到

20 Ma，冰岛热点对摩恩洋中脊的影响都较为强烈。从 15 Ma 开始（阶段 II），摩恩洋中脊开始远离热点，东侧 RMBA 升高 20 mGal 左右，岩浆供给量逐步减少到 5 ~ 6 km。虽然阶段 II 的岩浆供给量开始减少，但是仍然能够使得洋中脊两侧形成较为对称的地形和 RMBA。岩浆供给量似乎小到一定阈值后构造作用才主控洋中脊的形态。阶段 III 从南到北开始时间的“V”字形的形态也反映了冰岛热点作用在北侧最早的减退。“V”字形最早出现在北侧的 10 Ma并且大约以 43 km/Ma 的速度向南推进，这个速度也反映了热点作用沿洋中脊后撤的速度。目前冰岛热点与摩恩洋中脊的距离超过 600 km，是其 35 Ma 以来对摩恩洋中脊影响最弱的阶段，但是沿洋中脊从南向北 RMBA 仍然呈现明显增加的趋势，其变化的梯度值为 0. 14 mGal/km，略弱于冰岛热点对其南侧在南侧雷克雅未克脊的作用（约为 0. 20 mGal/km）（Ito et al. , 2009）。

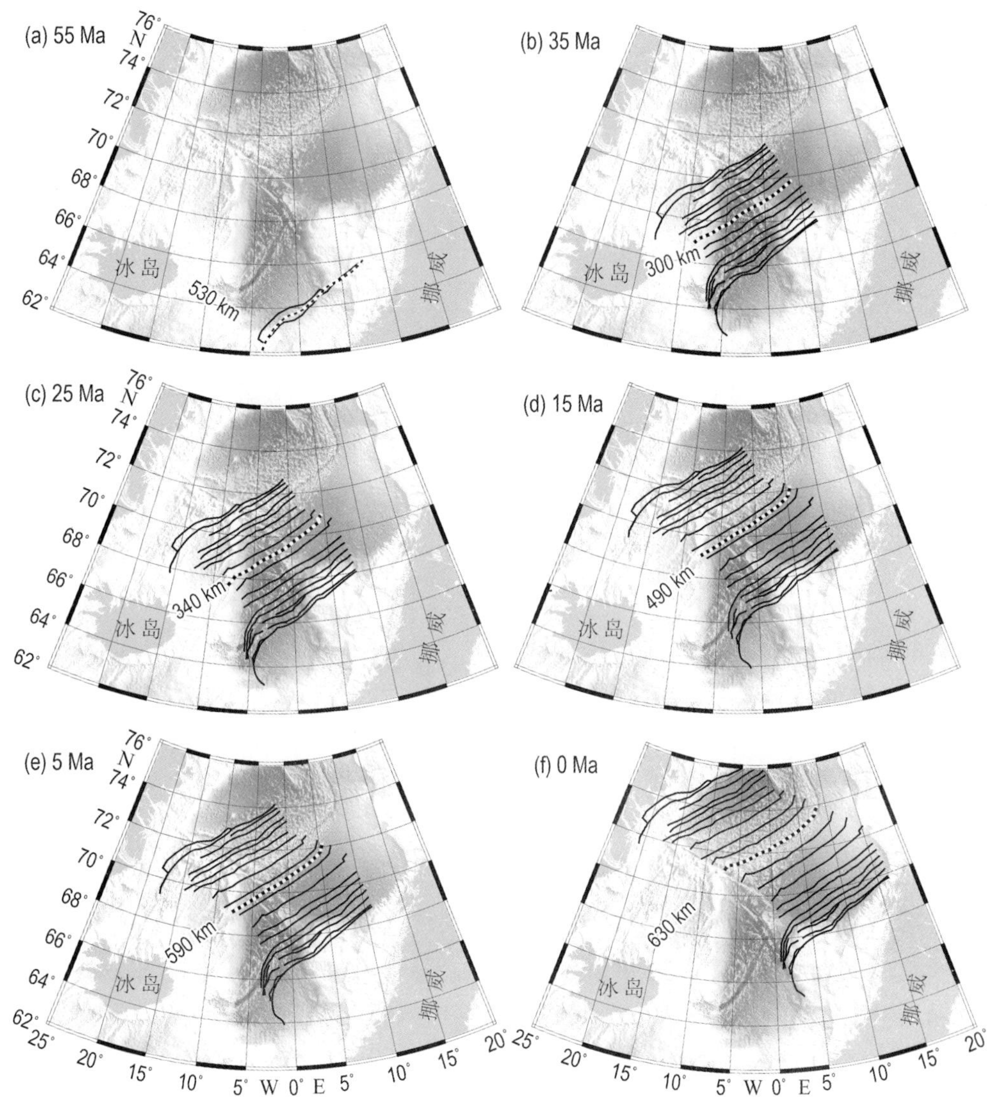

图 5 - 32　55 Ma 以来冰岛和摩恩洋中脊相对距离

底图为现在地形，将冰岛热点视为固定；白色虚线表示摩恩洋中脊当时的扩张中心；黑色实线为磁异常条带，用数字标出了摩恩洋中脊离冰岛最短的距离

6）构造主控阶段的岩浆“阈值”

构造的主控大多发现于岩浆供给量较少的慢速和超慢速扩张洋中脊（Tucholke and Lin，1994；Tuchiolke et al.，1998；Smith et al.，2006）。这使得前人认为构造主控的现象仅能发生在岩浆供给量较小的环境。Tucholke 等（2008）的数值模拟工作表明岩浆供给占整个地壳增生的30%～50%时，容易产生大型的拆离断层（多道地震剖面比例和模拟值的比较）。摩恩洋中脊从对称向非对称地壳增生的转变为我们提供一个可以定量确定这种转变发生时岩浆供给量“阈值”的机会。从图5－33 画出了阶段 III 开始时 RMBA 和地壳厚度随纬度的变化。从图5－33 中可以看出，构造主控的现象在两侧地壳的平均厚度薄于3.5～5.0 km 开始出现。当地壳厚度厚于5.0 km 时，强烈的岩浆活动可能会使得断层较小，形成快速和中速扩张洋中脊的常见的对称地壳，而当地壳厚度小于3.5～5.0 km 时，岩浆的供给减小会使得洋中脊发育较为大型的拆离断层，从而形成非对称的地形和地壳结构。3.5～5.0 km 似乎是摩恩洋中脊由岩浆主控转换为构造主控的地壳增生的一个阈值。这一“阈值”沿纬度有明显的分段性。在73°N 以南，地壳厚度的阈值在4.5～5.0 km 之间，而在73°N 以北，其阈值在3.5～4.0 之间。我们目前并不知道两者之间区别的明确原因，但是以下几个因素可能导致了这种区别。一种可能是由于冰岛热点造成的沿洋中脊温度变化的影响。由于 RMBA 反映了地壳厚度和地幔温度的总体效应，南部较厚的阈值有可能实际上是冰岛热点导致的摩恩洋中脊南部地幔温度偏高的结果。二是南北的构造环境差别可能导致了这种差异，如摩恩洋中脊北部连接克尼波维奇洋中脊和古的转换断层，而南侧通过非转换断层不连续带与一个垂直扩张的洋中脊段相连接。北部相邻的古破裂带可能提供了一个相对承受应力较小的边界（Tucholke，交流讨论），使得某一侧更为容易发生断层下盘的旋转，形成大型拆离断层。此外，阶段 III 的划分标准是西侧比东侧共轭区域的地形更高并且 RMBA 更高，这会使得我们划分的北部阶段 III 开始时间可能晚于真正构造主控的时间，从而使得地壳厚度薄于真正的构造主控时的地壳厚度。依据此规则，在74.2°N 剖面（图5－31）上，阶段 III 开始的时间为9 Ma，但是西侧地形在10 Ma 时就已经高出东侧1.5 km，而此时西侧仅仅比东侧的 RMBA 差值低20 mGal。

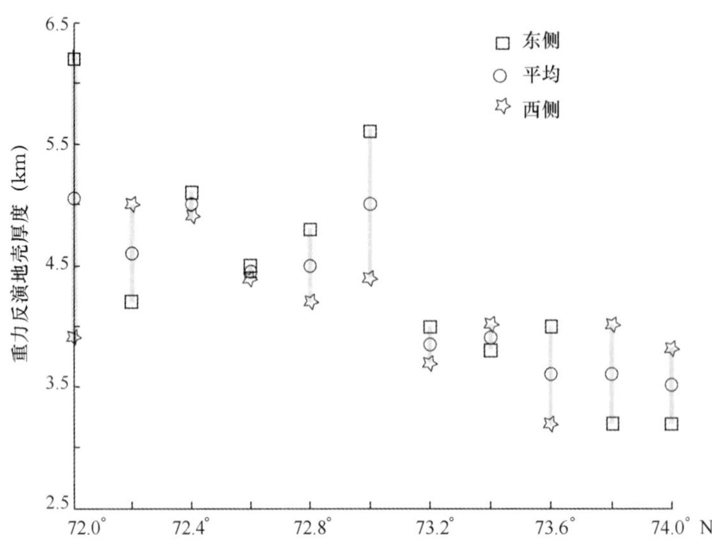

图5－33　阶段 III 开始时的地壳厚度

10 Ma 时西侧就可能已经受到了构造作用的影响而呈现更为不均衡的状态，而当时的东西两侧平均地壳厚度就可以达到4.0 km。这也意味着北部阶段 III 开始的时间可能更早，“V”字形的北段更加宽阔。

7）构造集中的机制

阶段 III 西侧的地形和 RMBA 总体均上高于东侧，表明构造作用主要集中在西侧。这与 Bruvoll（2009）的1.3 Ma以来摩恩洋中脊和克尼波维奇洋中脊交界处的构造作用集中在西侧的推论一致。本节大范围的剩余水深和 RMBA 表明这种构造主控的非对称地形几乎存在于整个摩恩洋中脊，其本身是一个区域性的现象。根据 Bruvoll（2009）的多道地震剖面，我们画出了摩恩洋中脊两侧构造拉伸和岩浆增生区域，如图5－34所示。西侧的构造拉伸的量是东侧2～5倍。Crane 等（1991）认为均一的非对称纯剪、岩石圈简单剪切以及洋中脊的突跳的共同作用可能造成了其北侧克尼波维奇洋中脊的地球物理观测数据的非对称性。考虑到构造主控阶段的持续时间近10 Ma，我们这里认为岩墙向岩浆增生一侧不断跃迁可能使得构造作用集中在洋中脊西侧，如图5－35所示。在对称扩张的情形下，洋中脊两侧的岩石圈厚度和构造应力也是对称的（图5－35a）。下一时刻点，如果新生岩墙仍然出现在原来的位置，则两侧的应力仍然对称，如图5－35b所示。若岩墙此时向一侧发生了跃迁，则跃迁后其一侧的岩石圈较厚，构造应力较小，则此侧的断层作用会较弱。而原来残留洋中脊的岩石圈年龄较小、厚度较薄，构造应力较大，断层作用会较为集中，如图5－35c所示。岩墙的跃迁模式需要在其两侧形成非对称的扩张速率，在构造活动强烈的一侧扩张速率较快，在另一侧较慢。72.5°N 区域的高密度磁条带数据表明，磁条带2A，约3 Ma以来西侧的扩张速率是东侧的1.2倍（Geli，1993），可能验证了这种推理。

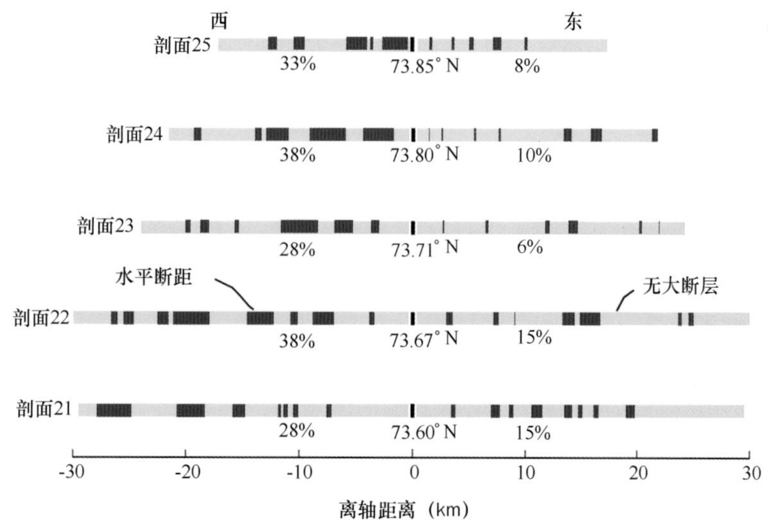

图5－34　多道地震确定的断层分布

剖面按照 Bruvoll（2009）的命名规则，位置见图3－2（b），蓝色部分表示断层作用，而黄色部分表示正常的岩浆增生，百分数表示东西两侧构造拉伸占整个地壳增生的比例

构造作用并不完全集中在西侧，在5～7 Ma时曾经发生过反转的现象。这种现象与 Wang 等（2014）在大西洋观测到的岩浆供给2～3 Ma的周期性相类似。摩恩洋中脊的反转主要集中在5～7 Ma之间的72.5°—73.0°N 区域，但是幅值和时间并不完全一致，可能表明不同的岩浆—构造周期受到局部因素的影响。

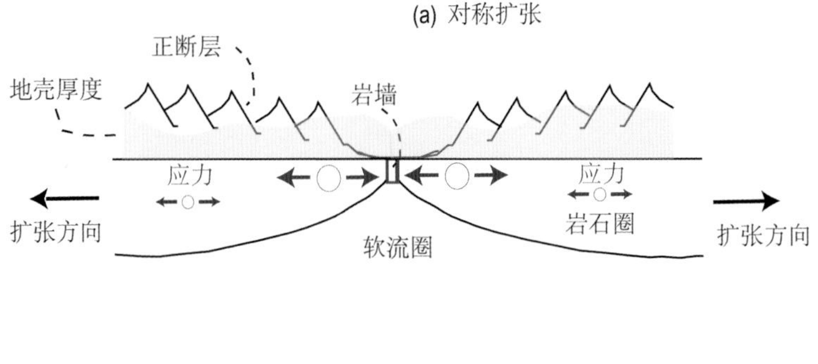

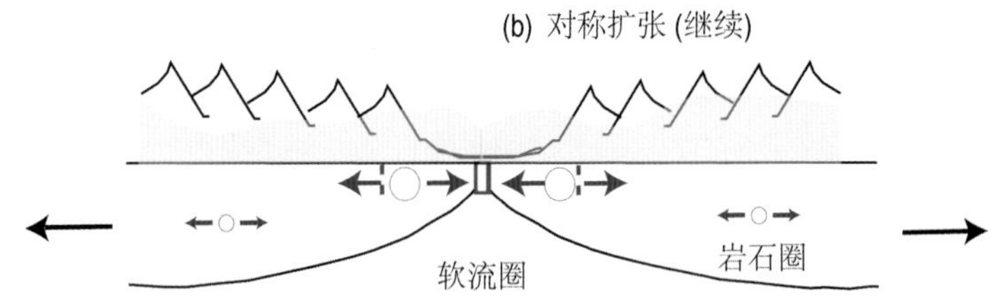

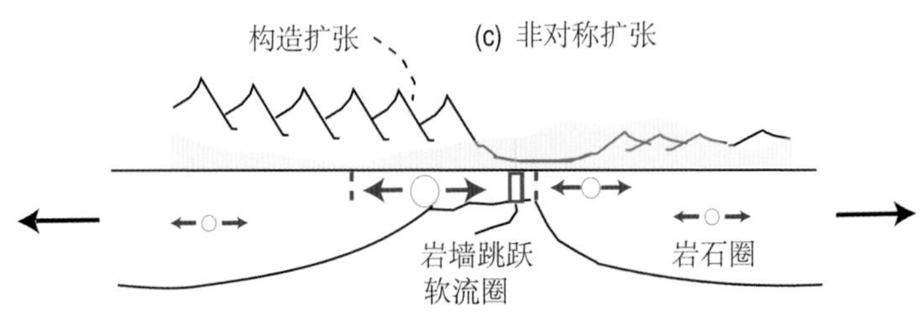

图 5－35　洋中脊跃迁与构造作用在洋中脊两侧的分布示意图

阴影部分表示地壳的厚度；圆形表示应力的大小；红色实线表示现在正在活动的岩墙；红色虚线表示不再活动的岩墙；黑色箭头表示远场拉力方向

8）结论

根据两侧的剩余水深和 RMBA，我们将 35 Ma 以来摩恩洋中脊的地壳增生分为三个阶段：阶段 I（30～15 Ma），西侧地形更高、地壳厚度更厚。此阶段的 RMBA 最负，预示着岩浆供给最强、地幔温度更高或者两者的共同作用。这种强的岩浆活动来源于冰岛热点对摩恩洋中脊的影响。由于冰岛热点位于冰岛的西侧，其离轴效应使得西侧的地形和地壳厚度呈现较为均衡的状态。阶段 II（15～10 Ma 至 2 Ma），由于冰岛开始远离摩恩洋中脊，岩浆供给开始减弱，摩恩洋中脊两侧地形和 RMBA 较为对称。阶段 III（10～2 Ma 至现在），冰岛离摩恩洋中脊最远，岩浆供给最小。摩恩洋中脊西侧的高地形对应着偏正的 RMBA 或减薄的地壳厚度，推断其受到了构造作用的控制。

阶段 III 的开始时间在北部较早（10 Ma），而在南部较晚（2 Ma），呈现“V”字形，表明热点效应最早在洋中脊远端开始减退。强烈的构造活动只在岩浆供给较少的情况下存在。阶段 II 转变为阶段 III 时 RMBA 和地壳厚度表明，当地壳厚度小于 3.5～5.0 km 时，构造作用开始主控摩恩洋中脊的地形和地壳结构。两侧断层形态、地形和 RMBA 的关系表明，断层作用在阶段 III 主要集中在摩恩洋中脊的西侧，这可能是由于洋中脊向东侧不断跃迁的结果。

5.2.2 摩恩洋中脊轴部磁场变化特征

1）简介

由于磁条带具有指示地壳年龄的作用，垂直洋中脊的磁场特征已经达成广泛的共识。洋中脊轴部的新生地壳具有较强的磁化强度（15~20 A/m），并随着扩张过程中的岩石蚀变逐步减小到5 A/m左右（Vogt and Johnson，1973）。观测磁异常记录了地球磁场的极性翻转，呈现不确定周期（平均0.2 Ma）的正负相间的特征。而与之相对应的沿洋中脊的磁场却仍然存在众多疑问，例如磁场是完全来源于玄武岩（层2A），还是辉绿岩（层2B）、辉长岩（层3）和地幔蛇纹岩化橄榄岩的共同作用；沿洋中脊磁场幅值是磁性层厚度还是磁化强度变化引起的；岩浆分异过程在何种程度上影响了磁性物质含量的变化。

第五次北极科学考察中，我们沿摩恩洋中脊进行了265 km的拖曳式地磁测量，观测数据表明不同波长上的磁场强度与岩浆活动强度、岩石地化成分等具有不同的相关性，这为研究洋中脊新生磁场来源提供了非常好的条件。在本节中，我们将通过磁场正反演方法，结合地震、重力等确定的地壳厚度以及公开的岩石地球化学资料，重点讨论地壳辉长岩的磁性强弱以及沿超慢速扩张中心二级中脊段磁场分布模式。

2）摩恩洋中脊的磁场特征

沿摩恩洋中脊，磁异常长波长上呈现为明显的阶梯状（图5-36）。在剖面110 km（73.5°N）处，磁异常平均值由500 nT快速减小为0 nT左右。我们以110 km为界将测线分为阶段I和阶段II。第I段，0~60 km间的磁异常变化平缓，其起伏幅值不超过100 nT。60~110 km之间的磁异常变化是沿剖面最为剧烈的短波长变化，其幅值约为600 nT。阶段II相对阶段I变化平缓，其幅值波动均小于100 nT。磁化强度与磁异常的长波长变化几乎完全一致，阶段I和阶段II的平均值分别为20 A/m和-20 A/m。在短波长上，磁化强度的变化幅值相对磁异常较小。尤其是在第I段60~110 km之间，其磁化强度变化只有25 A/m。

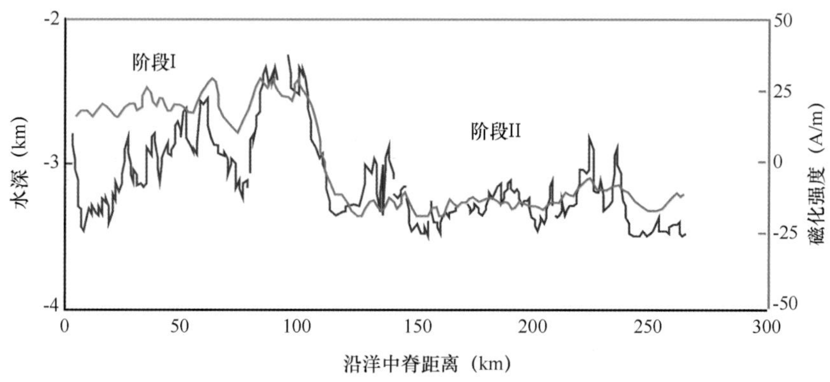

图5-36 沿摩恩洋中脊的水深、地磁异常和磁化强度

整体上，磁异常和磁化强度的变化与水深的变化趋势相关。与磁异常的快速减弱相对应，110 km处水深由2 300 m加深到3 400 m。在短波长上，除了0~60 km段外，地形和磁场特征也完全相关。考虑到110 km处也是摩恩洋中脊和克尼波维奇洋中脊的交界处，长波长的磁场变化可能与两个洋中脊不同构造环境和深部地幔物源有关。短波长的水深变化体现了洋中脊二级的分段性。由于二级中脊段被认为是独立的地幔熔融上涌单元和岩浆分布区域（Lin et al.，1990），因此短波长的磁场变化可能与岩浆在浅部的运移和分异过程有关。

3）讨论

（1）长波长的磁场变化原因

基于远程地化（telechemistry）假说（Vogt and Johnson，1973），沿洋中脊的磁场强度变化直接反映了海洋地壳和海底扩张过程中的岩石地球化学组成。高度的岩浆分异形成了高的氧化铁含量、富含 Fe－Ti 的玄武岩，表现为强的磁异常。考虑到 La、P_2O_5、K_2O 和 TiO_2（Fe）之间的良好相关性（Shilling，1973），Vogt 和 Johnson（1973）认为观测磁场是岩石内地球化学成分的远程观测指标。这种假说最早被用于解释洋中脊的强幅值磁异常。Gee 和 Kent（1998）测量了沿东太平洋海隆（EPR）采集的 34 个玄武岩的样品的自然剩磁，得到了自然剩磁与总铁（FeO＊）含量良好的相关性（图 5－37），认为磁场幅值实质上反映了均一喷出玄武岩厚度（约 0.5 km）下的岩浆分异程度。这在整体上与远程地化假说一致。

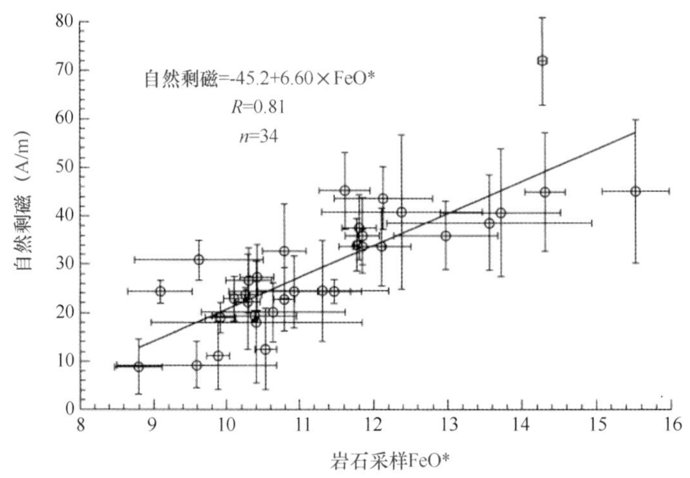

图 5－37　岩石采样 FeO＊与自然剩磁的相关性（Gee and Kent，1998）

为了确定玄武岩铁磁性物质含量对观测磁场的贡献，我们搜集了沿摩恩洋中脊的公开岩石地球化学化学资料（PetDB），并参照 Gee 和 Kent（1998）的公式（图 5－37）使用 FeO＊表示 FeO 的总含量，如图 5－38 所示。沿摩恩洋中脊（70°—76°N），FeO＊分为 70°—71.7°N、71.7°—73.7°N 和 73.7°—76°N 明显的阶梯状三段，平均 FeO＊含量为 11.0%、9.2% 和 6.9%。按照图 5－37 中 FeO＊与自然剩磁的对应关系，则 71.7°—73.7°N 比 73.7°—76°N 高 15 A/m。假定均一厚度的喷出玄武岩为唯一的磁性层，则岩石地球化学成分不同引起的磁化强度变化约占实际观测值的 37.5%，第 I 段和第 II 段之间仍然有 25 A/m 的磁化强度差异需要别的因素来解释。

除了岩石地球化学成分外，居里面深度和磁性层厚度是两外两个可能引起大尺度磁场变化的因素。居里面温度（钛磁物质约为 300℃）受到了洋中脊温度场的控制（Ravilly et al.，1998）。在居里面以下，温度升高，岩石的固有磁性消失，因此洋中脊温度越高、居里面越浅，其有效的磁性层越薄。目前在摩恩洋中脊并没有直接的地幔温度的观测数据，但是测线第 I 段受到冰岛热点的影响更为明显、扩张速率更快、洋中脊水深更浅、地壳厚度更厚，因此阶段 I 的地幔温度应该不低于阶段 II。居里面的变化并不能解释两段之间巨大的磁场差异。关于洋中脊有效磁性层厚度一直存在巨大的争论，喷出玄武岩、下地壳辉长岩以及蛇纹岩化

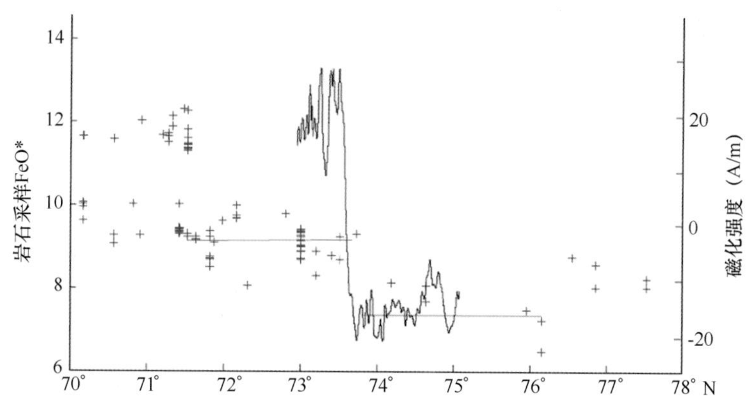

图5－38　沿摩恩洋中脊的FeO＊分布与反演磁化强度

橄榄岩均被认为是可能的磁性层。大部分的假设均认为磁性来源于0.5 km厚的喷出玄武岩，其磁化强度可达15～20 A/m，对应地震测量中的2A层（Gee and Kent，1998）。若假设两段间的磁化强度差异完全由层2A的厚度引起的，则阶段I要比阶段II的层2A厚1.6倍（0.83 km）。而根据对大西洋中脊的研究，地壳的增厚主要体现为下地壳辉长岩的增厚。目前在摩恩洋中脊进行的地壳结构的探测较少，OBS资料有时也并不能清晰地区分层2A与2B，但少数穿越克尼波维奇洋中脊的OBS剖面表明其层2总厚度甚至略厚于摩恩洋中脊（Ritzmann et al.，2002；Ljones et al.，2004；Kandilarov et al.，2008）。因此阶段I的层2A不应明显厚于阶段II，喷出玄武岩层的厚度变化似乎不是引起两段间磁场变化的原因。若能够保持初始的热剩磁或化学剩磁，大量的蛇纹岩化橄榄岩引起的磁异常可以和层2A的效应相当（Dunlop and Prevot，1982；Harrison，1987），但是研究区内并没有发现广泛分布的蛇纹岩化橄榄岩（Okino et al.，2002）。相对地壳更厚的阶段I，有效扩张速率更慢的阶段II更可能出现蛇纹岩化橄榄岩，因此也无法解释阶段I磁化强度更强的现象。

ODP和IOPD的岩石磁性测量表明，下地壳的辉长岩产生的磁场可能占到观测磁异常的20%～75%（Blakely，1976；Dunlp and Prevot，1982）。根据ODP 735B在同为超慢速扩张的西南印度洋中脊（SWIR）上的岩石磁性测量，辉长岩的磁化强度为1.7～9 A/m，平均值为2.5 A/m。沿测线使用重力反演的地壳厚度表明，阶段I比阶段II平均厚1.6 km，考虑到接近等厚的层2A，则地壳的增厚主要体现了下地壳辉长岩的增厚（图5－39）。在扣除岩石地球化学的影响外，剖面100～125 km处地壳厚度减小3.4 km，对应磁化强度减小38 A/m（假定玄武岩0.5 km）。若假定辉长岩导致了磁场的变化，则辉长岩对应的磁化强度为5.6 A/m，与ODP 735B在SWIR上观测到的辉长岩磁化强度值相符。因此，具有一定磁化强度的辉长岩的厚度变化可能导致了观测磁异常的长波长变化。

（2）短波长（二级中脊段）尺度上的磁场变化

除了长波长的变化外，磁化强度还与水深、地壳厚度在二级中脊段尺度（10～40 km）上具有较好的对应关系。根据水深和地壳厚度的分布可以将洋中脊分为一系列的二级中脊段（图5－39），每个中脊段对应着一个地幔熔融的上涌单元（Lin et al.，1990）。二级中脊段的中央是地幔熔融上涌的中心，对应高的水深和厚的地壳。沿摩恩洋中脊，水深、地壳厚度和磁化强度呈明显的正相关，与慢速扩张洋中脊（如MAR）中脊段中央对应低磁化强度的特征恰好相反。之前，多种模式被用于解释慢速扩张洋中脊二级中脊段上的磁场特征，如中脊段

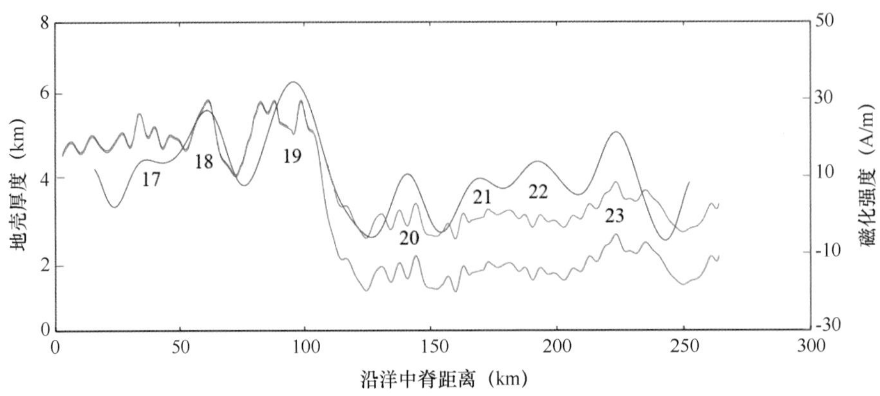

图 5-39　沿摩恩洋中脊的地壳厚度与磁化强度

红色实线为改正过岩石地球化学效应后的磁化强度

末端蛇纹岩化橄榄岩的出露（Pockalny et al.，1995；Pariso et al.，1996）、磁性层厚度的变化（Grindlay et al.，1992）、断层作用与热液蚀变（Tivey and Johnson，1987）以及中脊段末端高岩浆分异程度等。无论何种模式都应该能够同时解释慢速和超慢速扩张洋中脊观测到的完全相反的磁场特征。相对 MAR，摩恩洋中脊的扩张速率更慢、地壳厚度更薄，在中脊段末端更容易出露地幔橄榄岩，但是其末端的磁场强度更低，表明蛇纹岩化橄榄岩并不能解释这些观测现象。沿摩恩洋中脊系统的热液调查表明，摩恩洋中脊热液发育并不频繁，在长达 550 km 的洋中脊上只有两个活动热液喷口，发现的热液硫化物也并不仅分布在中脊段中央（Pedersen et al.，2007），因此热液活动对摩恩洋中脊的磁场作用较小。下地壳辉长岩厚度的变化仍然可能是导致二级中脊段尺度上磁场变化的主要原因。按照长波长磁场特征确定的辉长岩磁化强度，下地壳（辉长岩）厚度沿二级中脊段的变化完全可以解释第 18 段、第 19 段这两个变化明显的中脊段的磁场特征（图 5-39）。沿慢速扩张洋中脊，在中脊段中央地幔温度较高，岩浆分异程度较低，铁磁性和钛磁性物质含量较小，磁化强度较低；但是在超慢速扩张洋中脊，地幔相对较冷，沿洋中脊分异程度较为一致，辉长岩厚度的变化可能成为影响磁场强度的主要原因。

4）结论

沿摩恩洋中脊，磁异常及反演磁化强度呈现出明显的长、短波长上的不同变化特征。长波长上，磁异常呈阶梯状的变化，磁化强度在 110 km 处快速降低近 40 A/m。受到冰岛热点的影响，岩石地球化学成分和具有一定磁性的下地壳厚度的变化共同导致了两段间的磁场差异。下地壳辉长岩的磁化强度同样可以解释二级中脊段尺度的短波长磁场变化。在超慢速扩张洋中脊，下地壳岩石对沿洋中脊磁场具有重要的贡献。

5.2.3　加克洋中脊的地幔熔融与蛇纹岩化特征

洋中脊的熔融总量与地幔温度、传导作用、地幔含水量以及地幔组成等因素相关并在总体上受到扩张速率的控制（Dick et al.，2003）。当全扩张速率大于 20 mm/a 时，稳定的平均地壳厚度（6 ~ 7 km）表明地幔的温度和物质组成较为均一（White et al.，1992）。当全扩张速率小于 20 mm/a（超慢速扩张洋中脊，主要包括西南印度洋中脊和加克洋中脊）时，地壳厚度急剧减薄，某些区域甚至出露大量橄榄岩，形成所谓的非岩浆地壳增生。Michael 等

(2003) 利用地震确定的地壳厚度将加克洋中脊85°E以西部分划分为厚薄相间的三个区域。从3°E到Laptev大陆边缘，加克洋中脊全扩张速率由13.4 mm/a逐渐减小为7.3 mm/a，因此其地壳厚度与扩张速率并不相关，扩张速率外的其他因素在熔融的形成过程中可能起到了重要的作用。Langmuir等（1992）根据对岩石采样的分析认为，超慢速扩张洋中脊下减薄的地壳通常对应着较低的地幔温度。但是Robinson等（2001）针对西南印度洋中脊（SWIR）的研究表明，SWIR的地幔位势温度和含水量均与全球平均值接近，较慢的扩张速率和传导冷却导致了超慢速扩张洋中脊地壳厚度的减薄。

本节利用重力反演了加克洋中脊的地壳厚度并使用湿熔融模型计算了相应的理论地幔温度和含水量，以期定量揭示地幔温度和含水量对加克洋中脊地幔熔融的作用。反演地壳厚度和岩石采样类型具有良好的一致性，也为分析加克洋中脊的非岩浆地壳增生比例提供了一个定量依据。

1）地质背景

加克洋中脊位于欧亚海盆，延绵近2 000 km（图5-40，Coakley et al.，1988），是世界上扩张速率最慢的区域（Dick et al.，2003）。其西端通过Spitzbergen转换断层和克尼波维奇洋中脊相连，东端则延伸至Laptev大陆边缘之下。航空磁力数据显示加克洋中脊在磁条带24（约55 Ma）时开始扩张（Taylor et al.，1981）。自磁条带13（约33.5 Ma）以来，其半扩张速率（HSR）一直小于8 mm/a。根据Nuvel-1模型，加克洋中脊现在的HSR从西端的6.7 mm/a减小到东端的3.6 mm/a（DeMets et al.，1990）。递减的扩张速率为研究超慢速扩张环境下的熔融成因提供了特有的条件。

由于常年被海冰覆盖，目前对加克洋中脊地壳结构的认识依然较为模糊。加克洋中脊地壳厚度的最初资料来源于离轴区域零星的冰站测量。利用美国军方核潜艇采集的重力数据，Coakley等（1998）的反演结果表明，在7°—54°E区域，加克洋中脊的地壳厚度不超过4 km，而在沉积物覆盖的98°E区域，其地壳厚度应该接近于零。2001年，德国“Polarstern”破冰船和美国“Healy”号船调查了加克洋中脊70°E以西约为洋中脊总长度2/3的区域（AMORE航次），获得了多波束地形、折射地震、地磁和岩石采样等资料。航次采集的地震数据表明，加克洋中脊在7°W—85°E区域之间的地壳厚度为1.5～4.9 km之间（Jokat et al.，2003；2007），远薄于全球平均地壳厚度并且地壳厚度与扩张速率并不相关。

加克洋中脊现今的形态与其两侧的Barents大陆边缘和Lomonosov脊相似，仍然保留了大陆初始张裂时的形态。这可能限制了转换断层的发育（Joakat et al.，2007）。根据AMORE航次的多波束和岩石采样（Michael，2003），85°E以西的加克中脊被分为西部火山区（7°W—3°E）、岩浆贫瘠区（3°—29°E）和东部火山区（29°—85°E）三个部分。西部火山区的岩浆活动强烈，岩石采样均为玄武岩，对应强烈的磁力异常和增厚的地壳厚度（最厚可达4.9 km）。强烈岩浆活动导致加克洋中脊的地貌与慢速扩张的大西洋中脊类似（HSR，20 mm/a）。在300 km长的岩浆贫瘠段，水深达到5.5 km，地壳厚度最薄仅为1.4 km，大量的新鲜橄榄岩出露地表，具有最典型的超慢速扩张的特征。其磁力异常幅值仅为10 nT，推断可能与辉长岩和地幔物质的弱磁性有关。东部火山区由六个孤立的大型火山活动中心组成，火山活动中心之间的磁力异常幅值较小，表明这些区域玄武岩较薄，强岩浆活动集中在火山活动中心。在85°E的火山区附近，AMORE航次曾拖到新鲜的玄武岩（Michael et al.，2003），侧扫声呐和天然地震的观测也表明此处火山正在活动（Edwards et al.，2001）。虽然扩张速率更慢，但是此区域的地壳厚度已超过2.5 km，比岩浆贫瘠区（3°—29°E）更厚。

2）数据、方法与结果

（1）数据及来源

本节使用水深、重力、沉积物厚度和扩张速率等数据计算加克洋中脊的地壳厚度和理论熔融厚度。水深数据来源于IBCAO的2 km×2 km的网格数据（Jakobsson et al.，2008），如图5-40所示。86° E以西，IBCAO使用了AMORE 2001航次的多波束数据（Michael et al.，2003）。86° E以东，IBCAO主要数字化了发表的等值线和散点图。受沉积物填充作用的影响，86° E以东的地形相对平缓。重力数据使用北冰洋重力计划（ArcGP）2006年更新的2′×2′空间重力异常（Kenyon et al.，2008），如图5-41所示。ArcGP数据集成了航空、船载、潜艇测量和卫星反演的数据。地壳年龄数据采用Müller等（2008）最新发布的2′×2′的海洋地壳年龄模型。相比之前广泛应用的6′×6′地壳年龄模型，此模型加入了更多的船测地磁数据。沉积物厚度为Divins提供的5′×5′网格化数据①。此数据来源于已发表的沉积物厚度等厚图、DSDP和ODP钻井资料以及NGDC、IOC和GAPA项目。扩张速率使用Nuvel-1模型计算（DeMets et al.，1990）。从西至东，加克中脊的半扩张速率由6.7 mm/a减小到3.6 mm/a，如图5-41所示。

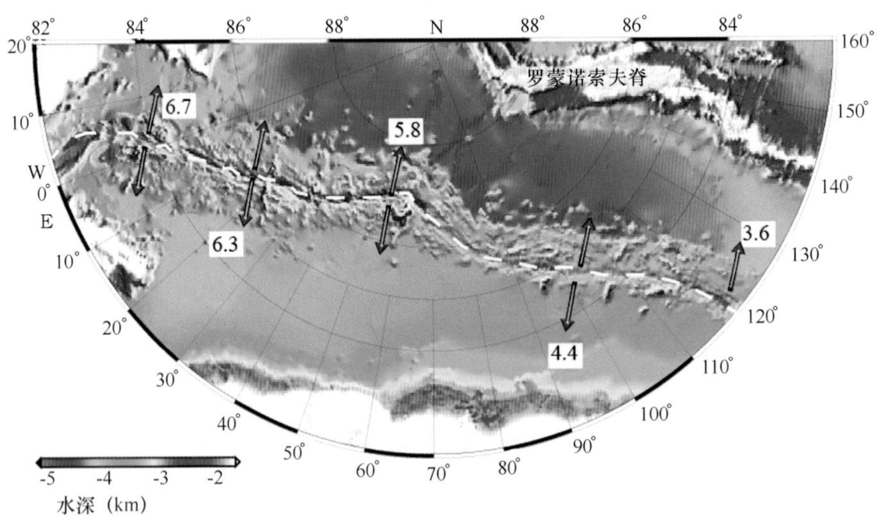

图5-40　研究区域水深

半扩张速率（mm/a）用白色数字标出；扩张中心用白色虚线标识

（2）沿扩张中心的地壳厚度

本节使用Parker方法逐层剥离已知密度界面的重力效应。沉积物厚度、地形以及均一地壳厚度的密度参考Georgen等（2001）的取值。逐层去除以上各界面的影响后得到地幔布格重力异常（MBA）。为了消除岩石圈正常冷却造成的密度变化的影响，本节采用有限元方法计算不同扩张速率下的地幔温度场，并通过热膨胀系数（取3.5×10^{-5}/K）得到密度变化。由于温度的变化分布于整个区域内（厚度为200 km），本节将计算区域分为10层，每层密度变化都参照Moho界面的密度差转换为标准值，如公式（5-3）所示：

① http：//www. ngdc. noaa. gov/mgg/sedthick/sedthick. html

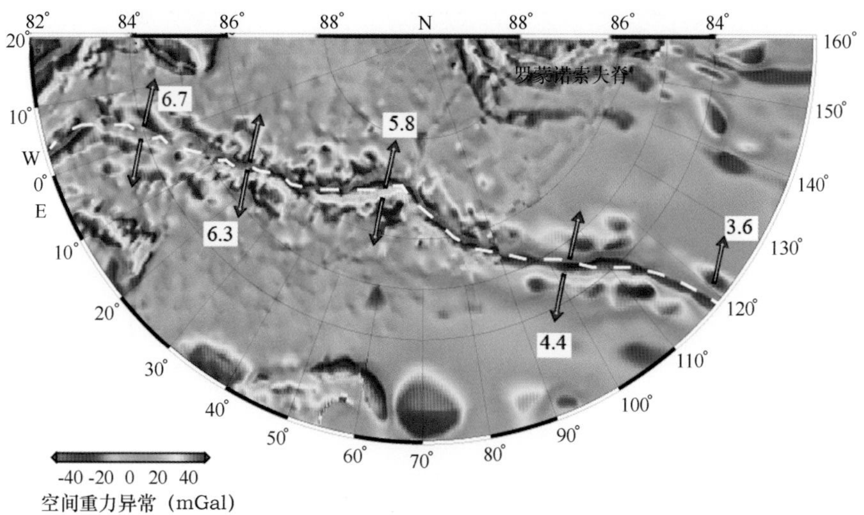

图 5－41　研究区域空间重力异常

$$h_1 = 20 \times \Delta\rho/(3.3 - 2.7) \tag{5-3}$$

式中：h_1 为每层界面高度；$\Delta\rho$ 为平均密度变化。

从 MBA 去除岩石圈冷却效应即得到剩余地幔布格重力异常（RMBA）。RMBA 反映了地壳厚度和（或）地幔温度引起的密度变化。若将地幔温度的效应也转换为地壳厚度的变化，则利用式（5－4）反演 RMBA 可以得到最大的地壳厚度变化（Oldenburg，1974）。

$$M(k) = \frac{\exp(KZ_{CR})}{2\pi G(\rho_m - \rho_c)} B(k) C(k) \tag{5-4}$$

式中：Z_{CR}表示下延深度；$C(k)$ 是一个低频余弦滤波器。这里下延深度取 8 km（4 km 平均水深加 4 km 平均地壳厚度），滤波器最大波长取 135 km，最小波长取 25 km。沿加克洋中脊的地壳厚度如图 5－42 所示。

沿加克洋中脊，目前共有 12 个地震站位确定的地壳厚度（Jokat et al.，2007）。两者之间差值的均方根仅为 0.6 km，差值大部分在 ±0.5 km 以内，表明重力反演的结果较为可靠，如图 5－43 所示。

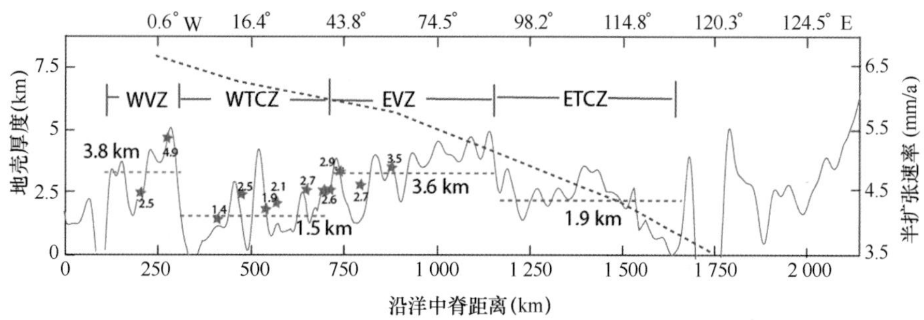

图 5－42　加克洋中脊的地壳厚度及分区性

横坐标为沿洋中脊的距离，起始位置为拉普捷夫大陆边缘，见图 5－40。WVZ，西部火山区；WTCZ，西部地壳减薄区；EVZ，东部火山区；ETCZ，东部地壳减薄区。红色星号为地震确定的地壳厚度；蓝色虚线表示扩张速率；红色虚线表示平均地壳厚度

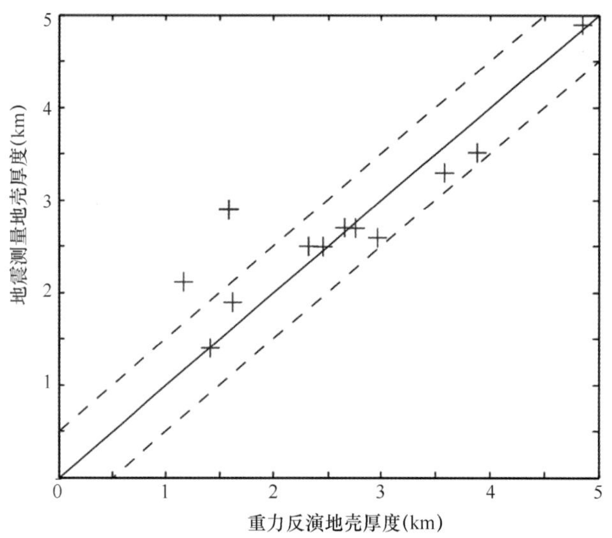

图 5－43　重力与地震确定的地壳厚度对比

地震剖面数据来自 Jokat 等（2007），测点位置见图 5－42

加克洋中脊的平均地壳厚度为 2.3 km，远薄于全球平均值。与同为超慢速扩张的 SWIR 相比（地震确定的地壳厚度为 4～5 km，Muller et al.，2000），加克洋中脊的平均地壳厚度仅为其一半。这种极弱的岩浆活动与其最慢的扩张速率相对应，在全球尺度上符合扩张速率和地壳厚度的一致性模型（Reid et al.，1981）。但是，沿加克洋中脊由西向东递减的扩张速率却与地壳厚度的变化并不一致。Jokat 等（2003）计算的地壳厚度表明 86° E 以西地壳厚度和扩张速率并不相关。本节的重力反演结果也表明，这种不一致性沿整个洋中脊都存在，如图 5－42 所示。参考 Michael 等（2003）对 85°E 以西划分区域的方式，本节根据地壳厚度的变化将加克洋中脊总共划分为 4 个区域，分别为西部火山区（6.7 mm/a，平均地壳厚度 3.8 km）、西部地壳减薄区（6.3 mm/a，1.5 km）、东部火山区（5.8 mm/a，3.6 km）和东部地壳减薄区（4.4 mm/a，1.9 km）。

本节的西部火山区与 Michael 等（2003）的划分位置相近，但是西部地壳减薄区比 Michael 等划分的火山稀疏区域范围略大，可能与此区域地震数据较为稀疏有关。东部地壳减薄区以东地壳厚度明显减薄，幅值变化剧烈，可能受到了洋陆过渡带特殊热结构的影响。使用普通洋中脊地幔温度场计算此处岩石圈冷却效应时会产生明显的偏差，因此本节暂不讨论此区域。

（3）湿熔融模型

本节使用类似 Robinson 等（2001）的湿熔融模型计算不同扩张速率、地幔位势温度和含水量下的理论熔融厚度。高度的熔融仅出现在干熔融的固相线之上，组成了熔融的主体部分（McKenzie et al.，1988）。受到地幔内水的作用，在干熔融区域之下存在一个熔融程度较低的湿熔融区域。湿熔融的作用在高度熔融区（如东太平洋隆）比例较小（Robinson et al.，2001），在早期的模型中经常被忽略（Reid et al.，1981）。但是当整体熔融程度都较低时，如在超慢速的 SWIR 和加克洋中脊区域，湿熔融在整体熔融中的比例明显增大，作用不可忽视。

在计算过程中，干熔融部分的固相线使用 McKenzie 等（1988）文章中的公式 20。利用干固相线和公式（5－5）可以得到湿固相线（Davies et al.，1991）。

$$T_w = T_s - \alpha_1 X_W \tag{5-5}$$

式中：T_w 为湿熔融固相线；T_s 为干熔融固相线；α_1 为常数，取 642℃；X_W 为熔融中的水的摩尔比例量，其最大值在压力大于 30 kbar 时取 0.25，从 30 kbar 到 0 kbar，其最大值由 0.25 线性减小到 0。

X_w 熔融内的水质量比 W 和熔融比例 X 的关系如式（5-6）和式（5-7）所示（Davies, 1991）。

$$X_w = \frac{M_e}{\frac{18.02(1-W)}{W} + M_e} \tag{5-6}$$

$$X = \frac{C_p}{L}(T - T_w) \tag{5-7}$$

其中：M_e 为熔融的摩尔等量（molar equivalent mass of melt），取 255 g/mol；C_p 为比热热容（specific heat capacity），取 1 150 J/（kg · ℃）；L 为潜热（latent heat），取 4.5×10^5 J/kg。

最终，熔融内的水质量比（weight fraction of water）和熔融程度的关系可以通过批式熔融（batch melting）公式迭代求取，如公式（5-8）所示。

$$W = \frac{M_{wm}}{X + D - DX} \tag{5-8}$$

式中：W 为熔融内的水质量比；M_{wm} 为地幔的水质量比；X 为熔融比例。

（4）地幔温度场及熔融异常

本节使用有限元方法计算地幔的温度场。其几何模型为矩形，水平方向取离轴两侧各 500 km，垂直方向自海底向下 200 km。假定物质为橄榄岩，黏滞系数随温度变化（Behn et al., 2007）。采用被动上涌的物理模式，模型顶边界的运动速度赋予半扩张速度。根据 Nuvel -1 模型，4 个区域半扩张速率分别选取为 6.7 mm/a，6.3 mm/a，5.8mm/a 和 4.4 mm/a。底界面和两侧均赋予应力自由边界。模型底界面的温度边界条件设定为 1 245℃ 到 1 395℃（对应地幔位势温度 1 174℃ 到 1 315℃），每次计算的间隔温度为 25℃，顶界面的温度设定为 0℃。

在板块向两边扩张的过程中，满足物质守恒、动量守恒和能量守恒三个方程：

$$\nabla \cdot u = 0 \tag{5-9}$$

$$-\eta \nabla^2 u + \rho(u \cdot \nabla)u + \nabla p = \rho g \tag{5-10}$$

$$\nabla \cdot (-k \nabla T) = -\rho C_p u \cdot \nabla T + Q \tag{5-11}$$

式中：ρ 为地幔的密度，取 3 300 kg/m^3；u 为速度场；p 为压力；η 是地幔黏滞系数；C_p 是热容，取 1 150 J/（kg · ℃）；T 为温度；k 为热导率，设置为随深度变化。模型计算所得速度场和温度场如图 5-44 所示。

利用温度和速度场，使用式（5-5）至式（5-8）计算干湿熔融模型的熔融区域和比例（图 5-45），最后考虑岩浆抽提对熔融运动的影响，使用沿流线积分的方法（Chen, 1996）计算熔融厚度（理论地壳厚度）。

给定不同扩张速率、地幔位势温度和地幔含水量，4 个区域的地壳厚度的结果如图 5-46 所示。总体上，地壳厚度与扩张速率、地幔温度和地幔含水量呈正相关。地幔温度越高，相同的地幔温度或地幔含水量的变化可以导致更大的地壳厚度变化。扩张速率的变化只会影响

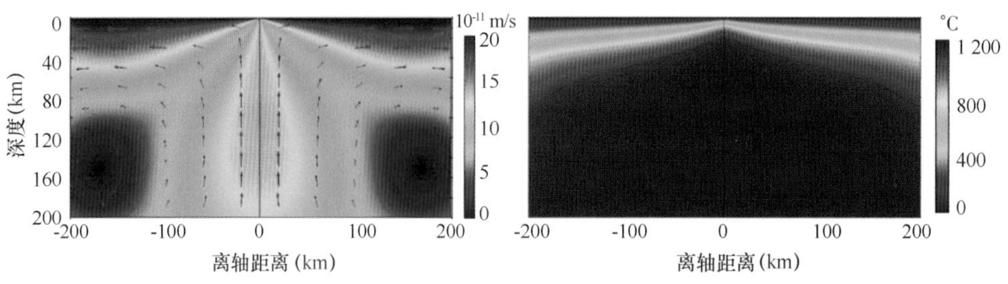

图 5 – 44　被动上涌模型的速度场和温度场（半扩张速率 6.7 mm/a）

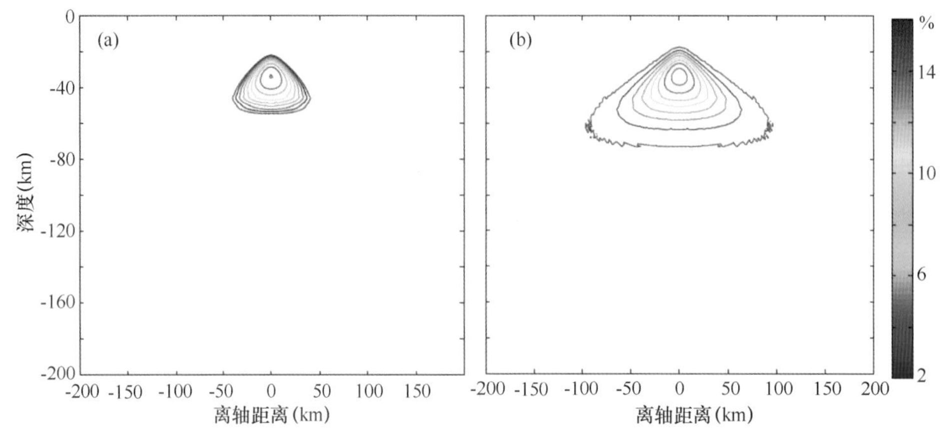

图 5 – 45　熔融比例（半扩张速率 6.7 mm/a）

（a）干熔融模型；（b）地幔含水量 300×10^{-6} 的湿熔融模型

地壳厚度对地幔温度的敏感性，不会改变其对地幔含水量的敏感性。地幔含水量的变化也可以影响地壳厚度对地幔温度的敏感性，但是这种影响相对较小。

3）讨论

（1）加克洋中脊熔融异常的影响因素

扩张速率最慢的东部地壳减薄区对应 1.9 km 的地壳厚度，但是地壳厚度最薄（1.5 km）的区域为西部地壳减薄区。这表明，当扩张速率减小到一定程度后，地幔温度、地幔含水量和地幔组成等其他因素可能起到更重要的作用。本节划分的加克洋中脊 4 个区域沿扩张中心的长度分别为 190 km、390 km、440 km 和 495 km。在如此大的尺度上，地幔的温度、含水量和物质组成等均可能发生较大的变化（Cannat et al.，2008），从而导致扩张速率和地壳厚度的不一致。WVZ、WTCZ、EVZ 和 ETCZ 的平均地壳厚度分别为 3.8 km、1.5 km、3.6 km 和 1.9 km，在不考虑地幔含水量的情况下，分别对应 1 290℃、1 260℃、1 305℃和 1 315℃的地幔位势温度。传统观点认为超慢速扩张洋中脊对应较冷的地幔温度。但是如果不考虑含水量的影响（干熔融），加克洋中脊三个区域的地幔位势温度明显高于全球平均值（1 270 ~ 1 280℃），扩张速率最慢的东部地壳减薄区（4.4 mm/a）反而对应最高的地幔温度。这说明，由于减慢的扩张速率导致传导作用的增加，在不考虑地幔含水量的作用下，必须要求较高的地幔温度才能形成和观测相符的地壳厚度。

沿加克中脊的岩石采样表明其下的岩石圈较厚（Langmuir et al.，2007），地幔温度相对较低，因此地幔含水量应该在地壳的形成过程中起到了重要的作用。目前加克洋中脊的地幔

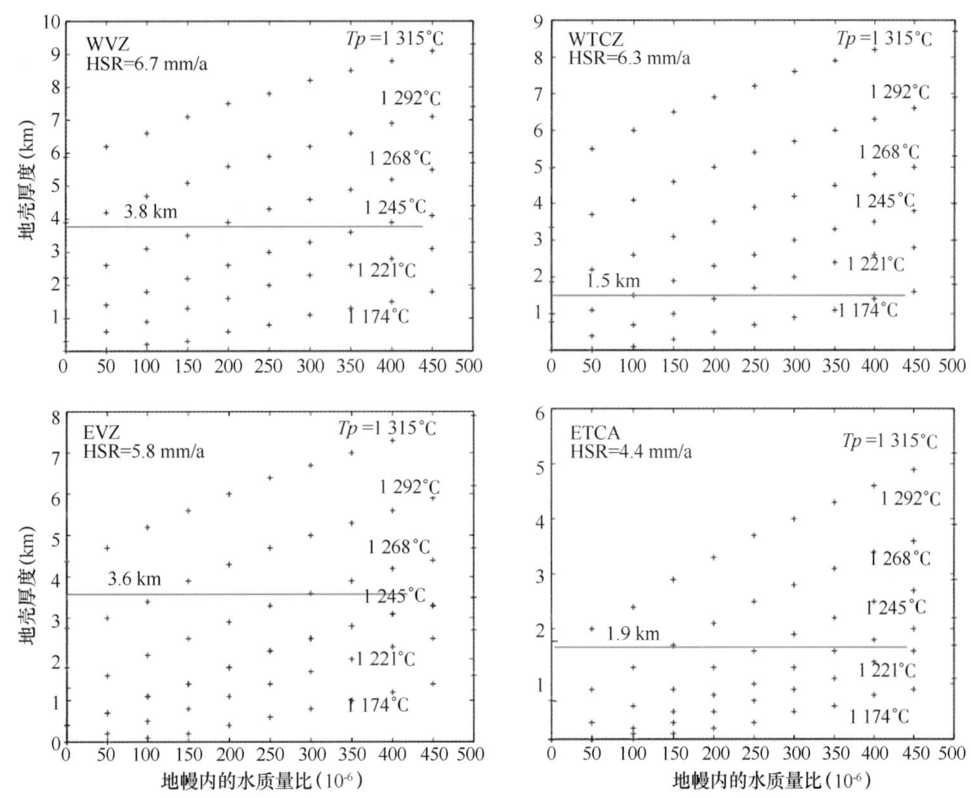

图5－46 不同扩张速率、地幔温度和含水量下的理论地壳厚度

Tp 为地幔位势温度；红色实线表明各区域的平均地壳厚度

含水量数据仍然缺乏，若假定1 260℃地幔位势温度（1 340℃模型底界面温度），4个区域的地壳厚度分别对应 210×10^{-6}、0×10^{-6}、34×10^{-6}以及 280×10^{-6}的地幔含水量，若假定其地幔含水量为全球平均的 200×10^{-6}的地幔含水量下，4个区域分别对应1 270℃、1 220℃、1 280℃和1 280℃的地幔位势温度。西部地壳减薄区的地幔温度低于全球平均值约50℃，其他区域的地幔温度则相对一致，接近全球平均值。在WTCZ区域，超薄的地壳厚度必然对应较低的地幔温度。其他区域减薄的地壳应该受到减慢的扩张速率和增强的传导作用的控制，这与SWIR的研究结果类似（Robinson et al.，2001）。

（2）加克洋中脊的非岩浆地壳增生

沿加克洋中脊，本节计算的地壳厚度与Michael等（2003）采集的岩石类型具有良好的一致性，如图5－47所示。在地壳厚度小于1.5 km的区域，岩石采样几乎全部为橄榄岩；在地壳厚度大于2.5 km的区域，岩石采样几乎全部为玄武岩；在两者之间，岩石采样混杂了玄武岩、辉长岩、橄榄岩以及其他岩石。

由于橄榄岩蛇纹岩化后在密度、地震波速和磁性等方面均与岩浆成因的辉长岩相近，传统观念一直认为现今的地球物理方法在识别岩浆—非岩浆地壳时存在一定的困难。加克洋中脊采集到的橄榄岩大多较为新鲜，仅有轻微的蛇纹岩化（Michael et al.，2003）。这种未经（轻微）蚀变的橄榄岩保持了地幔的密度，可能使得可以通过密度差区别蛇纹岩化橄榄岩和熔融物质。由于受蛇纹岩化作用的干扰较小，重力反演的薄地壳厚度（小于1.5 km部分）主要是熔融的结果。考虑到大量橄榄岩直接出露，我们推断这部分熔融物质封存在岩石圈内

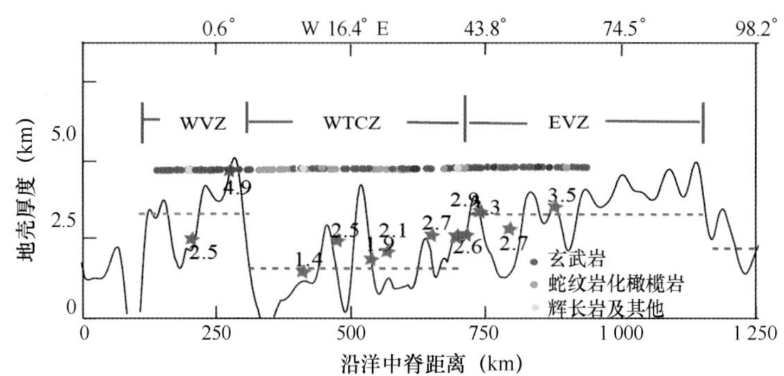

图 5－47　沿加克洋中脊的地壳厚度与岩石采样对比

红色星号为地震确定的地壳厚度点；圆点为岩石采样类型；红色为玄武岩，绿色为蛇纹岩化橄榄岩；黄色为岩石

部。非岩浆增生区域的岩石圈厚度相对较厚，少量的熔融（1.5 km）难以运移到浅部形成抽提，而是冷却后封存在岩石圈的内部（Cannat et al.，2008）。

非岩浆的地壳增生是超慢速扩张洋中脊增生的重要方式（Dick et al.，2003）。地壳厚度和岩石采样良好的一致性为分析非岩浆地壳增生在整个增生过程中的比例提供了一个定量指标。若将地壳厚度薄于 1.5 km 的区域视为非岩浆增生区域，地壳厚度厚于 2.5 km 的区域视为完全的岩浆增生区，则西部火山区不存在单独的非岩浆增生区域，岩浆增生区域占到主体（80%）；西部地壳减薄区域非岩浆增生区占主体（59%），仅有少量的完全岩浆增生区（9%）；东部火山区 81% 为强岩浆活动，非岩浆增生区仅为 7%；，东部地壳减薄区扩张速率最慢，其岩浆增生区（25%）与非岩浆活动区域（29%）比例接近。总体上，加克洋中脊 44% 为岩浆增生区域，27% 为岩浆活动和构造共同作用的区域，29% 为构造作用形成的非岩浆增生区域。传统的岩浆增生方式仅占整体扩张区域的一半，非岩浆的地壳增生在超慢速的地壳形成过程中起到了重要的作用。

通过 26 Ma 以来离轴的地球物理数据，Cannat 等（2006）对同为超慢速扩张的 SWIR（61°—67°E）进行了岩浆和非岩浆增生区域的划分。在 SWIR，完全的岩浆增生区域（火山—火山型地貌）占总区域面积的 40%，非岩浆增生区域占 28%（光滑—光滑型地貌），其他区域占 32%。这些统计结果与本节对加克洋中脊的推断较为接近。SWIR 10°—16°E 区域和 61°—67°E 区域是整个洋中脊岩浆供给最为贫瘠的两个区域（Dick et al.，2003；Cannat et al.，2008）。SWIR 的其他区域的岩浆活动相对强烈，50.5°E 区域的地壳厚度甚至接近全球平均值的 2 倍（Zhang et al.，2013）。与加克洋中脊相比，SWIR 整体上较快的扩张速率（HSR 为 7 mm/a）对应更强的岩浆活动。

4）结论

假定地幔含水量为全球平均值（200×10^{-6}），按照重力反演地壳厚度划分的 4 个区域分别对应 1 270℃、1 220℃、1 280℃和 1 280℃的地幔位势温度。西部地壳减薄区下的地幔温度较低，其他 3 个区域受到扩张速率减慢导致的传导作用增加的影响。

沿加克洋中脊，地壳厚度和岩石采样具有明显的一致性。在地壳厚度小于 1.5 km 的区域，岩石采样几乎全部为橄榄岩；在地壳厚度大于 2.5 km 的区域，岩石采样几乎全部为玄武岩；在两者之间，岩石采样混杂了玄武岩、辉长岩、橄榄岩以及其他岩石。按此对应关系，加克洋中脊29%的区域主要为构造作用控制的非岩浆活动区域，44%为岩浆增生的区域，27%为岩浆和构造共同作用的区域。非岩浆地壳增生在超慢速扩张洋中脊的增生过程中起到了重要作用。

5.2.4 罗蒙诺索夫脊的岩石圈热状态及构造沉降历史

2004年，IODP钻探（302航次）在罗蒙诺索夫脊上发现了长达26 Ma（44～18 Ma）的沉积间断（图5-48）。如此长时间的沉积间断被认为与岩石圈分层拉伸和外界应力等因素导致的构造隆升与剥蚀相关。利用热流与水深数据的约束，本节定量的工作表明，分层拉伸和外界应力的单独作用均不能合理地解释钻孔资料揭示的水深变化和沉积间断，两者共同的作用可能导致了罗蒙诺索夫脊特殊的沉降过程。自张裂初始至今，罗蒙诺索夫脊的垂向运动分为4个阶段。阶段Ⅰ（56 Ma）：初始的均匀拉抻，完成初始张裂时水深为700 m；阶段Ⅱ（56～40 Ma）：地幔的持续拉伸，岩石圈温度的升高与岩石相变导致罗蒙诺索夫脊升出/接近海平面；阶段Ⅲ（40～18 Ma）：外界应力的作用导致罗蒙诺索夫脊的热沉降无法正常进行，使之持续位于海平面附近；阶段Ⅳ（18 Ma至现今）：外界应力消失，罗蒙诺索夫脊加速沉降到当前水深。

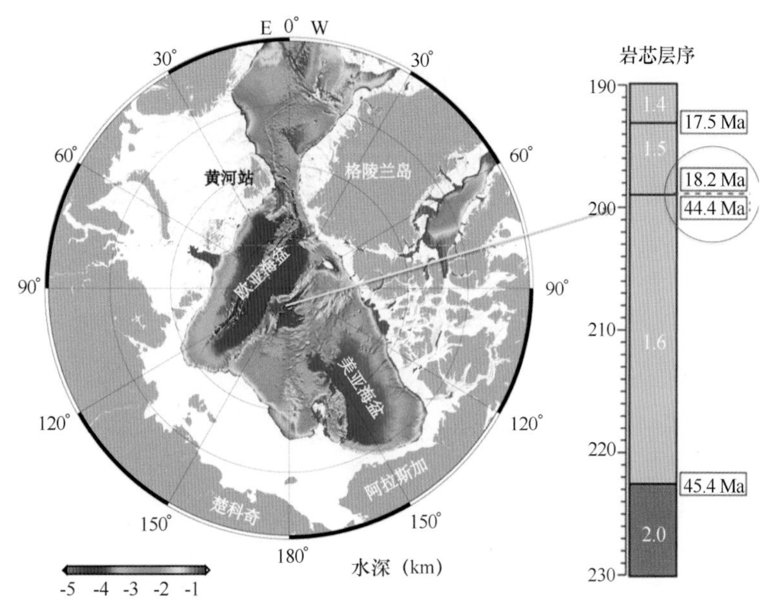

图5-48 罗蒙诺索夫脊位置

红色星号为IODP钻孔位置；右侧为沉积物测年数据

1）简介

经典的盆地拉伸模式能够从一级尺度上解释盆地的沉降过程。但是不同盆地的基底沉降与隆升在时间和空间尺度上都具有很大的差异。地壳减薄和地幔温度之外的其他因素，如外界应力、岩石相变、岩石圈挠曲作用以及沉积速率等，往往被认为在盆地沉降尤其是其突然变化中起到了重要的作用。

2004年，IODP 302航次（ACEX）在北冰洋罗蒙诺索夫脊上发现了一个长达26 Ma的沉积间断（44.4～18.2 Ma）。包括水动力环境、沉积间断以及海平面变化等多种机制被用来解释这种特殊现象（Moore and IODP，2006），但是钻孔揭示的间断前后的浅水环境、周边区域沉积物的连续沉积以及海平面变化曲线的研究都表明，如此长时间的沉积间断应该是构造作用导致罗蒙诺索夫脊长时间位于海平面附近的结果。

横贯北冰洋的罗蒙诺索夫脊长约1 500 km，将海盆分为欧亚和美亚海盆两个部分，被认为是双向的被动大陆边缘（Jokat et al.，2005）。东侧是美亚海盆的扩张（或走滑）大陆边缘，另一侧是欧亚海盆的张裂大陆边缘。56 Ma前，罗蒙诺索夫脊从巴伦支—卡拉海张裂并伴随着欧亚海盆的扩张到达现在的位置。张裂后直到沉积间断后初期，钻孔岩芯资料表明罗蒙诺索夫脊总体位于浅水的位置。有孔虫的研究表明，张裂初期，罗蒙诺索夫脊位于浅水环境，之后水深有所加深。但是岩芯单元2中的富氧沉积物和古生物地层学（浮游生物）确定的年代具有很大的变化幅值，水深范围从光合作用的浅水区直到约650 m。

Artyushkov（2010）认为16 Ma熔融及其催化可能使得下地壳的辉长岩相变为榴辉岩，从而使得罗蒙诺索夫脊隆升。但是IODP钻孔并没有发现火山灰的证据，多道地震揭示的罗蒙诺索夫脊的张裂也属于非火山的过程（Jokat et al.，2008）。同时，这也无法解释罗蒙诺索夫脊在张裂后近40 Ma的沉降停滞。Minakovet等（2012）认为分层拉伸配合岩石相变的模式导致了裂后的隆升，这种模式能够解释40 ～18 Ma的沉积间断和总的沉降值，总体上与岩芯揭示的沉降规律相符。此模型中岩石圈密度和岩石相变受到温度的控制，但是其岩石圈热结构缺乏热流数据的约束。此模型需要罗蒙诺索夫脊直到30 Ma才开始热沉降阶段，这在时间上与磁条带揭示的最晚扩张时间相差较大。若要从30 Ma沉降到现在水深，也需要其模型中的热扩散系数超过正常值。同时，此模型产生了较大幅度的隆升，使得罗蒙诺索夫脊在40 Ma时可能升出海平面数百米，这有可能造成强的剥蚀，但是这在岩芯中并未有所反映。根据板块重构的几何模型与陆地地质证据，O'Regan等（2008）认为，罗蒙诺索夫脊两侧的压力可能使其直到19 Ma时一直处于沉降“停滞”状态。外界压力的结束时间和沉积间断结束的时间较为一致，但是应力对岩石圈垂向运动的影响与岩石圈初始的几何形状和流变性相关，在凹陷的盆地中，应力往往使得沉降加速而非隆升。沉降导致的罗蒙诺索夫脊几何形状的变化在其模型中并没有考虑。

在本节中，我们综合考虑了分层拉伸、岩石相变和外界应力的影响，使用热流和水深数据作为约束，定量地计算了各因素在沉降过程中的作用。研究结果表明，分层拉伸导致了张罗蒙诺索夫脊40 Ma前的隆升，外界应力使得隆升成“穹状”的罗蒙诺索夫脊在18 Ma以前“停滞”在海平面位置，此后外界应力的消失使得罗蒙诺索夫脊快速沉降到当前水深。

2）罗蒙诺索夫脊的热状态

地形与热流数据是盆地拉伸模型中最重要的两个约束条件。由于IODP钻孔的取芯率并不理想，岩芯的分析只能提供大体的古水深的变化范围。总体来讲，张裂前罗蒙诺索夫脊应该位于海平面附近，张裂后进入中深水环境，中新世中期又回到浅水环境，此后进入深水区域并沉降至当前的水深（约1 200 m）。ACEX钻孔的原位测量得到的温度值较为分散，且其地壳的生热率有很大的不确定性，因此钻井并未提供有效的热流数据。Langseh等（1990）报道了罗蒙诺索夫脊上的热流值为60～65 mW/m^2，但是并未提供更详细的位置等信息。我们这里搜集了钻孔附近的3个热流数据分别为67 mW/m^2、67 mW/m^{2}和59 mW/m^2，平均值为65 mW/m^2，数据本身具有较好的一致性，也与Langseh等采集的热流值相符。

本节采用时变热传导方程来计算罗蒙诺索夫脊张裂后的热状态和相应热流值。岩石圈分为沉积物层、地壳、岩石圈地幔和软流圈。由于挪威大陆边缘的岩石圈厚度为140 km并逐步加深到克拉通下200 km，因此这里岩石圈取140 km厚。折射、反射和重力数据表明罗蒙诺索夫脊现在的地壳厚度约为26 km，沉积物厚度为2 km。其生热率和传导系数等参数参见表5－1。

表5－1 模型中使用的物性参数

	热导率 W/mK	热容 J/（Kg·K）	密度 （kg/m^3）
沉积物	1.8	850	1 950
地壳	2.6	850	2 700
地幔	2.3	1150	3 300

Minakov等（2012）将罗蒙诺索夫脊的张裂分成两个阶段，56 Ma瞬时的岩石圈均匀拉伸以及56～30 Ma的地幔拉伸。本节遵循这种模式来恢复罗蒙诺索夫脊的沉降历史。由于钻孔区域流线（flowline）能够识别出的最老磁条带为40 Ma，本模型将地幔拉伸的结束时间定为40 Ma。罗蒙诺索夫脊的地壳厚度为25 km，挪威大陆边缘的地壳厚度为35 km，表明其瞬时均匀拉伸的拉伸因子为1.35，而地幔的拉伸根据现在的水深和热流值反演确定。

在确定了平衡温度界面、模型热参数和冷却时间等条件后，第二次岩石圈减薄完成时地幔拉伸程度的决定了现在的热流。模拟结果表明，产生现在的热流需要在40 Ma时的岩石圈厚度为71 km，即地幔总的拉伸因子为2.25，即第二次拉伸时的拉伸因子为1.67，如图5－49所示。Minakov等（2012）在只有水深约束的情况下，假定了罗蒙诺索夫脊第二次的拉伸因子为3，岩石圈厚度为55 km。这将使得现在罗蒙诺索夫脊上现在的热流值非常高（超过80 mW/m^2）。

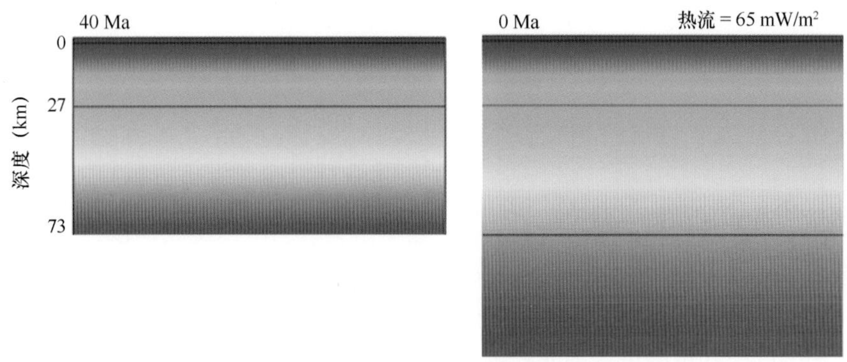

图5－49 40Ma与现在的温度场及热流值

3）分层拉伸导致的沉降与隆升

根据岩石圈结构与拉伸因子，利用Royden和Keen（1980）的公式，我们可以计算由于分层拉伸导致的罗蒙诺索夫脊的地形隆升与沉降。假定初始水深、地壳减薄和温度升高等共同作用使得罗蒙诺索夫脊的初始瞬时均匀拉伸（$\alpha=\beta=1.35$）后水深为700 m。罗蒙诺索夫脊第二次拉伸时的隆升值为地幔拉伸导致的热隆升与初始张裂沉降值之差。均匀拉伸时地壳减薄导致的沉降为 1.5 km，热隆升值为 0.8 km。第二次拉伸后，总的拉伸因子为 $\alpha=1.35$，$\beta=2.25$，则总的热隆升值为 1.3 km，因此罗蒙诺索夫脊在第二次拉伸过程中隆升 0.5 km。40 Ma 之后，罗蒙诺索夫脊进入热沉降阶段，到现在的沉降值为 1.0 km，如图5－50所示。

盆地拉伸过程中的温度变化会导致尖晶石—斜长石橄榄岩相变。两者的密度差会导致相应的均衡调整。岩石相变曲线公式和参数与 Minakov 等（2002）中取值一致。则初始张裂后，罗蒙诺索夫脊的斜长石厚 8 km，随着温度的升高，第二次地幔拉伸导致其厚度在 40 Ma 时增大为14 km，之后逐步冷却到现在的 11 km。假定两者密度差为 90 kg/m^3，则岩石相变导致地形在 40 Ma 时隆升 240 m，并在之后沉降了 120 m。由此造成的地形升降如图 5－50 所示。岩石圈拉伸与岩石相变共同的作用使得罗蒙诺索夫脊在40 Ma 时隆升 740 m，从 40 Ma 到现在沉降了 1 120 m，如图 5－50 所示。此曲线表明罗蒙诺索夫脊在 40 Ma 前位于浅水区域，40 Ma 时升出海平面附近，此后沉降到当前的水深（1 100 m）。但是此曲线在 40 Ma 之后就位于海平面之下，并不断沉降加深，到 18 Ma 已经超过 600 m 水深，这与沉积间断在 18 Ma 时结束并不一致。

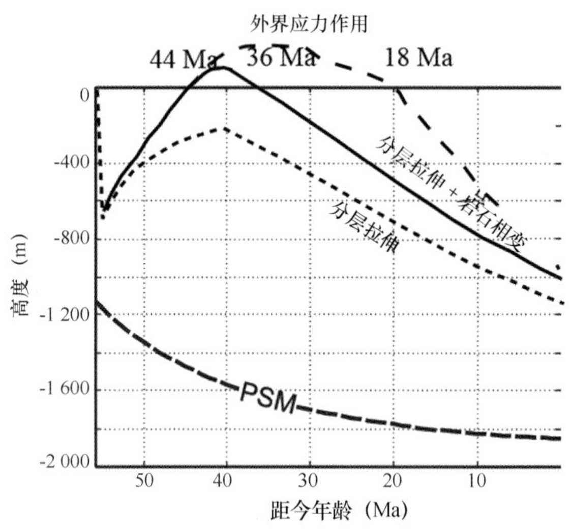

图 5－50　不同模型下的罗蒙诺索夫脊沉降曲线

PSM 为 Mckenzie 均匀拉伸沉降值，拉伸因子为 1.35

4）外界应力导致的沉降与隆升

Cloetingh 等（1988，1990）的研究表明，外界应力在盆地的升降过程中起到了重要的作用。Oregan 等认为 53～19 Ma 的外界压力可能使得罗蒙诺索夫脊的沉降停滞。按均匀拉伸因子（1.35），18 Ma 时的沉降可达到 600 m，这就需要外界压力的作用能够抵消如此大幅值的沉降。不同的岩石圈形态和流变性的影响对外界应力的响应区别较大。根据分层拉伸模式，罗蒙诺索夫脊在钻孔区域有一定的隆升。磁条带的研究表明，除了钻孔区域外，其他区域的海底扩张都是由 56 Ma 开始。Jokat 等（2005）认为罗蒙诺索夫脊 85°N 以南经历了不同的构造活动，罗蒙诺索夫脊分层拉伸导致的隆升很可能只是集中在当中一段。因此本节假设只有当中 600 km（钻孔两端各 300 km）的区域存在隆升，其两端各 500 km 则为均匀拉伸下的正常沉降（图 5－51）。

罗蒙诺索夫脊现在的地壳厚度为 25 km。Forsyth（2006）认为岩石圈的弹性区域主要来

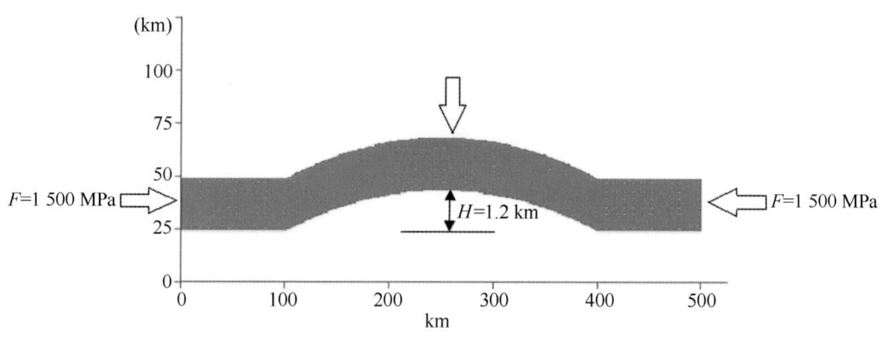

图 5 - 51 罗蒙诺索夫脊外界应力作用模型

自地壳部分，因此本节将其简化为一个 25 km 厚的弹性板，如图 5 - 51 所示。若先在弹性板两侧施加不同的压力，再向下施加 300 m 的垂向负载（300 m 取 40 ~ 18 Ma 时正常沉降值均值），则弹性板在两侧不同压力作用下的结果如表 5 - 2 所示。当两侧压力为 1 000 MPa 时，弹性板仅下降 91.5 m，当两侧压力增大到 1 500 MPa 时，弹性板向上弯曲 10 m。1 500 MPa 压力下，中心点垂直运动的轨迹如图 5 - 52 所示。

表 5 - 2 不同参数下中心点位移变化值

挤压力（MPa）	厚度 H = 10 km		厚度 H = 15 km		厚度 H = 25 km	
	抛物线形	牛角形	抛物线形	牛角形	抛物线形	牛角形
500			-287 m		-210 m	
1 000	-303 m	119 m	-231m	-142 m	-91 m	-113 m
1 500	-290 m	70 m	-175 m	1 m	10 m	10 m
2 000	-298 m	420 m	-117 m	145 m	78 m	104 m

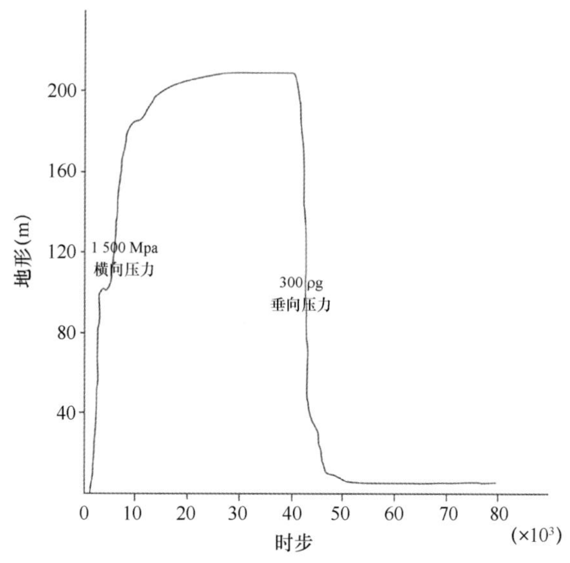

图 5 - 52 中心点在不同外力组合下的运动轨迹

5）讨论与结论

温度与外界应力共同作用导致的沉降曲线如图 5－50 所示。罗蒙诺索夫脊在 40 Ma 时隆升了 750 m，这种隆升和外界应力共同作用使得罗蒙诺索夫脊在 40～18 Ma 一直位于海平面附近。外界应力消失后，40 Ma 以来的岩石圈冷却导致的密度增大使得热沉降加速进行，达到当前的水深。这个曲线在海平面附近的时间与钻孔揭示的沉积间断相一致，在间断前后均为浅水环境，并且也与现在的水深和热流值相符。相比之前 Minakov 的模型，除了与沉积间断时间更为一致外，模型不会产生过量的隆升，无需要太大的拉伸因子和热扩散系数。同时，岩石相变在这个过程中虽然起到了一定作用，但是并没有产生像 Minakov 等（2002）模型中的大幅值隆升。

此模型也存在一定的限制和不确定性。目前已知罗蒙诺索夫脊张裂后为浅水环境，但是由于钻孔复原的问题，张裂后的具体水深为未知参数，因此第一次张裂后的初始水深是为了使沉降曲线与钻孔资料相符而设定的。同样缺乏明确约束的是罗蒙诺索夫脊的隆升出海平面的时间。40～18 Ma 的沉积间断完全有可能是 18 Ma 之前任何时间出露海平面，沉积物随后被剥蚀到 40 Ma。另外，模型中岩石圈流变性在三维上的不一致性也可能导致计算出现较大的偏差。在拉伸方向，我们依照经典盆地拉伸理论使用均衡的理论，而在罗蒙诺索夫脊走向方向，则使用了挠曲模型。1 500 MPa 的压力超过了一般构造作用力的范围，但是根据 Van Wees（1996）的三维数值模拟工作，二维方向上的计算可能会对应力产生 2～3 倍的过量估计，实际应力值可能远小于模拟值。

虽然存在一些不确定性，但是本节利用水深和热流数据的约束提出的模型能够较好地解释罗蒙诺索夫脊特殊的沉降过程。分层拉伸和外界应力两者的共同作用使得罗蒙诺索夫脊的沉降与钻孔相符合。56～40 Ma，分层拉伸导致罗蒙诺索夫脊由浅水隆升到海平面附近，40～18 Ma，外界应力和隆升状态使得罗蒙诺索夫脊维持在的海平面位置，18 Ma 后，外界应力消失后，罗蒙诺索夫脊快速沉降到当前水深。

5.2.5 楚科奇边缘地地层与构造特征

1）区域地质背景

楚科奇边缘地是楚科奇陆架外缘一个相对独立的地形与构造单元，了解边缘地的起源和运动过程，有利于揭示美亚海盆形成与演化的整个构造格局，对研究整个美亚海盆的演化模式至关重要（图 5－53）。

楚科奇边缘地位于阿拉斯加和西伯利亚以北的美亚海盆，长约 700 km，宽约 600 km，边缘地由 3 个大致南北向排列的地形单元组成，存在海底高原、海岭和深海平原等地貌特征。楚科奇边缘地以南的楚科奇和东西伯利亚陆架是全球最大的陆架，水深为 40～200 m，以东是水深超过 4 000 m 的加拿大海盆。楚科奇深海平原水深约为 2 300 m，边缘地水深高于周边地区，约为 3 400 m，北风脊是外缘陡峭的海崖型地貌，水深在 500 m 左右，平均水深大于楚科奇海台，北风平原为一负地形单元，它位于楚科奇海台和北风脊之间，水深超过 2 000 m。北风脊、楚科奇海台以及它们之间的地堑系统共同构成了高低起伏的地形。

由于楚科奇边缘地在当前各种美亚海盆的扩张假说中都起到了极为重要的作用，所以边缘地和美亚海盆的动力过程息息相关。目前关于美亚海盆的大地构造模型还是基于海盆周围

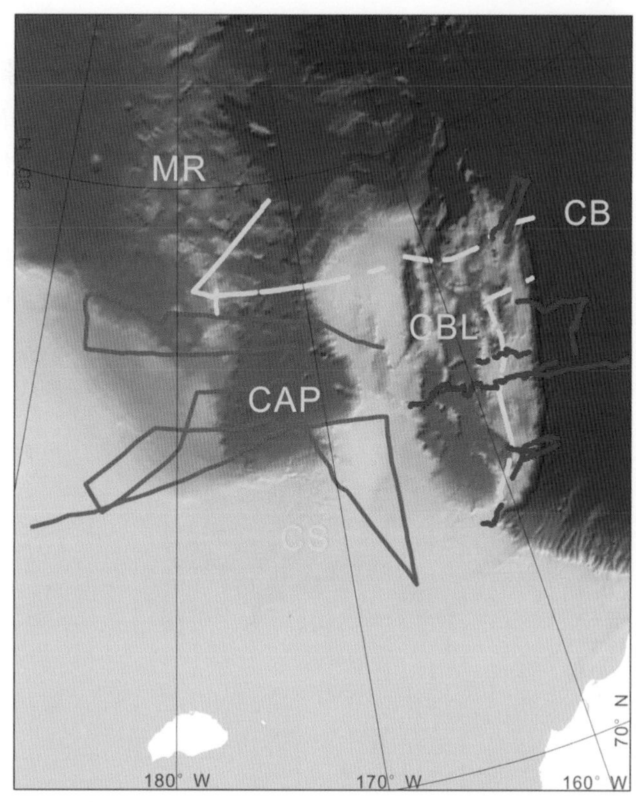

图5-53 北极楚科奇边缘地及邻区地形

MR-门捷列夫海岭；CAP-楚科奇深海平原；CB-加拿大海盆；CBL-楚科奇边缘地；
CS-楚科奇海陆架；黄线代表 Healy 地震测线；绿线代表 AWI 地震测线；红线代表 USGS 地震测线

的陆区、海底高地等的地质对比，美亚海盆的构造模式主要分为大陆地壳洋壳化、古洋壳的捕获和海底扩张三大类。当今主流的观点均认可海底扩张模型，但是对具体的扩张方式仍存在多种解释。Lawver 和 Scotese（1990）系统总结了逆时针旋转、阿尔法—门捷列夫脊扩张中心、北极阿拉斯加走滑和育空（Yukon）走滑模型 4 种海底扩张模式，加上 Kuzmichev 2009 年提出的平行四边形模型，目前共有 5 种海底扩张的具体模式。其中逆时针旋转模式是目前最被广泛接受的模型。

2）数据来源和研究方法

本研究收集了楚科奇海及周边区域的空间重力异常和水深网格数据。其中空间重力异常网格数据分辨率为 2′×2′，来自北冰洋重力计划（ArcGP）（Kenyon et al.，2008）；水深数据使用了 IBCAO 最新（Ver. 3.0）的 0.5 km × 0.5 km 的网格数据（数据来自：http://www.ngdc.noaa.gov/mgg/bathymetry/arctic/）。IBCAO 3.0 数据融合了渔船、美国海军潜艇以及众多科学航次在环北极区域的大量实测数据，其中多波速区域覆盖由原来的 6% 增加至 11%，极大地提高了数据揭示细节地形的能力。

本节还用到了美国、挪威、德国等国家共 5 个航次的多道地震数据。美国和挪威于 2005 年在北极楚科奇边缘地和门捷列夫海岭进行了一次联合航次（Healy 航次），完成了多道地震的测量（测线位置见图 5-53），该航次地震数据来自海洋地球科学数据系统（Marine Geoscience Data System）；2008 年，德国 Alfred-Wagner 研究所（AWI）在楚科奇边缘地西侧边缘和楚科奇深海平原也完成了多条多道地震测量（Grantz et al.，1998，2004；Hegewald et al.，2013）（测线位置见图5－53）；美国地质调查局（USGS）分别于1988年、1992年和1993年在加拿大海盆及楚科奇边缘地进行了多道地震测量，该地震数据集来自National Archive of Marine Seismic Surveys（NAMSS）（测线位置见图5－53）。本节主要对Healy航次的地震数据进行地质解释，此外，还参考了Hegewald对AWI部分多道地震剖面解释的结果，依据地震剖面详细分析楚科奇边缘地的地形地貌、基底断层形态和沉积层发育特征等，Healy和USGS航次的地震数据基本揭示了楚科奇边缘地的构造特征，本节选取边缘地典型构造部位的14条地震剖面来对此进行地质解释，并综合进行了地形、构造、地质特征、重力异常数据，揭示了测线所经区域的特殊地质构造、地形地貌、沉积特点及主要原因。

3）楚科奇边缘地地层与构造特征

（1）构造单元划分

本节依据多道地震、海底地形等地质地球物理资料，对楚科奇边缘地的内部构造单元进行了重新划分。不同区段的地震资料的结构对比更加可靠地限定了边界线的具体走向。楚科奇边缘地可分为楚科奇海台、北风脊和北风平原三个次级构造单元，其中楚科奇海台又可分为楚科奇冠和楚科奇高地（图5－54）。

（2）各构造单元的构造特征

①北风脊

北风脊东临加拿大海盆，西侧是北风平原，中间宽两端尖，略呈梭形（图5－53）。北风脊可分为北、中、南三段（虚线部分，图5－54），北段水深较深，地形起伏较大，发育有多个近S—N向或NNE向的负地形单元。中段存在1个方形高地。南段水深较北段浅，较中段深，地形起伏较中段大，存在两个近NNW向的地形单元。以下通过地震剖面详细阐释北风脊各段的地层与构造特征。

测线Healy01、Healy02、Healy03、Healy05、Healy07、Healy11和Healy13七条地震剖面都位于北风脊和邻近区域，七条地震剖面均可追踪出SF（海底）、T1、T2、T3和BM（声学基底）5个反射界面。Healy01、Healy02、Healy03位于北风脊南段，通过这三条地震剖面（图5－55）可以清晰地看到，北风脊南段发育一些大的正断层，Healy01的CMP（2 000～3 600）区域的基底埋深较浅，以南发育一半地堑，主控正断层向北倾。Healy02和Healy03揭示一大型半地堑，半地堑内沉积层较厚，主控正断层南倾。

Healy05位于北风脊中段，通过Healy05地震剖面（图5－56）可以清晰地看到，剖面上的多次波比较明显，CMP（3 000～7 200）和CMP（12 000～14 000）均为高地，前者沉积层较厚，后者沉积层较薄。CMP（7 600～11 300）为一凹陷，其构造特征为半地堑结构，发育一系列正断层，主控正断层向北倾，南部高地的CMP（3 000～7 200）的正断层也多往北倾。CMP9900附近充填了约750 ms（按2.3 km/s的速度是865 m厚，本节沉积层层速引自Hegewald A.，2012）的沉积物。

Healy07位于北风脊北段，是一条NEE向剖面，横切几个近S—N向或NNE向的地形单元。通过Healy07地震剖面（图5－57）可以清晰地看到，该地区的构造特点是存在地堑和半地堑结构。由于该地区发育有一系列的正断层，将基底切割成若干断块，伴有明显的掀斜、翻转。基底的地形起伏大，最大断距达1 000 ms（约375 m）且反射能量强，表现为一组能量较强的层组。CMP 4 000～6 900是一典型的地堑，两侧均有相向的边界断层。T3和BM之

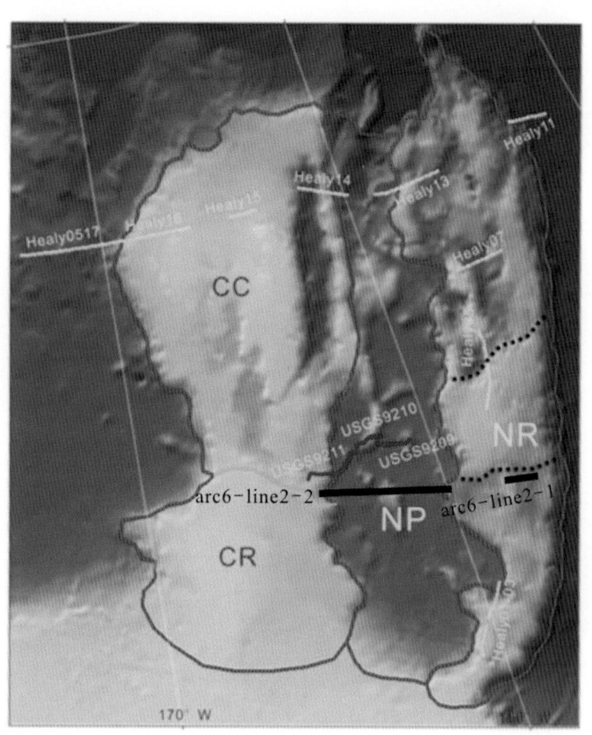

图 5-54 楚科奇边缘地主要构造单元

黄线和红线是本节所用地震剖面位置

CC. 楚科奇冠；CR. 楚科奇高地；NR. 北风脊；NP. 北风平原

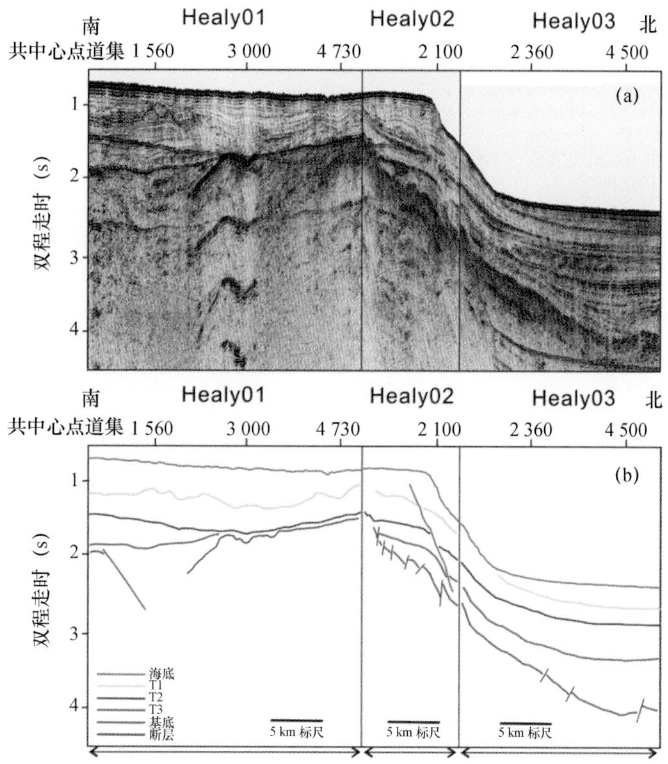

图 5-55 北风脊 Healy01、Healy02 和 Healy03 测线地震资料解释（地震测线位置见图 5-54）

（a）原始的地震叠加剖面图；（b）地震资料解释结果

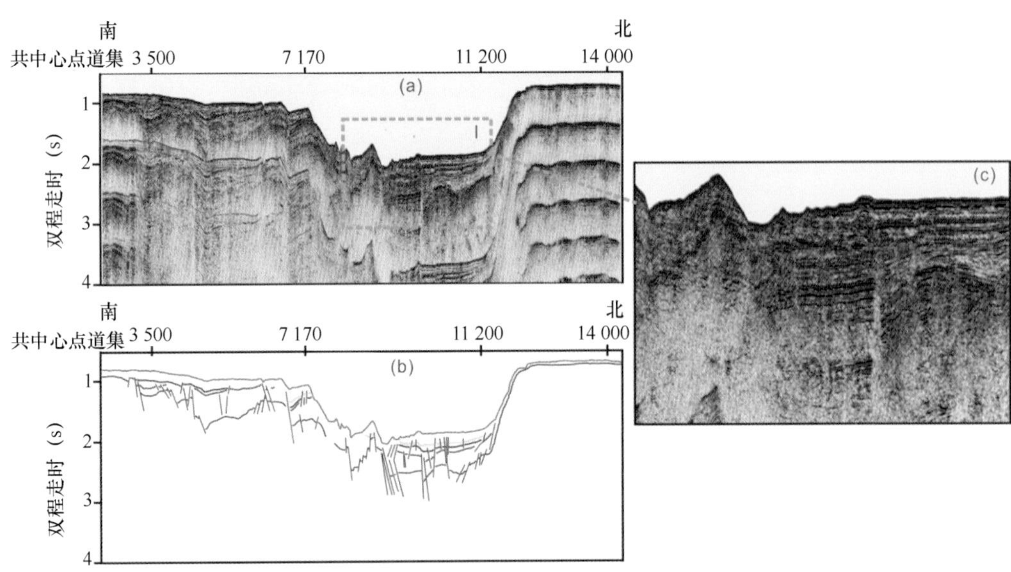

图5-56　北风脊Healy05测线地震资料解释（地震测线位置见图5-54）

（a）原始的地震叠加剖面图；（b）地震资料解释结果；（c）图aⅠ处放大效果图

间的沉积层受基底正断层的影响较大，横向厚度变化很大。

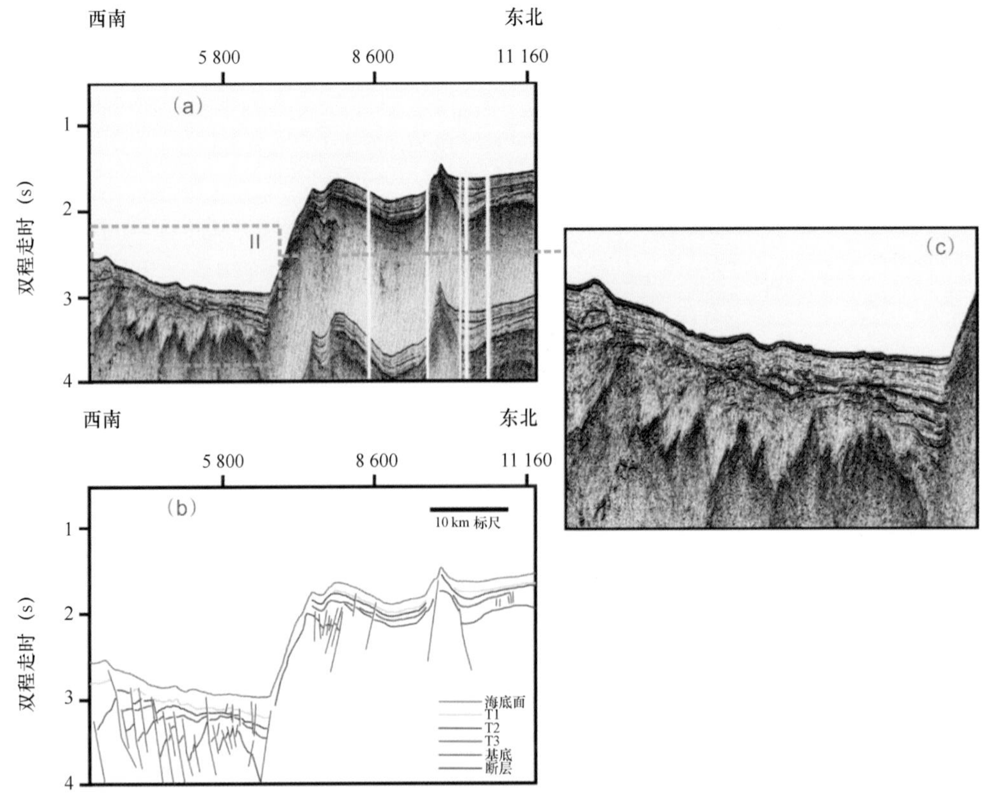

图5-57　北风脊Healy07测线地震资料解释（地震测线位置见图5-54）

（a）原始的地震叠加剖面图；（b）地震资料解释结果；（c）图aⅡ处放大效果图

Healy11是位于北风脊最北端和加拿大海盆衔接处的一条东西向测线（图5-58）。可以看到在北风脊最北端也有较厚沉积，最厚部位双程旅行时有近1 000 ms（按3.1 km/s的速度是1 550 m厚），到了海盆部位，沉积物明显增厚，到剖面最右端达2 000 ms（按3.1 km/s的速度是3 100 m厚）。从构造上来说，北风脊最北端发育有地堑构造，而到了海盆部位则发育半地堑，主控正断层向西倾。李官保等（2014）根据Grantz等（1988，1992，1993）对加拿大海盆地震地层反射特征和时代的判定，认为在加拿大海盆一侧的基底上部存在一套白垩纪地层，该地层同样受到基底断层的影响，但断层切割仅限于古近系和前新生代地层，反映边缘地与加拿大海盆在构造演化上的差异。

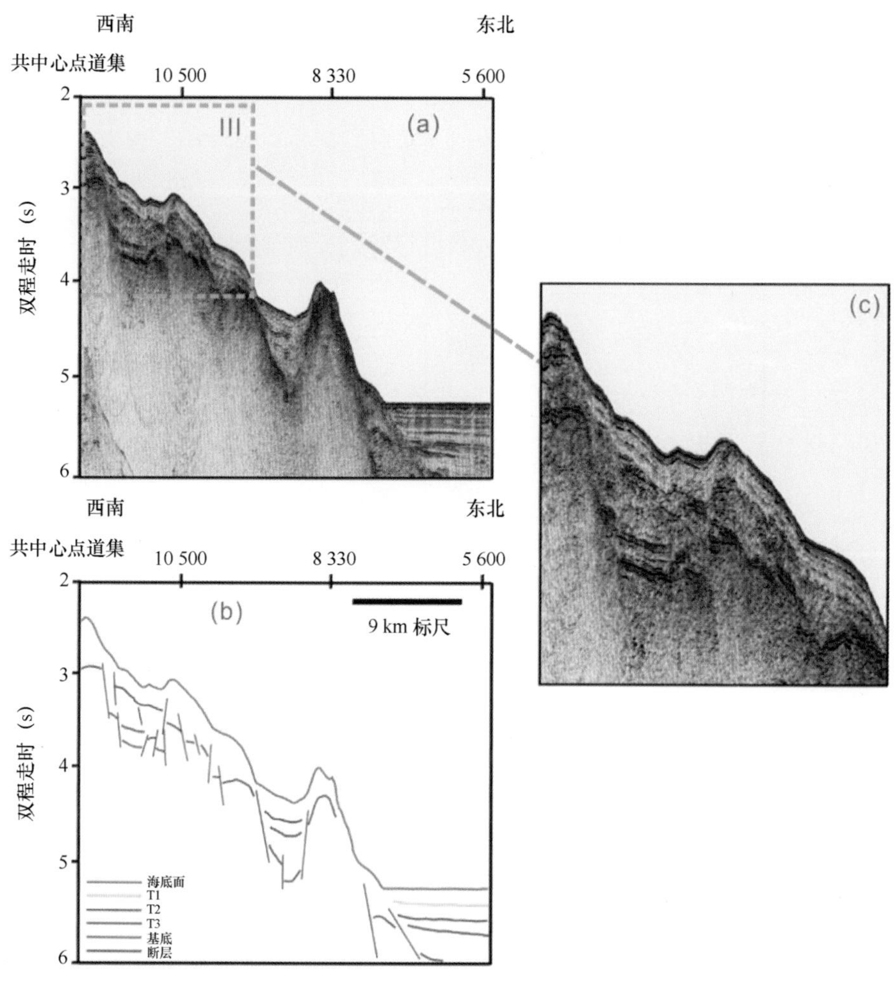

图5-58 北风脊Healy11测线地震资料解释（地震测线位置见图5-54）
（a）原始的地震叠加剖面图；（b）地震资料解释结果；（c）图aIII处放大效果图

测线Healy13标志着从北风脊往北风平原的过渡（图5-59）。CMP（13 800～15 000）是一个海山，最大落差有近2 200 ms（按1.5 km/s的速度是1 650 m），是北风脊的边缘地带。海山往西是一个沉积盆地，盆地基底表现为掀斜断块的特征，由于沉积盆地发育有西倾的大断层，将基底切割成若干断块，基底地形起伏比较大，横向连续性较差。T2和T3之间的沉积层受基底正断层的影响较大，沉积盆地最厚沉积近1 000 ms（按2.5 km/s的速度是1 250 m）。海山往东，CMP（10 300～13 800）区域海底地形变化比较平缓，T1和海底之间的沉积层序层理较为清晰，以近水平状分布。尽管该区域发育有较少的贯穿基底断层，但断距较小，对沉积层的影响较小，活动较弱。

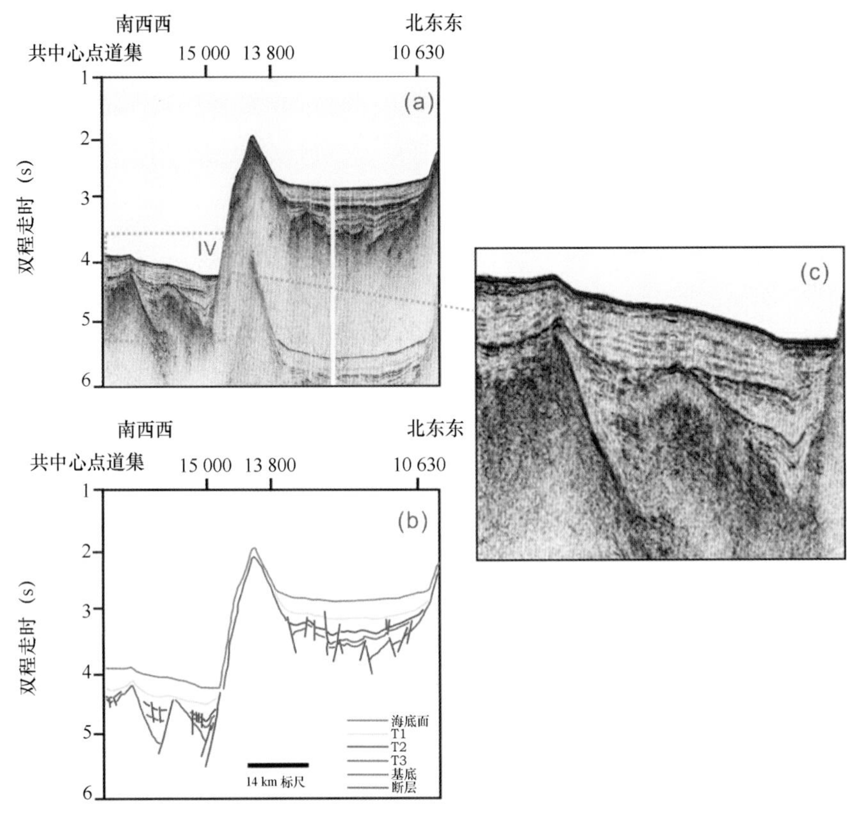

图 5-59　北风脊边缘 Healy13 测线地震资料解释（地震测线位置见图 5-54）

（a）原始的地震叠加剖面图；（b）地震资料解释结果；（c）图 aIV 处放大效果图

②楚科奇海台

楚科奇海台是楚科奇边缘地的一部分，它分为两个单元：南部的楚科奇高地（Chukchi Rise）和北部的楚科奇冠（Chukchi Cap）（图 5-54）。两者均高于其毗邻地区（高达 3 400 m 以上），且边缘地区比较陡峭。在南北方向，楚科奇海台受到较浅的楚科奇海陆架的约束（Jakobsson et al.，2008a）。以下通过地震剖面详细阐释楚科奇海台的地层与构造特征。

测线 Healy14、Healy15、Healy16 和 Healy0517 可以组成一条分为两部分的长剖面。Healy14、Healy15 和 Healy16 这组主要位于楚科奇冠，Healy0517 主要位于楚科奇深海平原，后者可以较好地阐释海台与楚科奇深海平原衔接区域的地层和构造特征。Healy14 从北风平原开始至楚科奇冠东侧边缘结束（图 5-60），在地震剖面 CMP8500-11 250 之间发育有一个地形凹陷，落差近 3 300 ms 左右（按 1.5 km/s 的速度是 2 475 m），凹陷内充填了近 1 000 ms（按 2.2 km/s的速度是 1 100 m 厚）的沉积物。T1 反射界面至海底，为典型的远洋沉积，层内反射与海底近平行分布，横向连续较好。由于 E—W 向拉伸作用，凹陷内的断层比较发育，基底被大量正断层切割，基底地形起伏较大，凹陷形态呈半地堑状构造。

测线 Healy15 和 Healy16 横穿楚科奇冠（图 5-61）。Healy15 和 Healy16 地震剖面显示，楚科奇海台的基底没有太多内部变形，发育有较少的断层，且对沉积层的影响较小，活动较弱，区域沉积层理较为清晰，以近水平状分布。Schön（2004）认为楚科奇海台下部的基底可能由花岗岩或玄武岩组成。2008 年 AWI 航次利用声呐浮标测得海台基底的层速度为 5.2 km/s，

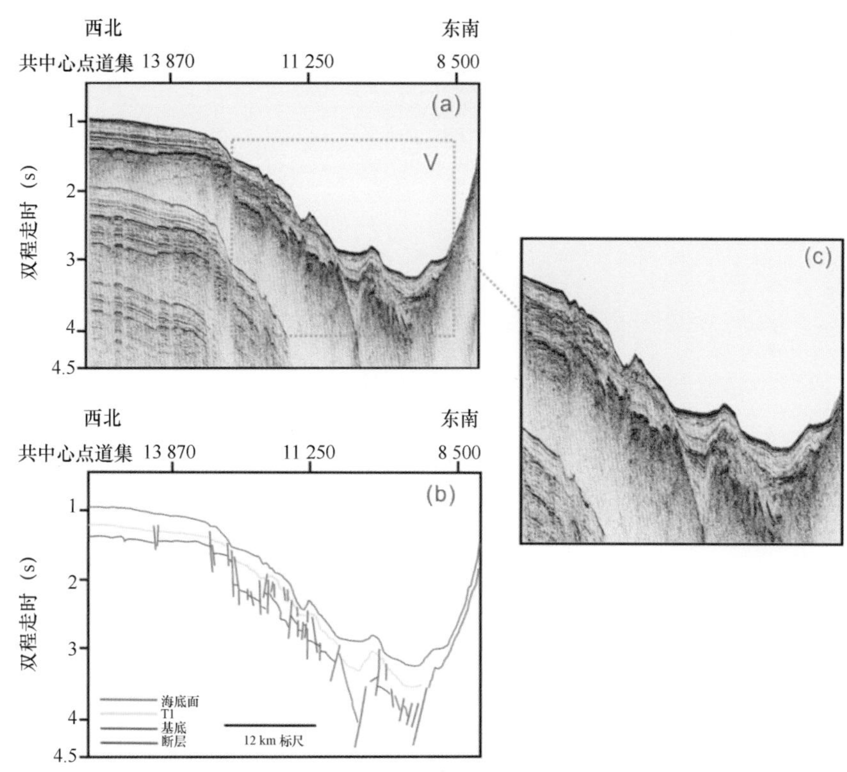

图5－60 楚科奇海台东部边缘 Healy14 测线地震资料解释（地震测线位置见图5－54）

（a）原始的地震叠加剖面图；（b）地震资料解释结果；（c）图 a V 处放大效果图

该值比较符合花岗岩和玄武岩的弹性波速（Hegewald，2013）。Grantz 等（1998）认为楚科奇海台是由洋壳组成，因为受到 E—W 向的拉伸机制而位于当今的位置，整个区域覆盖来自楚科奇海陆架第三纪的沉积物，此外，年轻的断裂显示构造活动至少在上新世之前。Hegewald（2013）通过地震资料解释发现基底埋深较浅处的平均沉积物厚度约为 600 m，声呐浮标测得沉积物的平均速度为 2.3 km/s，此外，楚科奇海台最老地层为中白垩世布鲁克不整合。

Healy0517 从楚科奇冠西部边缘开始至深海缺口结束（图5－62），从海底面形态可以看出明显的坡折带（CMP 7 120 附近），坡折带往西并非过渡到平坦地形，地形依旧有高低起伏。由于 E—W 向的拉伸作用，地堑和半地堑系统在坡折带以西非常发育，这些地堑和半地堑系统为地层沉积提供了可容空间，在 CMP 20 000 附近有较厚的沉积层，最大沉积厚度达 1 300 ms（按 1.95 km/s 的速度是 1 270 m 厚）左右，沉积中心位于主断层下降盘的一侧，厚度由沉积中心向隆起方向减薄，呈典型的楔形半地堑充填样式，沉积层序层理较为清晰，受控于基底断层。楚科奇深海平原东侧至楚科奇冠区域（CMP 5 010 ~ 9 900）的沉积层并没有受到基底断层的影响，CMP 9 900 往西发育一半地堑，其沉积层序较为模糊。

通过对 Healy 航次以及结合 Hegewald（2013）对 AWI 地震资料的解释，认为楚科奇海台由陆壳组成，由于受到 E－W 向的拉伸机制而位于当今的位置，此外 T1 在整个海台都可追踪得到，T1 在海台的某些区域受基底断层的影响较大。

③北风平原

北风平原位于楚科奇海陆架和北风脊之间，水深较深（平均水深在 2 000 m 以上），南段和中段的水深起伏较大且发育许多水下小凸起，北段地形比较复杂，通过一水下深渊与加拿

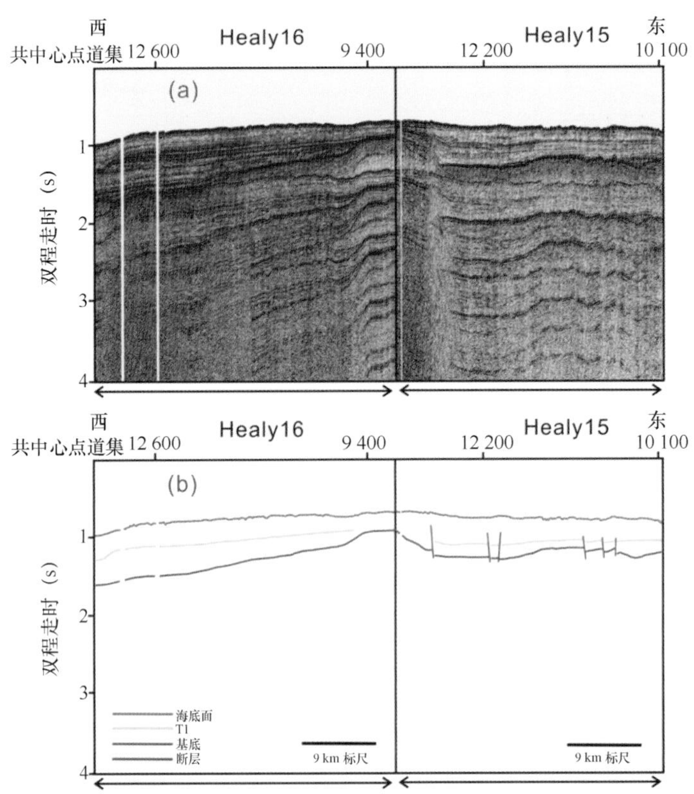

图 5-61　楚科奇海台 Healy15 和 Healy16 测线地震资料解释（地震测线位置见图 5-54）

（a）原始的地震叠加剖面图；（b）地震资料解释结果

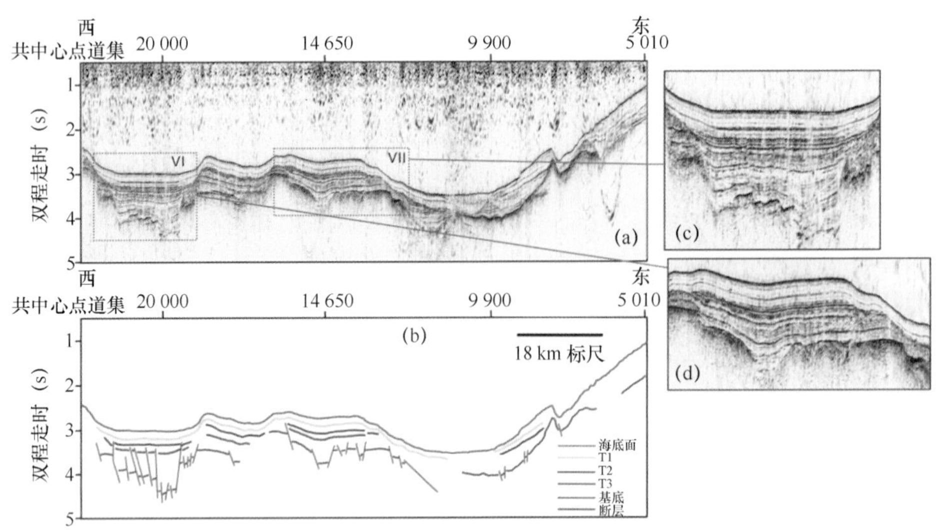

图 5-62　楚科奇深海平原 Healy0517 测线地震资料解释（地震测线位置见图 5-54）

（a）原始地震叠加剖面；（b）地震资料解释结果；（c）图 aⅥ处放大效果图；（d）图 aⅦ处放大效果图

大海盆相连（图 5-56）。通过地震剖面详细阐释北风平原的地层与构造特征。

测线 USGS9209、USGS9210、USGS9211 三条地震剖面位于北风平原中段，通过三条地震剖面（图5-63）可以清晰地看到，USGS9211 的 CMP（1 200 ~ 2 000）是一水下高地，走时近2 000 ms（按2.1 km/s 的速度是2 100m），USGS9210 的 CMP（100 ~ 500）是一海山，走时近1 500 ms（按2.1 km/s 的速度是1 575 m），高地和海山之间是一凹陷，凹陷内部发育多个近似平行的小凸起，海山往东是一沉积盆地，最厚沉积近1 700 ms（按2.3 km/s 的速度是1 955 m 厚）。由于 E—W 向的拉伸作用，北风平原发育许多基底断层，部分断层贯穿 T1，表明拉伸作用至少持续至中新世。北风平原的沉积层序层理较为清晰，以近水平状分布。

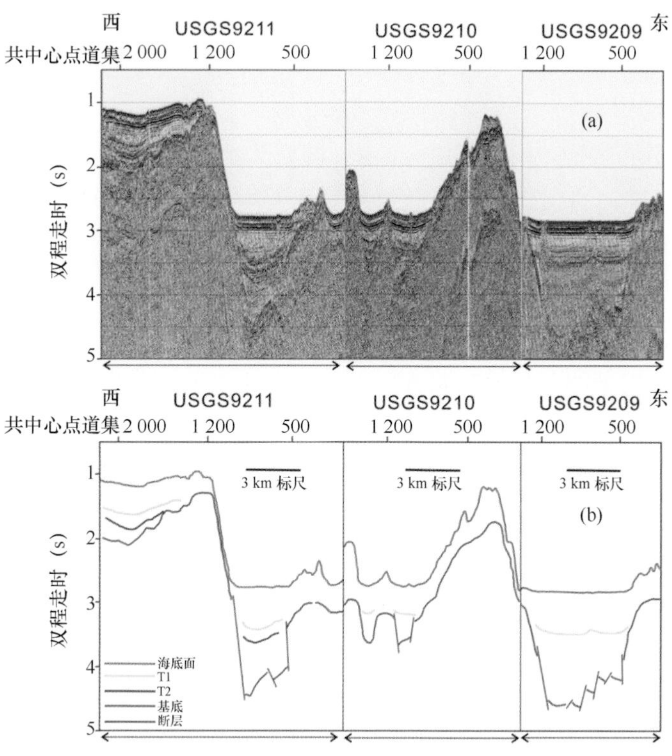

图5-63 北风平原 USGS9209、USGS9210 和 USGS9211 测线地震资料解释

（地震测线位置见图5-54）（a）原始的地震叠加剖面图；（b）地震资料解释结果

由于楚科奇边缘地缺少钻井资料，因此很难直接确定边缘地地层的年代。Hegewald（2013）根据阿拉斯加西北部陆架的5口钻井资料（Sherwod et al.，2002）、过钻井地震剖面和2008年 AWI 的地震资料推断，在楚科奇海台的西南部发育有古近纪（距今约65 Ma）以来的沉积地层，南端靠近楚科奇海陆架沉积盆地可能发育有白垩纪（距今约135 ~ 140 Ma）的沉积地层。其中古近系受基底断层活动的控制较明显且与新近系之间存在类似于 T1 和 T2 之间清晰的不整合面，而新近系的中新统与上覆上新统和第四系存在沉积相的显著变化（李官保等，2014），据此推断，楚科奇边缘地的沉积地层主要形成于新生代。Hegewald（2013）结合 AWI 地震资料和前人的研究，认为楚科奇边缘地在第三纪时期沉积物的来源方向为 SSE—NNW，沉积物来源于阿拉斯加西北部和西伯利亚腹地的东北部；楚科奇区域以及毗邻地区的基底埋深为100 m ~ 18 km，楚科奇边缘地基底埋深小于4 km，楚科奇海台基底的平均深度为2 km，所覆盖的沉积物厚度为1 km，楚科奇深海平原基底的平均深度为8 km，所覆盖的沉积物厚度为4 ~ 5 km。Grantz 等（1998）认为边缘地陆性基底的地质时代约为显生宙，

最老地层来自北风脊，年代约为早侏罗世；Hegewald（2013）认为边缘地的陆壳厚度约为20～25 km，然而海台和北风脊之间的地堑系统，其陆壳的平均厚度为18 km，地堑系统陆壳减薄可能是由于E—W向的拉伸机制造成的。此外，通过对Healy航次地震剖面的解释和参考Hegewald（2013）对AWI多道地震剖面解释的结果，大致得出了楚科奇边缘地以及楚科奇深海平原的断层分布，这些断层多为张性正断层，断层的活动年代主要在新近纪之前，其断层走向多为NNE和近N—S向，基底受断层的影响较大，多呈地堑、半地堑和地垒结构形态。边缘地断层活动一般为北强南弱、东强西弱的趋势，表明边缘地的内部构造活动具有不稳定性。此外，与加拿大海盆的厚层沉积相比（Grantz et al.，2011；Jackson et al.，1990；Drachev et al.，2010），楚科奇边缘地的沉积厚度是减薄的，其中隆起处大约为1 km，凹陷处大约为2～3 km。

（3）断层平面分布特征

断层构造是塑造楚科奇边缘地地形地貌的主要因素，断块上升成为水下隆起和台地，凹陷处虽有沉积物充填，但仍表现出明显的负地形。依据地震、重力、磁力等地球物理资料并结合前人的研究成果，重新划定了边缘地的断层分布。边缘地的断层多以NNE或近N—S向分布，基底受断层的影响较大，呈地堑—半地堑的形态。这些断层多为张性正断层，断层切割了基底岩石和沉积层下部，与沉积充填过程伴生。边缘地北部断层的活动强于南部，东部强于西部，由此可见边缘地内部构造活动具有不均一性（图5－64）。

4）楚科奇边缘地浅部地层结构

第六次北极科学考察在楚科奇边缘地进行了两条地震剖面探测，均为东西向，一条是位于楚科奇边缘地东部的北风脊之上的arc6－Line2－1，另外一条是横穿北风深海平原的arc6－Line2－2（图5－54）。本书以arc6－Line2－2为例，进行地层和构造解释，探讨楚科奇边缘地浅部地层结构和年代。

arc6－Line2－2地震测线横穿北风深海平原的南部，剖面上显示“三隆两凹”的特点（图5－65）。剖面最西端为楚科奇高地的斜坡处；中间是一大一小两个海山（大的海山顶部走时约为1.9 s）；东端为北风海脊的斜坡，存在很多隆起，最高处走时也在1.9 s左右。北风深海平原的凹陷区域的海底走时在2.9～3.1 s。

根据波组特征，区域上除了可以追踪海底（Sf）反射之外，其下可追踪出2个明显的地震反射界面（R1、R2）。为了更好地说明各个构造部位的特征，我们把arc6－line2－2分为4段进行放大展示。

在3个凹陷（从西往东依次称为D1、D2、D3）均有这几个反射层，基本可以对比。Sf和R1之间的地层单元称为U1，R1和R2之间的地层单元称为U2，R3之下地层称为U3。

arc6－Line2－2地震剖面第一段的U1在西侧为空白反射，往东是近水平的反射层组，两者自然过渡，地层厚度往东略有减小。空白反射的范围在下部更靠西一点（图5－66）。基于上述特征，我们推测空白反射可能是等深流沉积。流应该是南北向，平行于等深线，范围受限于斜坡处。在U1沉积的时代里，随着时间的推移，等深流的作用范围变大。地层向东减薄暗示沉积物来源主要是西侧的楚科奇高地。剖面最西端靠近sf的地方出现透镜状堆积。U2基本由等厚的近平行的层组组成。

arc6－Line2－2地震剖面第二段的U1振幅都较强，厚度往西减薄，可能表明CDP11760附近的高海山也提供了物源。D3中U1西薄东厚，反映出物源来自东部的北风脊。

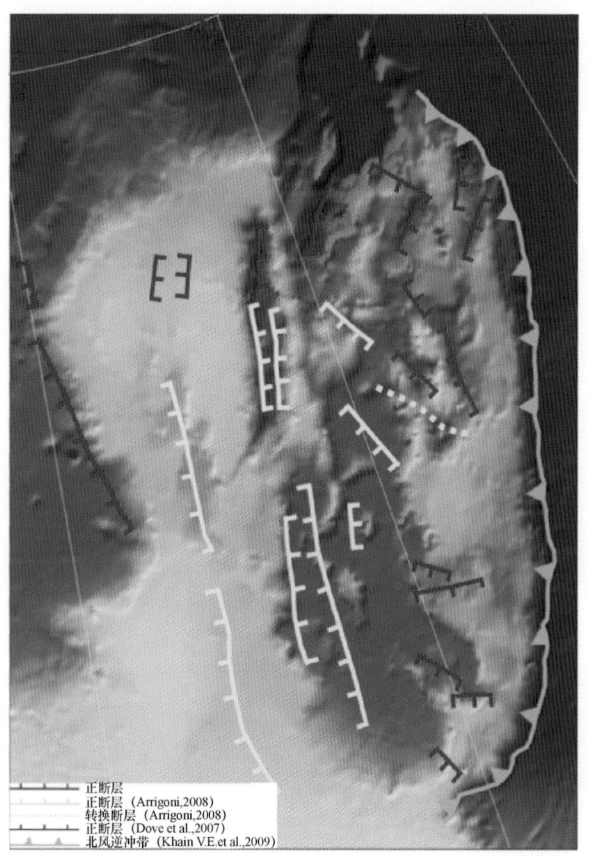

图 5－64　楚科奇边缘地的断层分布

（Arrigoni，2008；Dove et al.，2007；Khain V E et al.，2009）

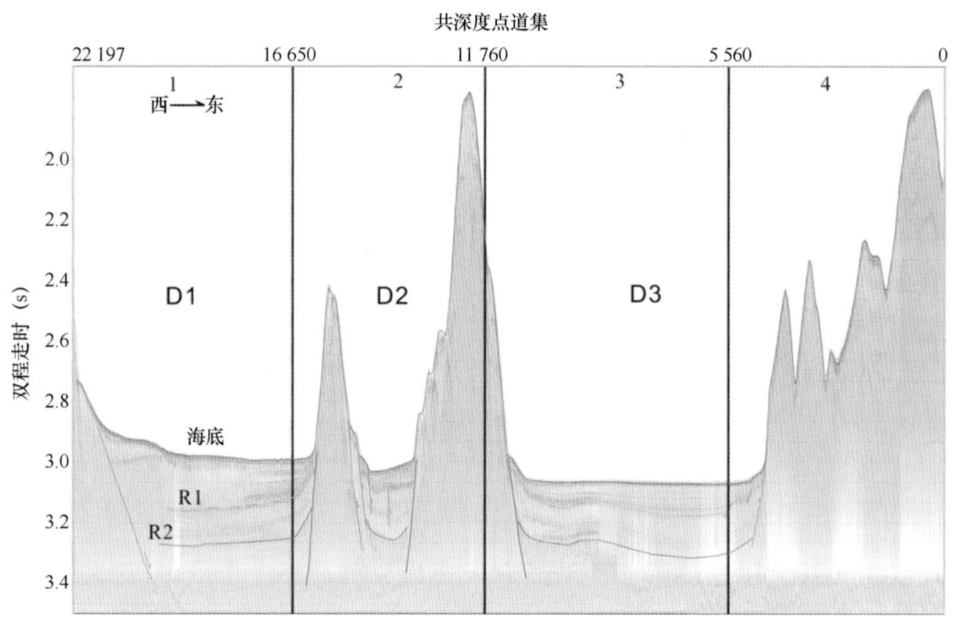

图 5－65　arc6－line2－2 地震剖面和地质解释

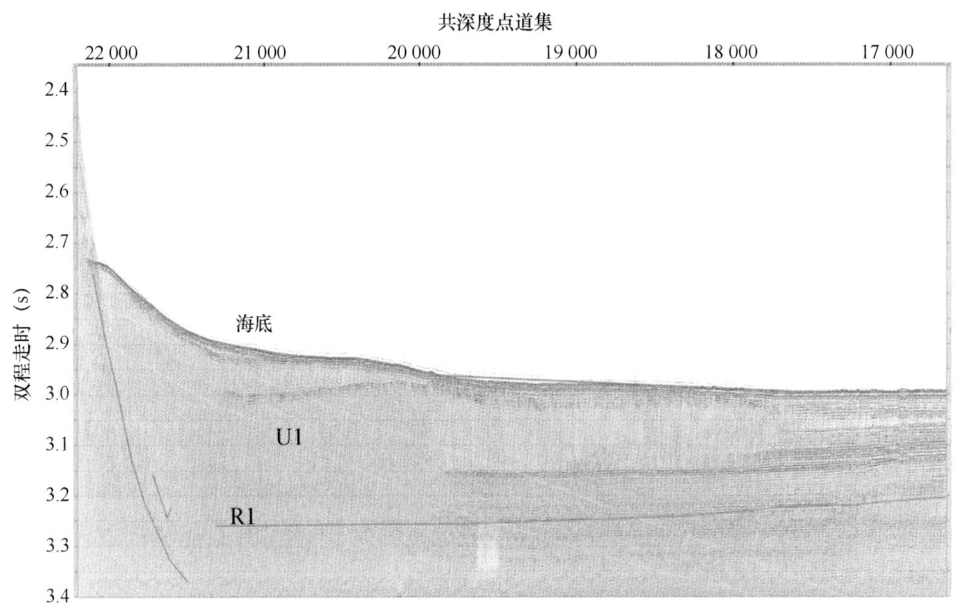

图 5－66　arc6－line2－2 测线第一段的结构

arc6－Line2－2 地震剖面第四段的隆起区的地层和凹陷区很难对比。但可以看到上面有许多沉积，断层也有发育（图 5－67）。

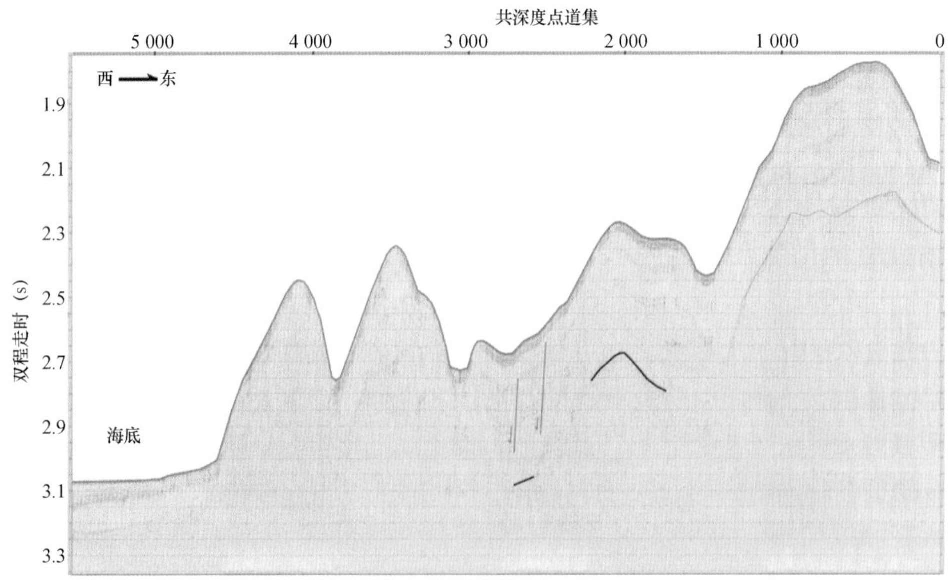

图 5－67　arc6－line2－2 测线第四段的结构

D2 西侧边界的 U1 强反射明显有一错断，解释为正断层，该断层作用的时间为现代（错断海底面），反映出北风深海平原的新构造活动，表明整个楚科奇边缘地现在的拉伸活动中心应该在北风深海平原。

5.2.6 美亚海盆的扩张历史

1）美亚海盆扩张历史的假说

美亚海盆的构造模式可以分为大陆地壳洋壳化、古洋壳的捕获和海底扩张形成的三大类（Lawver and Scotese，1990）。目前，主流的观点均认可海底扩张模式，但是对具体扩张方式却存在多种解释。Lawver 和 Scotese（1990）系统总结出逆时针旋转、阿尔法—门捷列夫脊扩张中心、北极阿拉斯加走滑和育空（Yukon）走滑模型 4 种海底扩张模式，加上 Kuzmichev 在 2009 年提出的平行四边形模型，目前共有 5 种具体扩张模式（图 5－68）。

从图 5－68 中可以看出，美亚海盆主要被加拿大北极群岛、阿拉斯加北坡、西伯利亚和罗蒙诺索夫脊（或阿尔法—门捷列夫脊）4 个大陆边缘包围。在各种海底扩张模式中，一个重要的区分就是以上 4 个区域的大陆边缘性质（被动大陆边缘 P，走滑大陆边缘 F）和相互之间的共轭关系。

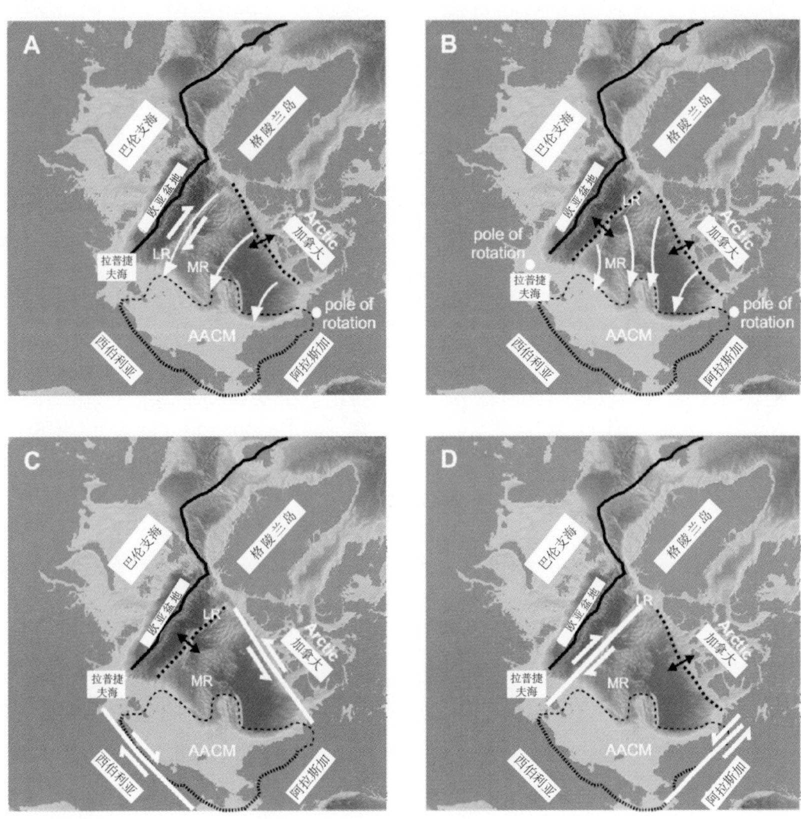

图 5－68 美亚海盆形成模式

（a）逆时针旋转模式；（b）阿尔法—门捷列夫脊扩张中心；
（c）育空（Yukon）走滑模式；（d）北极阿拉斯加走滑模式

（1）逆时针旋转模式（PPPF）

逆时针旋转模型是目前最为被广泛接受的模型。加拿大海盆逆时针旋转成因最早由 Carey（1995）提出，并由 Hamilton（1968）、Grantz（1966）等进行了详细解释，如图 5－68a 所示。这种模式认为，在晚侏罗—早白垩世期间，阿拉斯加—西伯利亚—楚科奇边缘地等以加拿大马肯兹三角洲为旋转极，从加拿大北极群岛逆时针旋转 66°而形成了美亚海盆（Grantz et al.，1979；Laxon and McAdoo，1994）。这种模式最主要的依据是阿拉斯加和加拿大北极群岛之间泥盆—石炭纪一致的地层层序以及这两个区域中生代盆地中心在旋转拼接后的吻合程度（Embry，1990；2000）。Grantz 等（1998）也在楚科奇边缘地区域发现了和加拿大北极盆地相近的地层和岩石。在阿拉斯加 Kuparuk 区域的古地磁测量也表明，阿拉斯加曾经发生过 65°~70°的旋转（Halgedahl and Jarrard，1987）。根据陆地地层和断裂带等证据的综合考虑，Grantz 等（2011）分别提出了两期扩张的海盆形成模式，属于对旋转模式的改进。

由于陆地证据的限制，人们也试图使用海盆里面的地球物理数据研究美亚海盆的形成历史。受到海冰覆盖等调查条件的制约，海盆内的地球物理数据大多来自航空测量。考虑到美亚海盆较深的水深（近 4 km）和较厚的沉积物厚度（超过 4 km），航空磁力离场源较远。由于磁力信号强度随场源的距离的增加呈指数衰减，航空磁力数据分辨率较低，其提供的仅是非常试探性的解释（Taylor et al.，1981）。Taylor 等（1981）认为残留的洋中脊在 145°W 左右，海盆形成年代为 153~127 Ma。Brozena 等（2003）重新在美亚海盆进行了航空磁力测量并结合重力测量数据认为美亚海盆是通过旋转模式形成，期间经过了多期的扩张。由于其使用的数据仍然需要延拓到海面以上数千米（Maus et al.，2009），因此在识别磁条带时仍然存在巨大困难。卫星重力数据识别的重力低值带可能指示了残留的洋中脊（Laxon and McAdoo，1994），但是由于海冰的干扰，卫星反演的重力数据在极区精度较差。热流数据反映了岩石圈形成后的冷却时间，但是美亚海盆内的热流测量数据极为稀少。全球热流数据库中（http：//www.heatflow.und.edu），美亚海盆的主体加拿大海盆和关键的楚科奇海台区域甚至没有任何一个热流站点。

（2）阿尔法—门捷列夫脊扩张中心（FPFP）

类似逆时针旋转模式，此模式中阿拉斯加北坡也是被动大陆边缘，但是其扩张中心为阿尔法—门捷列夫脊，共轭大陆边缘为罗蒙诺索夫脊（Johnson and Heezen，1967），加拿大北极群岛为左旋的转换断层，如图 5-68b 所示。Christie（1979）最早用这个模式来解释美亚海盆的形成。根据 Franklinia 造山带的研究，Christie（1979）认为古生代—中生代早期，加拿大盆地开始了平行于罗蒙诺索夫脊或阿尔法脊的张裂。Crane（1987）也提出了相近的解释，她认为加拿大海盆的扩张开始于 150 Ma 并在 80 Ma 时停止。

（3）育空（Yukon）走滑模型

此模式是由 Jones（1980，1982，1983）根据在马肯兹岛的石油钻井提出的混合模式，它包括了古生代古洋壳的俘获、沿阿拉斯加的走滑和以阿尔法脊为扩张中心的海底扩张，如图 5-68c 所示。他假定加拿大海盆的年龄为古生代，曾经与加拿大北极群岛一起是北美板块的一部分。

（4）北极阿拉斯加走滑（PFPF）

此模式与阿尔法—门捷列夫脊扩张中心模式恰好相反。两个模式的走滑和被动大陆边缘相互转换。加拿大北极群岛和西伯利亚为被动大陆边缘，而罗蒙诺索夫脊和阿拉斯加为走滑大陆边缘，如图 5-68d 所示。在这个模式中，东北西伯利亚沿平行于阿拉斯加的转换断层从加拿大北极群岛张裂形成（Vogt et al.，1982）。阿拉斯加与北美克拉通之间一直保持相对的一致。此模式与加拿大海盆里面的航空磁力测量的结果和折射地震结果较为相符（Vogt et al.，1982；Mair and Lyons，1981）。Rowley 等（1985）更进一步地认为加拿大海盆实际上是阿尔法—门捷列夫脊下俯冲导致的弧后扩张。

（5）平行四边形模式

由于美亚海盆中加拿大海盆与马克洛夫－Podvodnikov 海盆长轴近于垂直，因此通常所推测的扩张轴也是垂直的，这从动力机制上难以找到合理的解释。Kuzmichev（2009）注意到美亚海盆与日本海不仅规模相当，而且两个盆地具有相似的构造：洋壳中嵌有伸展大陆脊，因此可能有相似的起源，即美亚海盆可能为弧后盆地。因此认为在侏罗纪—白垩纪之交，随大陆地体和岛弧地体与美亚大陆边缘的碰撞而打开。美亚海盆可看作大陆边缘裂离形成的普通弧后盆地，但裂谷式打开形式无法解释其三角状的外形特征。

早白垩纪，新西伯利亚—楚科奇地体与西伯利亚台地相连接。在其南部泰梅尔地区，可认为美亚海盆的新西伯利亚一角是旋转打开的。新西伯利亚—楚科奇陆块裂离罗蒙诺索夫脊边缘并发生顺时针旋转。旋转极位于现今拉普捷夫海，邻近马克洛夫海盆。美亚海盆相对旋转式裂谷作用形成2个对角，因此，盆地的打开符合两极旋转模式。两极旋转模式的主要矛盾是罗蒙诺索夫海岭与加拿大裂谷边缘相当尖的锐角。两极旋转模式的另一个矛盾是平直而狭窄的马克洛夫盆地，形状与加拿大海盆明显不同，更像是裂谷作用而不是旋转的结果。为解决这两个难题，Kuzmichev（2009）大胆提出了平行四边形模式（图5－69），认为北美大陆顺时针旋转，而欧亚大陆逆时针旋转，导致其间的加拿大海盆和马克洛夫海盆旋转打开。这个模式似乎提供了比较符合该区地理特征的构造解释，但其地球动力系统复杂，尚需地质地球物理资料的进一步验证。

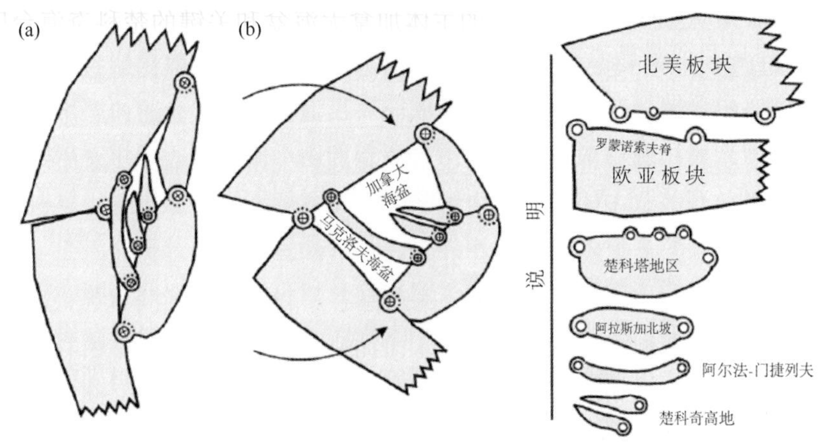

图5－69　美亚海盆打开的平行四边形模式（据 Kuzmichev，2009）

（a）晚侏罗世；（b）现今；图b中楚科奇和北阿拉斯加有适度的压缩，其他地体形状不变

（6）非扩张模式

美亚海盆张开的多种构造模式，都要求洋盆以旋转张开（Lawver et al.，1990；Grantz et al.，1998；Lawver et al.，2002）。根据新编的北极磁异常图，Saltus 等（2012）认为加拿大海盆不存在磁异常条带并将美亚海盆的磁异常与北极及全球（Korhonen et al.，2007）已知的洋壳进行对比，发现美亚海盆深水区不具洋壳特征，不能提供存在洋壳的确切证据。

Saltus 等（2012）认为斐济海盆和墨西哥湾磁异常特征与加拿大海盆类似。斐济海盆外形呈三角形，被认为是澳大利亚板块与太平洋板块会聚过程间歇性扩张的结果。该区复杂的磁异常模式（Quesnel et al.，2009），被解释为自12Ma以来，洋壳三联点连续扩张的结果（Garel et al.，2003）。墨西哥湾被认为是陆壳超级拉伸，导致地幔剥露的结果（Harry，

2008；Lawver et al.，2008），可能还包含热点的干扰（Bird et al.，2005）。墨西哥湾的磁异常特征（NAMAG，2002）为中等振幅，准线性异常。由于加拿大海盆磁异常特征不清晰。Saltus 等（2012）认为磁异常可以反映地壳类型。美亚海盆可能不是传统的洋壳，而是高度且扩散性拉伸的结果，或属于各种过渡性地壳的混合。

美亚海盆的拉伸减薄可能与阿尔法—门捷列夫脊大火成岩省的形成演化有关。如果阿尔法—门捷列夫大火成岩省与岩石圈地幔柱的热扩散有关（Parsons et al.，1994；Saltus et al.，1995；Sleep et al.，2002；Tappe et al.，2007），那么岩石圈可能大范围被加热、弱化，形成扩散性的侵入和拉伸。原始陆壳可能出现扩散或分布式的拉伸，而不是像旋转张开模式（Grantz et al.，1998；Lawver et al.，2002）那样，要求沿单一的构造边界（推测在阿尔法脊或罗蒙诺索夫脊附近）形成大规模剪切。

2）美亚海盆的磁条带追踪

（1）数据来源与方法

近海底磁力数据使用第六次北极科学考察测量数据。采集时受到海冰等影响，船的轨迹并非直线。为了方便进行磁条带的对比，我们将所有数据投影到相应直线上。每条直线根据测线上所有航迹点进行最小二乘拟合得到，如图 5－70 所示。实际航迹和异常数据相应正交投影到此直线上。

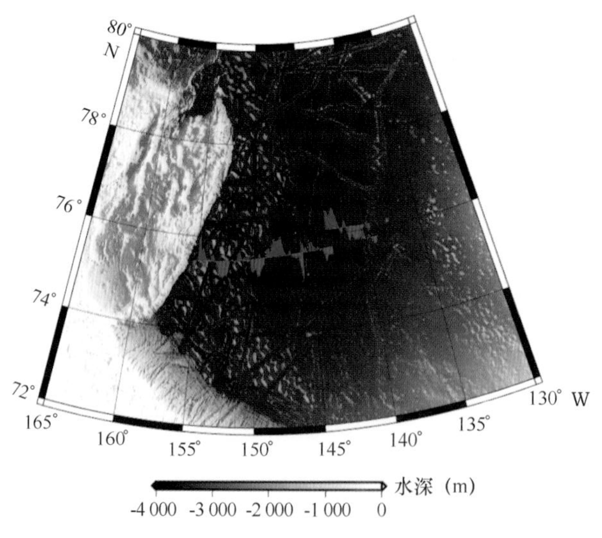

图 5－70 测线位置及剖面

我们使用 Modmag 软件正演磁异常，使用的地磁年代周期表为广泛应用的 Gee 和 Kent（2007）模型（表 5－3）。假设磁性体厚度为均一的 500 m。考虑到海盆形成年代较久，磁化强度设为 7 A/m，磁偏角和磁倾角使用测量时扩张中心的值（分别为 23.9°和 85.2°）。板块运动方向（扩张方向）依据逆时针旋转模型，洋中脊位置根据重力数据的低值带来确定（约为 142.3°W），如图 5－71 所示。加拿大海盆的重力异常有两个主要特征：一是空间重力异常（FAA）显示 142.3°W 附近有一个超过 20 mGal 的低值带，与推断的洋中脊位置较为接近。低值带的宽度约为 25 km，为慢速—超慢速扩张洋中脊的典型中央裂谷宽度。二是整体的 FAA 从 142.3°W 向西逐步增大。考虑到沉积物覆盖后的海底地形较为平坦，推断为从 142°W 向西岩石圈年龄不断变老、变冷导致的密度增大的结果。因此我们将 142.3°W 视为残留的古洋中脊。

表 5-3 磁条带追踪使用的地磁极性反转模型

起始时间（Ma）	结束时间（Ma）	正异常编号	起始时间（Ma）	结束时间（Ma）	负异常编号
83	120.6	C34n	120.6	121	CM0r
121	123.19	CM1n	123.19	123.55	CM1r
123.55	124.05	CM2n	124.05	125.67	CM3r
125.67	126.57	CM4n	126.57	126.91	CM5r
126.91	127.11	CM6n	127.11	127.23	CM6r
127.23	127.49	CM7n	127.49	127.79	CM7r
127.79	128.07	CM8n	128.07	128.34	CM8r
128.34	128.62	CM9n	128.62	128.93	CM9r
128.93	129.25	CM10n	129.25	129.63	CM10r
129.63	129.91	CM10Nn.1n	129.91	129.95	CM10Nn.1r
129.95	130.22	CM10Nn.2n	130.22	130.24	CM10Nn.2r
130.24	130.49	CM10Nn.3n	130.49	130.84	CM10Nr
130.84	131.5	CM11n	131.5	131.71	CM11r.1r
131.71	131.73	CM11r.1n	131.73	131.91	CM11r.2r
131.91	132.35	CM11An.1n	132.35	132.4	CM11An.1r
132.4	132.47	CM11An.2n	132.47	132.55	CM11Ar
132.55	132.76	CM12n	132.76	133.51	CM12r.1r
133.51	133.58	CM12r.1n	133.58	133.73	CM12r.2r
133.73	133.99	CM12An	133.99	134.08	CM12Ar
134.08	134.27	CM13n	134.27	134.53	CM13r
134.53	134.81	CM14n	134.81	135.57	CM14r
135.57	135.96	CM15n	135.96	136.49	CM15r
136.49	137.85	CM16n	137.85	138.5	CM16r
138.5	138.89	CM17n	138.89	140.51	CM17r
140.51	141.22	CM18n	141.22	141.63	CM18r
141.63	141.78	CM19n.1n	141.78	141.88	CM19n.1r
141.88	143.07	CM19n	143.07	143.36	CM19r
143.36	143.77	CM20n.1n	143.77	143.84	CM20n.1r
143.84	144.7	CM20n.2n	144.7	145.52	CM20r
145.52	146.56	CM21n	146.56	147.06	CM21r
147.06	148.57	CM22n.1n	148.57	148.62	CM22n.1r
148.62	148.67	CM22n.2n	148.67	148.72	CM22n.2r
148.72	148.79	CM22n.3n	148.79	149.49	CM22r
149.49	149.72	CM22An	149.72	150.04	CM22Ar
150.04	150.69	CM23n.1n	150.69	150.91	CM23n.1r
150.91	150.93	CM23n.2n	150.93	151.4	CM23r

（2）磁条带的追踪

经过反复的试验，我们得到的最优扩张时间为 145 ~ 123 Ma，扩张速率在扩张之初为

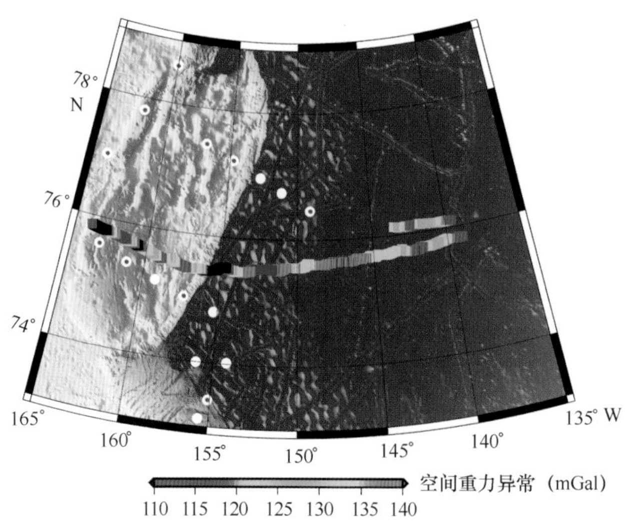

图 5－71　测区的空间重力异常

40 mm/a，在 130 Ma 后，扩张速率降到 30 mm/a，残留中脊两侧扩张速率一致，为对称扩张，如图 5－72 所示。

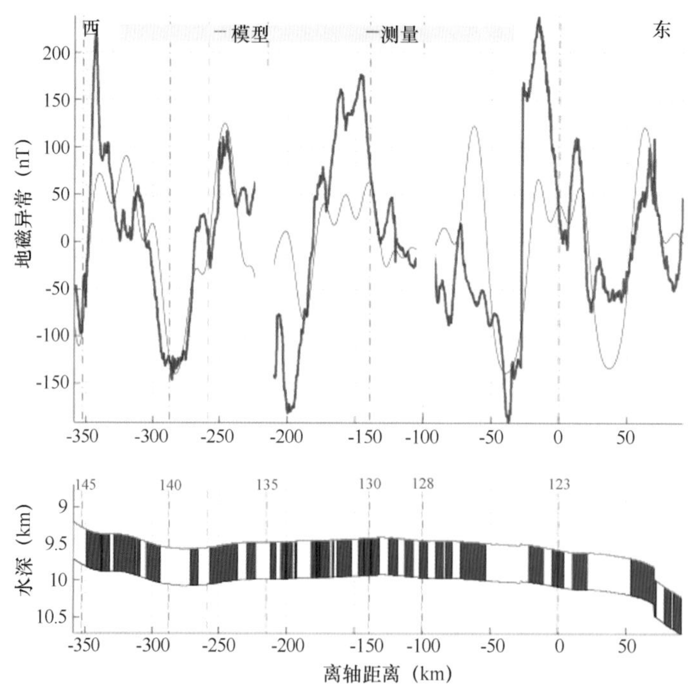

图 5－72　美亚海盆最优的磁条带追踪结果

沿整条剖面，观测异常存在 4 个大于 50 km 的正异常，分别位于 －350 ~ －280 km（负号表明位于残留洋中脊西侧）、－280 ~ －200 km、－200 ~ －30 km 和 －30 ~ 70 km 处，我们这里将它们命名为 I 区、II 区、III 区、IV 区。观测值和拟合值在这 4 个区域均较为一致。其中 I 区的正异常主要由 CM18n 至 CM20n. 2n 一系列的正极性的地磁期组成，其中宽阔的 CM19n 和 CM20n. 2n 组成了 I 区的双峰，如表 5－3 所示。I 区和 II 区的分界线为超过 2 Ma 的负极性期CM17r。II区的主峰主要反映了CM16n的作用，而其两侧对称的伴生次峰分别是持续时间为0.5 Ma的CM17n和CM15n。II区和III区的分界线主要受到CM12r到CM15r一系列负极性期的作用，当中的隆起部分是较短的正极性期的反映。III区内的正负交叠较多，整体上偏正，因此造成了众多的叠加在正异常上的低幅值、短波长变化。IV区是残留洋中脊，其两侧为持续时间超过2.5 Ma的宽广CM3r，期间有三个正异常值，与两侧负极性期间的幅值差别超过300 nT。

整体上看，拟合值在变化幅值上小于观测值，可能与我们取得沉积物厚度过厚有关。根据Laske和Masters（1997）的数据，测线上的沉积物在6 km左右，加上3 800 m左右的水深，其观测面（2 200～3 300 m）离场源超过了7 km。根据地震剖面，Grantz（1999）认为加拿大海盆的沉积物厚度应该在4.5 km左右，薄于我们使用的Laske和Masters（1997）模型。

（3）与历史资料的对比

Taylor等（1981）曾经利用航空磁力的数据追踪了加拿大海盆的磁条带，提出扩张轴在145°W附近，扩张速率约为32 mm/a，扩张年龄为132～150 Ma，如图5－73所示。

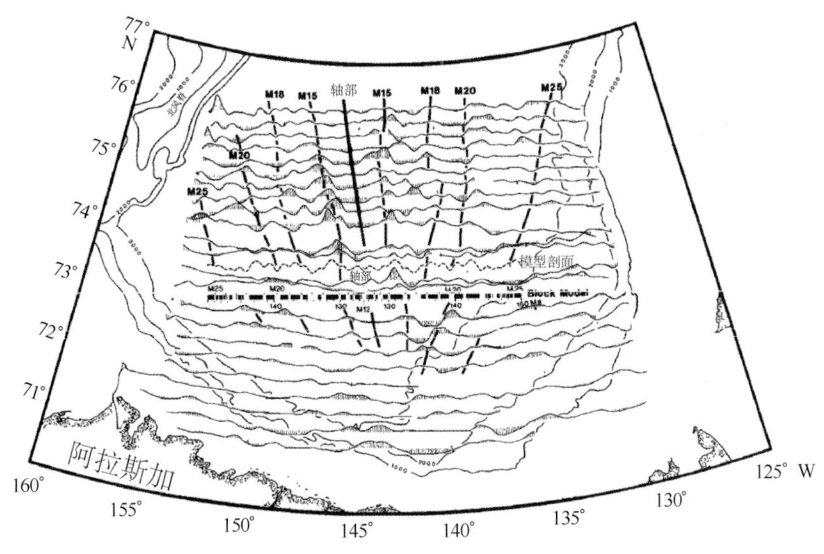

图5－73 Taylor等（1981）追踪的磁条带及测线位置

为了与Taylor等（1981）的模型进行比较，我们利用Taylor等模型追踪了近海底磁力数据（图5－74），使用本节的模型追踪了Taylor等测量的航空磁力数据（图5－75）并与Taylor等的模型结果进行了比较（图5－76）。两个模型最大的区别在于本节模型对观测值的最强正异常拟合得更好。在我们的模型中，最强正异常出现在残留洋中脊处（CM1n），而在Taylor等的模型中，最强正异常出现在洋中脊的东侧并且观测值和拟合值在形态上并不相符。在最强正异常西侧的两个主要正异常上，我们的模型在幅值和形态上都更加对应。

3）美亚海盆的岩石圈热结构

利用在加拿大海盆和楚科奇边缘地采集的丰富热流资料，我们反演了热流站点的岩石圈热厚度。

（1）模型的建立与参数

本节采用考虑实际地层模型和生热率的热传导方程来计算反演岩石圈热厚度。模型分为

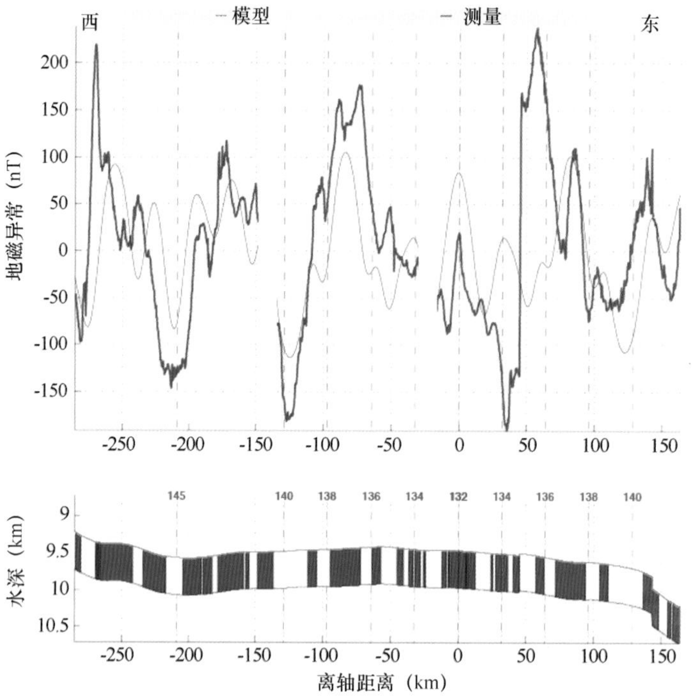

图 5－74　Taylor 等（1981）模型追踪的近海底磁力数据

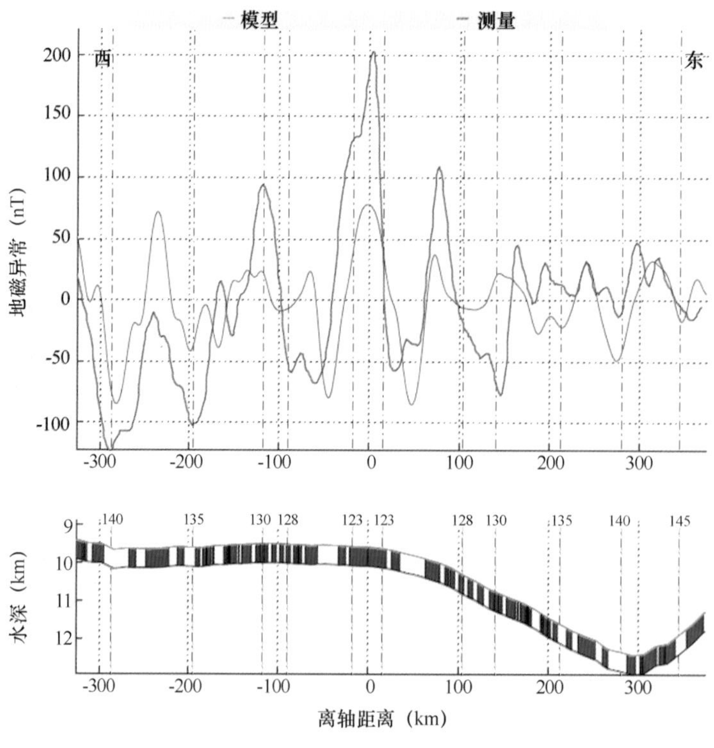

图 5－75　本节模型追踪的航空磁力数据

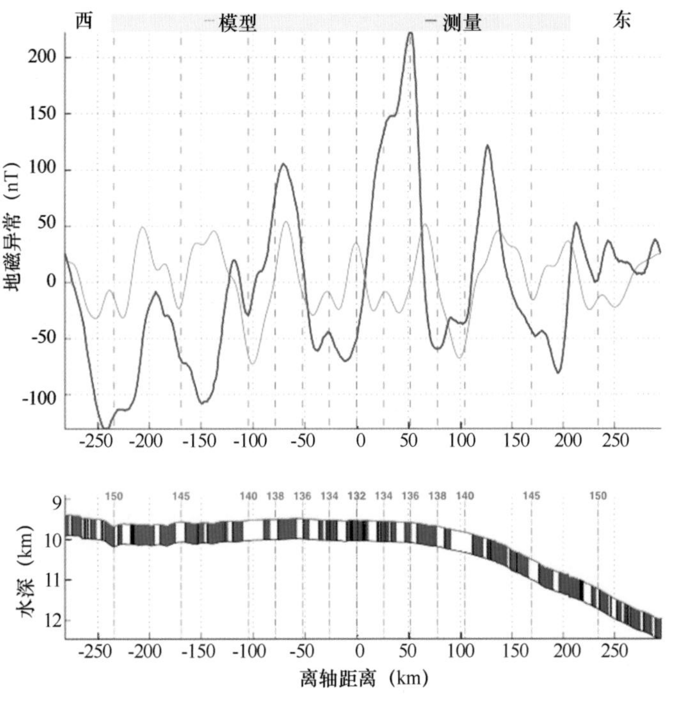

图5－76 Taylor（1981）等模型追踪的航空磁力数据

沉积物层、地壳、岩石圈地幔和软流圈。沉积物和地壳厚度均来源于 Laske 和 Masters（1997）数据，岩石圈底界面的温度取1 350℃，模型顶界面取海水温度（2℃）。生热率和传导系数等参数参见表5－4。热在固体中的传导使用式（5－14）计算：

$$\rho C_p \frac{\partial T}{\partial t} - \nabla \cdot (k \nabla T) = Q \qquad (5-12)$$

其中：C_p 为比热；k 为热膨胀系数。

表5－4 模型中使用的物性参数

	热导率 W/mK	比热容 J/（kg·K）	密度 kg/m^3
沉积物层	1.8	850	1 950
地壳	2.6	850	2 700
地幔	2.3	1150	3 300

（2）岩石圈热厚度

根据测量热流值，反复调节岩石圈热厚度，使得输出热流值与观测值相符，如图5－77所示。反演得到的岩石圈厚度如图5－78所示。

4）讨论

（1）楚科奇边缘地的来源

楚科奇边缘地被认为是了解美亚海盆起源的关键区域。与阿拉斯加、西伯利亚和加拿大北极群岛不同，它是残留在海盆内的大陆岩石圈。楚科奇边缘地宽度超过400 km，长度超过700 km。由于其面积较大并且孤立地存在，所有关于美亚海盆扩张的假说均需要能够解释其

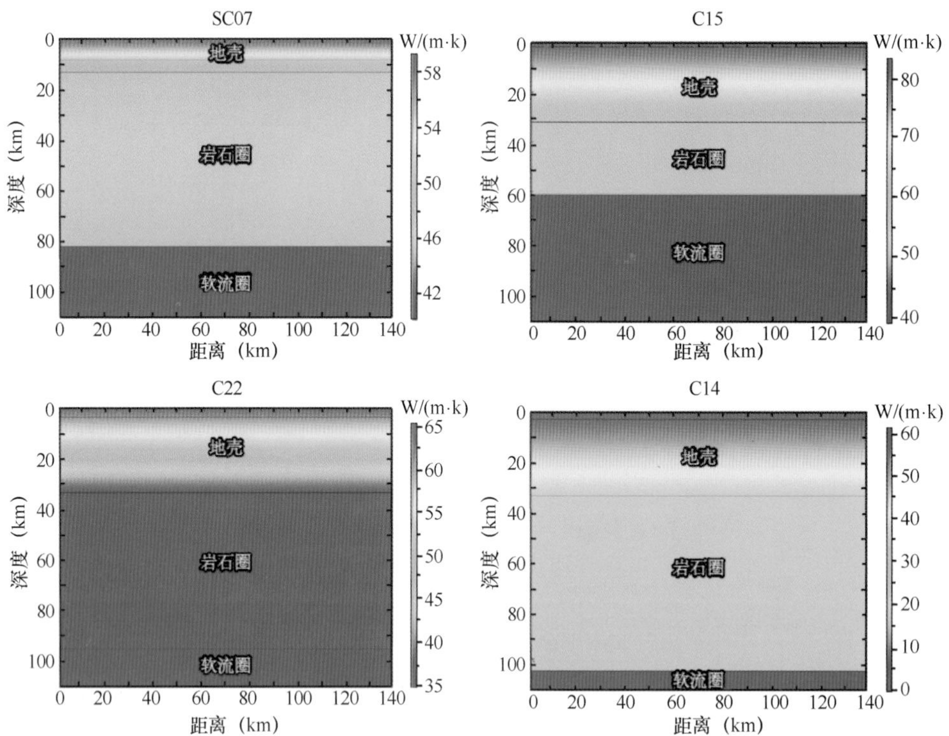

图 5－77　典型站位热流模型

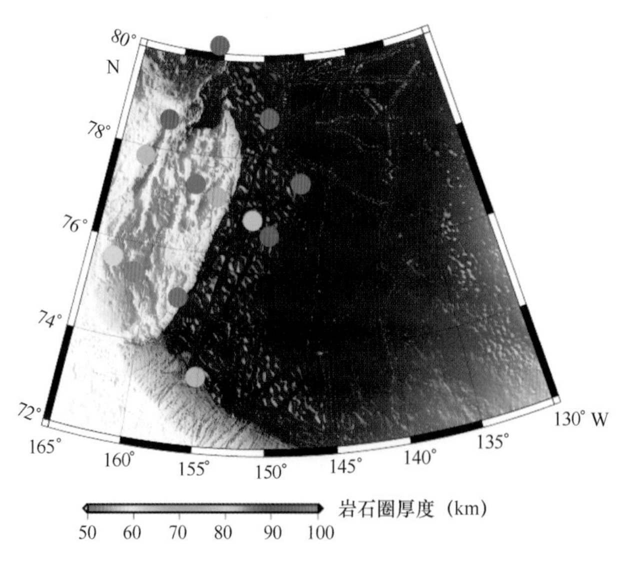

图 5－78　美亚海盆的岩石圈热厚度

最早的位置。Lane（1997）质疑了逆时针旋转模式中板块重构后楚科奇边缘地和加拿大北极群岛长达 200 km 的空间重叠问题，并根据阿拉斯加陆地地震剖面和对周边地层证据提出了多期扩张的模式。Miller 等（2006）根据环美亚海盆周边砂岩的锆石定年数据认为，俄罗斯北部边缘并不属于阿拉斯加微板块，并推测楚科奇边缘地可能直接从巴伦支大陆边缘张裂而来，而非从加拿大北极 Sverdrup 盆地旋转过来。这类似欧亚海盆形成时罗蒙诺索夫脊从巴伦支大陆边缘的张裂。

Embry（2000）认为，宽阔的西伯利亚的拉伸可以为楚科奇边缘地提供所需的空间。为了解释空间重叠问题，Grantz 等（1998）假定楚科奇边缘地的各组成部分（包括楚科奇海台、楚科奇冠、北风脊等）在张裂前是线性排列的，在海底扩张过程中各自旋转，最终拼合为现在的楚科奇边缘地，如图 5－79 所示。这就要求楚科奇边缘地在侏罗纪晚期是线性排列于加拿大北极群岛区域，这与我们此前的讨论中谈到的楚科奇边缘地在新生代早期的张裂并不一致。

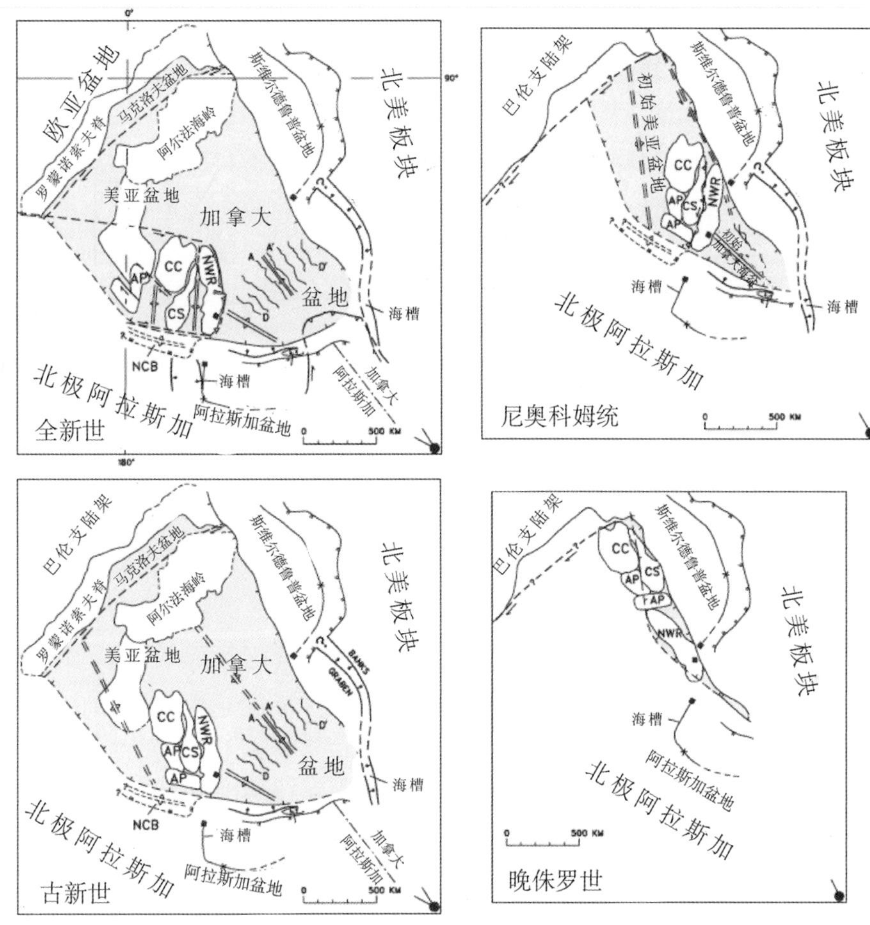

图 5－79　逆时针旋转模式中楚科奇边缘地的位置演变（Grantz et al.，1998）

EMAG－2 数据显示楚科奇边缘地边界环绕着幅值超过 400 nT 的高磁异常，可能与两侧洋盆形成时的岩浆活动有关。在边缘地内部，其地磁变化平缓，幅值与阿拉斯加和美亚海盆内相似，预示着其内部较为一致的岩石类型，在美亚海盆张裂过程中并没有大的岩浆活动。我们的调查资料也显示，从美亚海盆进入楚科奇边缘地，其磁异常变化幅值可以达到 800 nT，而在楚科奇边缘地内部，其变化幅值仅有 300 nT 左右。

北风平原的高热流值和相应薄岩石圈热厚度（见图 5－78）表明其内部的构造活动远晚于加拿大海盆的扩张时间。测区内最高的热流值出现在 C15、R13 和 C21 站位均在北风平原内部。这 3 个点的岩石圈热厚度仅为 61 km、65 km 和 50 km，远薄于加拿大海盆里面的 95 km。若依照 Grantz 等（1998）的观点，认为楚科奇边缘地在美亚海盆形成之初完全张裂分开，则可以依据热流值与海盆形成年龄的经验公式推算其年龄，如图 5－80 所示。楚科奇边缘地的最高热流在 77～86 mW/m^2，对应年龄约为 40～50 Ma。考虑到后期的构造活动会导致热流测量值的增大，所以楚科奇边缘地的形成可能略早于 50 Ma，但是仍远小于加拿大海盆的 100～150 Ma。

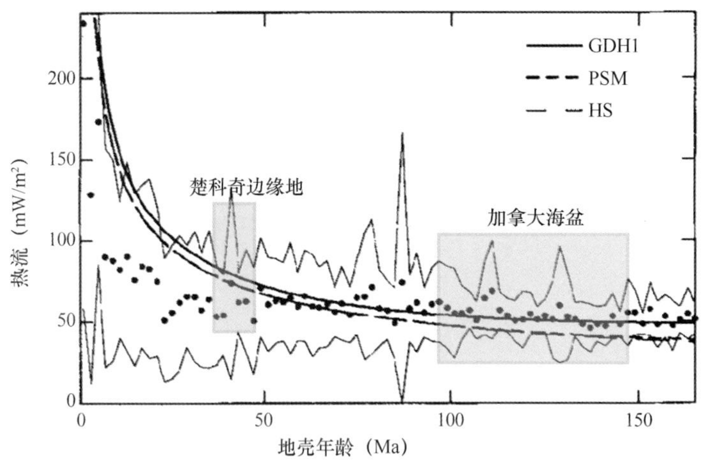

图 5－80　热流值与经验地壳年龄（Stein and Stein，1992）

综合以上地球物理资料，我们认为楚科奇边缘地初始是作为一个整体存在，其现在的深海槽（北风平原）是其后期张裂的结果，其张裂时间开始于 50 Ma 前后，远晚于加拿大海盆的扩张时间。综合下节的地磁资料以及周边构造背景，我们试探性地认为其可能来源于西伯利亚大陆边缘，美亚海盆形成时与门捷列夫脊相邻，后期（50 Ma 作用）随着楚科奇深海平原的张裂和门捷列夫脊分开。

（2）美亚海盆的扩张模式

与热流数据推测的 150～100 Ma 相符（图 5－80），对近海底和历史磁力数据的磁条带追踪结果表明，加拿大海盆的最优扩张时间为 145～123 Ma，扩张速率在扩张之初为 40 mm/a。这一结果清晰地表明加拿大北极群岛与西伯利亚是共轭大陆边缘。由于我们的测线数据较少，磁条带追踪结果无法区分逆时针旋转模式和阿拉斯加走滑模式。这两个模式都要求罗蒙诺索夫脊附近存在一个巨大的走滑断层，其中逆时针旋转模式认为阿拉斯加也为被动大陆边缘，而阿拉斯加走滑模式认为阿拉斯加和罗蒙诺索夫脊存在对称的两个大型走滑断层。

考虑到海盆内阿尔法脊、罗蒙诺索夫脊和马克洛夫海盆等多个构造单元的存在以及楚科奇边缘地的后期拉伸，我们认为任何一种单次张裂模式都无法解释目前的美亚海盆的构造格局。

利用密集的航空磁力数据，Dossing 等（2013）在加拿大北极群岛、阿尔法脊、罗蒙诺索夫脊和挪威大陆边缘上识别出一致的磁力条带。根据陆地上的地质证据，他们认为这些条带异常反映了在美亚海盆形成前大陆张裂过程中的岩墙侵入，如图 5－81 所示。这表明当时阿尔法脊、罗蒙诺索夫脊和挪威大陆边缘是一个整体，马克洛夫海盆并不存在。与阿尔法脊相连的门捷列夫脊目前被认为是陆缘性质，而马克洛夫海盆内的锆石定年和其他工作表明其形成时间晚于 89 Ma，可能在欧亚海盆打开（65 Ma）之前。这也与我们热流数据推测的楚科奇海台内部张裂的年代相近。因此，美亚海盆的形成至少分为两个时期：一是 145～123 Ma，以 142°W 经度线为扩张轴，西伯利亚和加拿大北极群岛分开，罗蒙诺索夫脊和阿尔法脊为与海底扩张对应的走滑边界；二是欧亚海盆形成之前，马克洛夫海盆形成，将阿尔法脊和罗蒙诺索夫脊分开，同时楚科奇边缘地也由门捷列夫脊上分开，形成了楚科奇深海平原，如图5-82所示。

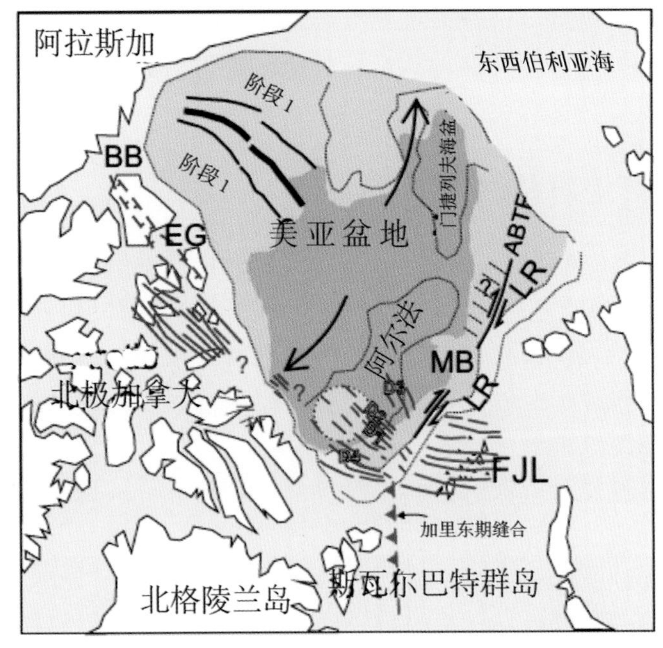

图5-81　航空磁力解释的磁力异常条带

红色部分被解释为岩墙侵入；黑色部分被认为是海洋岩石圈磁条带

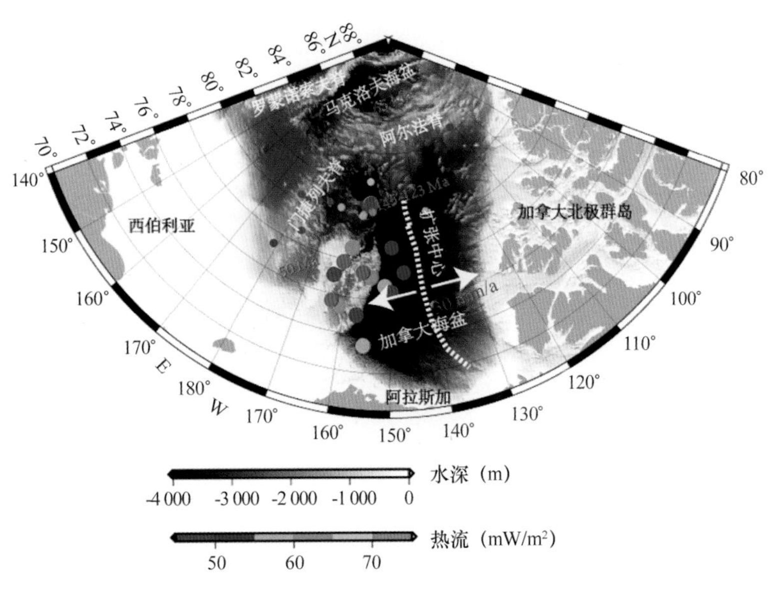

图5-82　美亚海盆形成的模式

5）结论

（1）北风平原的岩石圈热厚度约为50~60 km，远薄于加拿大海盆的90 km。楚科奇边缘地的内部张裂略早于50 Ma。

（2）根据近海底磁力数据，美亚海盆的最优扩张时间为145~123 Ma，扩张速率在扩张之初为40 mm/a，在130 Ma后，扩张速率降到30 mm/a。残留中脊两侧扩张速率一致，为对称扩张。

（3）美亚海盆的形成至少分为两期：一期是 145 ~ 123 Ma，西伯利亚和加拿大北极群岛分开，形成美亚海盆的主体；另一期是欧亚海盆形成之前（56 Ma 前），马克洛夫海盆形成，将阿尔法脊和罗蒙诺索夫脊分开。同时，楚科奇边缘地和门捷列夫脊分开，形成了楚科奇深海平原。

5.2.7 楚科奇海地声特性研究

用于楚科奇海地声特性研究的海底沉积物样品是 2012 年第五次北极科学考察和 2014 年第六次北极科学考察取得的 15 个站位（表 5 – 5 和图 5 – 83），其中 R07、R09、R11 三个站位各取得 2 个样品，共计有 18 个样品。所有沉积物样品在被运至实验室内后，首先进行声速测试，而后进行工程地质性质的测试。对于 2012 年采得的沉积物样品还进行了微结构的观测。

表 5 – 5 海底沉积物取样信息

站位	经度	纬度	水深（m）	样品编号	样品长度（cm）	取样时间	取样方式
CC3	167°52.235′W	68°00.703′N	46.30	CC3	31.12	2012 – 07 – 18	箱式取样
R04	168°52.708′W	69°35.942′N	45.30	R04	17.86	2012 – 07 – 19	箱式取样
SR14	168°58.642′W	78°00.588′N	609.00	SR14	21.95	2012 – 09 – 05	多管取样
SR11	168°58.568′W	72°59.920′N	64.90	SR11	17.77	2012 – 09 – 07	箱式取样
SR12	169°01.129′W	73°59.613′N	169.50	SR12	26.58	2012 – 09 – 07	箱式取样
R03	169°03′12″W	68°37′23″N	53.70	R03	25.00	2014 – 07 – 29	箱式取样
C01	168°09′41″W	69°13′37″N	50.00	C01	18.00	2014 – 07 – 30	箱式取样
R07	167°57′51″W	73°00′02″N	72.70	R07	24.00	2014 – 07 – 31	箱式取样
				R07A	21.0		
R08	168°57′49″W	74°00′33″N	178.77	R08	52.00	2014 – 08 – 01	箱式取样
R09	168°57′38″W	74°36′44″N	185.40	R09	26.00	2014 – 08 – 01	箱式取样
				R09A	30.00		
S02	157°27′53″W	71°54′32″N	72.00	S02	22.00	2014 – 08 – 03	箱式取样
S03	157°04′45″W	72°14′15″N	169.30	S03	57.00	2014 – 08 – 03	箱式取样
R11	166°20′13″W	76°08′26″N	339.17	R11	27.00	2014 – 08 – 08	箱式取样
				R11A	24.50		
SIC3	163°08′06″W	77°29′09″N	466.25	SIC3	25.00	2014 – 08 – 13	箱式取样
R14	160°26′50″W	78°38′16″N	740.38	R14	26.00	2014 – 08 – 15	箱式取样

1）测试方法

（1）声速测试方法

2012 年取得的沉积物样品是在自行研制的测量平台上使用 WSD – 3 数字声波仪（重庆奔腾数控技术研究所研制）采用透射法进行的声速测试（图 5 – 84），使用的换能器共有 8 对，频率分别为 35 kHz、50 kHz、100 kHz、135 kHz、150 kHz、174 kHz、200 kHz 和250 kHz，同

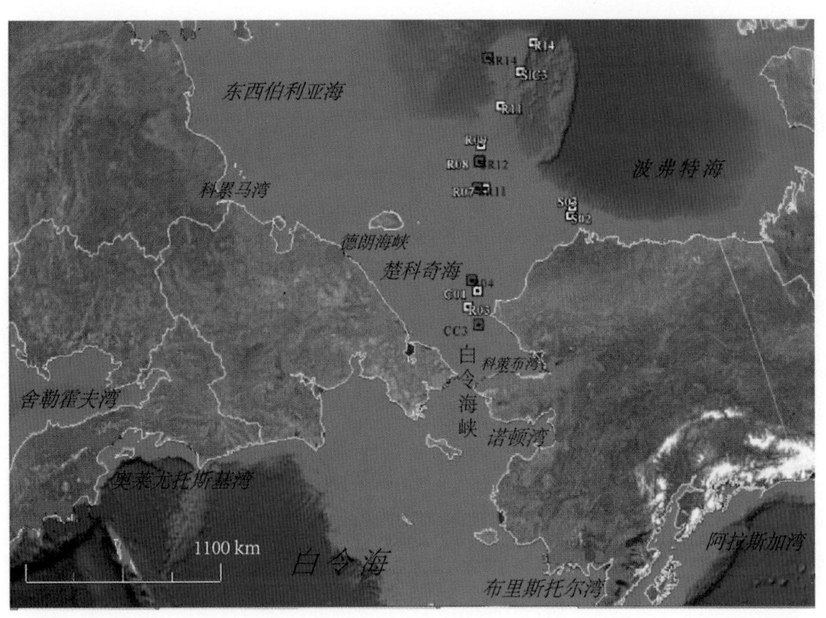

图 5－83　海底沉积物取样位置

时使用温度计测量沉积物的温度。沉积物样品的长度（即测量过程中安装在测量平台上的两个换能器之间的距离）通过调整丝杠向前或向后来测量，长度值显示在机械计数器上，精度是 ±0. 1 mm。声波的旅行时测量精度是 ±0. 1 μs。通过下式计算样品的声速 V_p（m/s）：

$$V_p = \frac{L}{t - t_0} \times 10^3 \quad (5-13)$$

其中：L 为样品长度（mm），可精确到 0. 1 mm；t 为声波穿透时间（μs）；t_0 为零声时修正值（μs）。

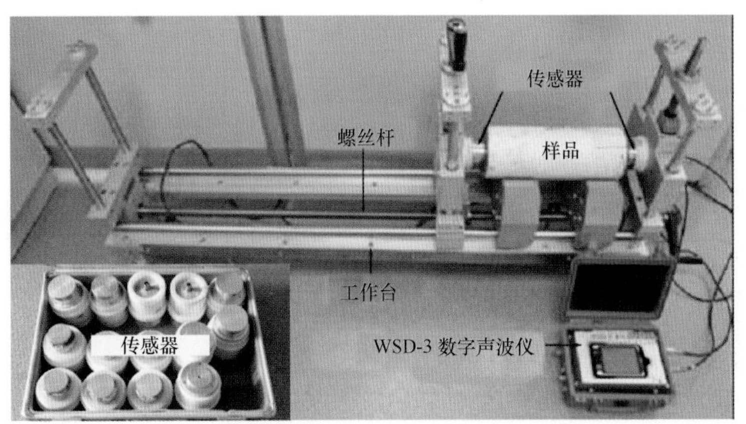

图 5－84　沉积物样品声速试验室测试平台

2014 年取得的沉积物样品是将一对换能器贴于样品管外壁使用 WSD－3 数字声波仪采用透射法进行的声速测试（见图 5－85），使用的换能器共有 6 对，频率分别为 25 kHz、50 kHz、100 kHz、150 kHz、200 kHz 和 250 kHz，同时使用温度计测量沉积物的温度。一对换能器之间沉积物样品的长度即样品管的内径使用游标卡尺来测量，精度是 ±0. 02 mm。声波在沉积物中的旅行时等于测得的总旅行时减去声波在样品管壁中的旅行时。声波在样品管壁中的旅行时测量方法如下：在样品管中装满水，根据水温可查得水中的声速，由样品管内径可求得声波在水中的旅行时，将一对换能器贴于样品管外壁测得总旅行时，总旅行时减去声波在水中的旅行时即为声波在样品管壁中的旅行时。声波的旅行时测量精度亦为 ±0.1 μs，同样通过式（5－13）计算样品的声速 V_p（m/s），其中 L 为样品管的内径（即样品的直径）（mm），可精确到0.02 mm。

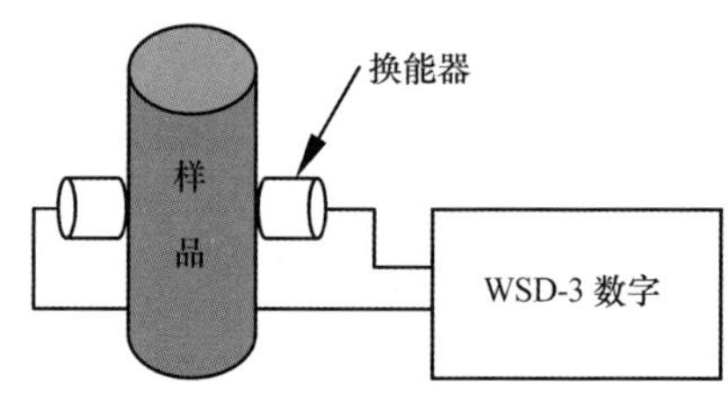

图5－85　2014 年沉积物样品声速测试装置示意图

（2）工程地质性质测试方法

各个沉积物样品在进行完声速测试以后，又进行了工程地质性质的测试。测试按照《海洋调查规范 GB/T 12763.8—2007》进行。粒度分析使用筛析法加沉析法，沉积物分类和命名采用图解法，含水量测定采用烘干法，土体密度测定采用环刀法，土粒比重测试采用比重瓶法，液塑限测试采用液塑限联合测定仪，土样中的有机质含量通过灼烧法测得。孔隙度利用样品的含水量、土体密度和土粒比重实测数据计算求得。

（3）微结构观测方法

沉积物样品的微结构观测使用日立高新技术公司生产的 S－4800 场发射扫描电子显微镜（FE－SEM）。

2）测试结果

（1）声速测试结果

表5－6 所示为各个海底沉积物样品在不同测量频率下经实测得到的声速，其中对 R09A 和 S03 两个样品的上半段（编号为 R09A－1 和 S03－1）和下半段（编号为 R09A－2 和 S03－2）分别进行了声速测试。在对 2012 年取得的沉积物样品进行声速测试时，样品的温度是 18.5～19.5℃，在对 2014 年取得的沉积物样品进行声速测试时，样品的温度是 21.5℃。

表5－6　楚科奇海海底沉积物样品声速　　单位：m/s

样品编号	测量频率/kHz									频散（%）
	25	35	50	100	135	150	174	200	250	
CC3	–	1 518.8	1 508.7	1 600.3	1 606.4	1 588.8	–	–	–	–
R04	–	–	–	1 475.9	1 455.3	–	–	–	–	–
SR14	–	1 457.1	1 457.4	1 461.9	1 505.5	1 493.1	1 506.9	1 505.5	1 506.8	3.4
SR11	–	1 425.1	1 431.5	1 430.4	1 474.2	1 460.7	–	–	–	–
SR12	–	1 441.3	1 438.3	1 440.9	1 469.9	1 462.6	1 451.3	1 469.3	1 468.1	2.2
R03	1 473.4	–	1 487.2	1 487.2	–	1 491.8	–	1 491.8	1 487.2	1.2

续表

样品编号	测量频率/kHz									频散(%)
	25	35	50	100	135	150	174	200	250	
C01	1 468.9	-	1 482.6	1 482.6	-	1 473.3	-	1492.0	1 482.6	1.6
R07	1 455.4	-	1 446.5	1 478.2	-	1 473.6	-	1 480.5	1 482.8	2.5
R07A	1 487.4	-	1 482.8	1 473.6	-	1 496.8	-	1 501.5	1 511.1	2.5
R08	1 460.4	-	1 460.4	1 469.6	-	1 469.5	-	1 471.7	1 464.9	0.8
R09	1 444.1	-	1 475.7	1 462.0	-	1 484.9	-	1 484.9	1 473.3	2.8
R09A - 1	1 456.6	-	1 479.3	1 465.6	-	1 493.2	-	1 488.6	1 493.3	2.5
R09A - 2	1 507.5	-	1 502.7	1 512.3	-	1 512.3	-	1 517.1	1 522.0	1.3
S02	1 450.4	-	1 446.0	1 454.8	-	1 468.3	-	1 468.3	1 477.5	2.2
S03 - 1	1 469.4	-	1 464.7	1 464.9	-	1 473.8	-	1 473.9	1 469.2	0.6
S03 - 2	1 455.7	-	1 451.3	1 460.2	-	1 464.7	-	1 464.7	1 473.8	1.6
R11	1 442.3	-	1 446.7	1 451.2	-	1 451.2	-	1 451.3	1 460.1	1.2
R11A	1 443.1	-	1 465.4	1 474.5	-	1 469.9	-	1 469.9	1 469.9	2.2
SIC3	1 478.9	-	1 467.5	1 481.2	-	1 504.6	-	1 533.7	1 536.3	4.7
R14	1 493.3	-	1 507.5	1 512.3	-	1 517.1	-	1 526.9	1 531.8	2.6

* 表中的“ - ”表示没有对应的声速数据或者没有对频散进行计算。

如表 5 - 6 所示，测得的楚科奇海海底沉积物的声速从 1 425.1 m/s 到 1 606.4 m/s 不等，声速最大值与最小值之间的差别是 181.3 m/s。总的来说，从最南端靠近白令海峡的站位 CC3 取得的海底沉积物样品在不同测量频率下测得的声速值要高于在其他站位取得的海底沉积物样品的声速值。对同一沉积物样品来说，不同测量频率下的声速值也不相同，各个样品在测量频率范围内的频散从 0.6% 到 4.7% 不等。

(2) 工程地质性质测试结果

楚科奇海海底各个沉积物样品的工程地质性质见表 5 - 7 所示。由表 5 - 7 可知，15 个站位的海底沉积物样品中以黏土质粉砂为主，其次为粉砂质黏土，另外还有粉砂质砂、砂质粉砂和砂—粉砂—黏土、沉积物类型共计 5 种。从最南端靠近白令海峡的站位 CC3 取得的海底沉积物样品沙粒含量、平均粒径和土体密度最大，而含水量、孔隙度、液限、塑限和有机质含量最小。从最东端的站位 S03 取得的海底沉积物样品沙粒含量和土体密度最小，而含水量、孔隙度、液限、塑限和有机质含量最大。沙粒含量的最小值在 R04 站位，最大值出现在与其邻近的 R03 站位，而且 R03 站位海底沉积物的平均粒径最小。

表 5 -7　楚科奇海海底沉积物工程地质性质

样品编号	沉积物类型	砂粒含量(%)	粘粒含量(%)	平均粒径(Φ)	含水量(%)	土体密度(g/cm^3)	孔隙度(%)	液限(%)	塑限(%)	有机质含量(%)
CC3	粉砂质砂	39.7	16.5	5.0	28.9	1.95	43.5	27.6	17.9	1.8
R04	砂质粉砂	37.8	14.7	5.1	50.4	1.72	57.8	47.2	29.7	2.1
SR14	砂 - 粉砂 - 黏土	14.6	44.5	7.3	55.9	1.72	59.5	43.0	28.4	3.2
SR11	黏土质粉砂	8.4	34.1	7.0	99.4	1.50	72.7	62.7	40.0	4.3
SR12	粉砂质黏土	3.7	61.4	8.4	73.2	1.58	66.6	55.4	34.3	2.6
R03	粉砂质黏土	1.6	79.6	8.9	99.2	1.46	73.3	51.1	31.0	4.5
C01	黏土质粉砂	6.5	19.0	6.4	82.2	1.53	69.6	56.6	33.5	4.7
R07	黏土质粉砂	10.2	27.7	6.7	96.9	1.44	73.5	69.8	47.8	5.1
R07A	黏土质粉砂	10.0	31.6	6.9	115.8	1.42	76.2	71.1	43.5	5.6
R08	黏土质粉砂	3.9	43.7	7.5	110.6	1.44	75.2	76.2	42.2	4.2
R09	黏土质粉砂	7.1	43.3	7.4	58.1	1.72	60.1	45.3	29.6	3.5
R09A - 1	黏土质粉砂	6.1	42.3	7.2	53.0	1.77	57.8	45.4	29.5	2.8
R09A - 2	黏土质粉砂	4.9	44.6	7.5	48.5	1.76	57.8	43.5	28.6	3.6
S02	黏土质粉砂	2.6	33.1	7.2	94.8	1.48	72.5	69.6	42.5	5.4
S03 - 1	黏土质粉砂	1.6	37.4	7.5	156.2	1.32	81.3	78.2	45.3	6.0
S03 - 2	黏土质粉砂	2.6	41.4	7.5	136.0	1.34	79.4	69.6	48.8	7.1
R11	黏土质粉砂	4.0	40.3	7.3	104.2	1.51	73.1	54.3	34.7	6.0
R11A	粉砂质黏土	2.0	49.6	7.8	97.8	1.52	72.2	65.3	43.8	5.7
SIC3	粉砂质黏土	1.6	55.4	8.0	48.1	1.70	58.1	44.3	28.1	4.6
R14	粉砂质黏土	8.7	50.6	7.7	48.8	1.74	57.3	43.3	27.3	5.1

(3) 微结构图像

2012 年采得的 5 个站位的沉积物样品的微结构图像如图 5 - 86 所示 (仅给出了放大倍数均为 1 500 倍的图像)。从图 5 - 86 中 CC3 的微结构图像可以看出，在沉积物颗粒中粗颗粒明显占优势，从 R04 的微结构图像可以看出，团聚体形成了 R04 中的基本颗粒单元，在团聚体之间有许多大的孔隙空间。另外，在 CC3、R04 和 SR11 的微结构图像中发现了少量的硅藻碎片，而在 SR12 和 SR14 的微结构图像中却没有发现。

(4) 声速与测量频率的关系

图 5 - 87 给出了楚科奇海海底沉积物的声速与测量频率的关系图。由于 CC3、R04、SR11 缺乏某些频率的声速数据，其相应的声速与测量频率的关系曲线未给出；同一站位只给出一个样品的声速与测量频率的关系曲线；同一样品只给出上半段测得的声速与测量频率的关系曲线。如图 5 - 87 所示，声速随测量频率增加总体呈增大趋势。

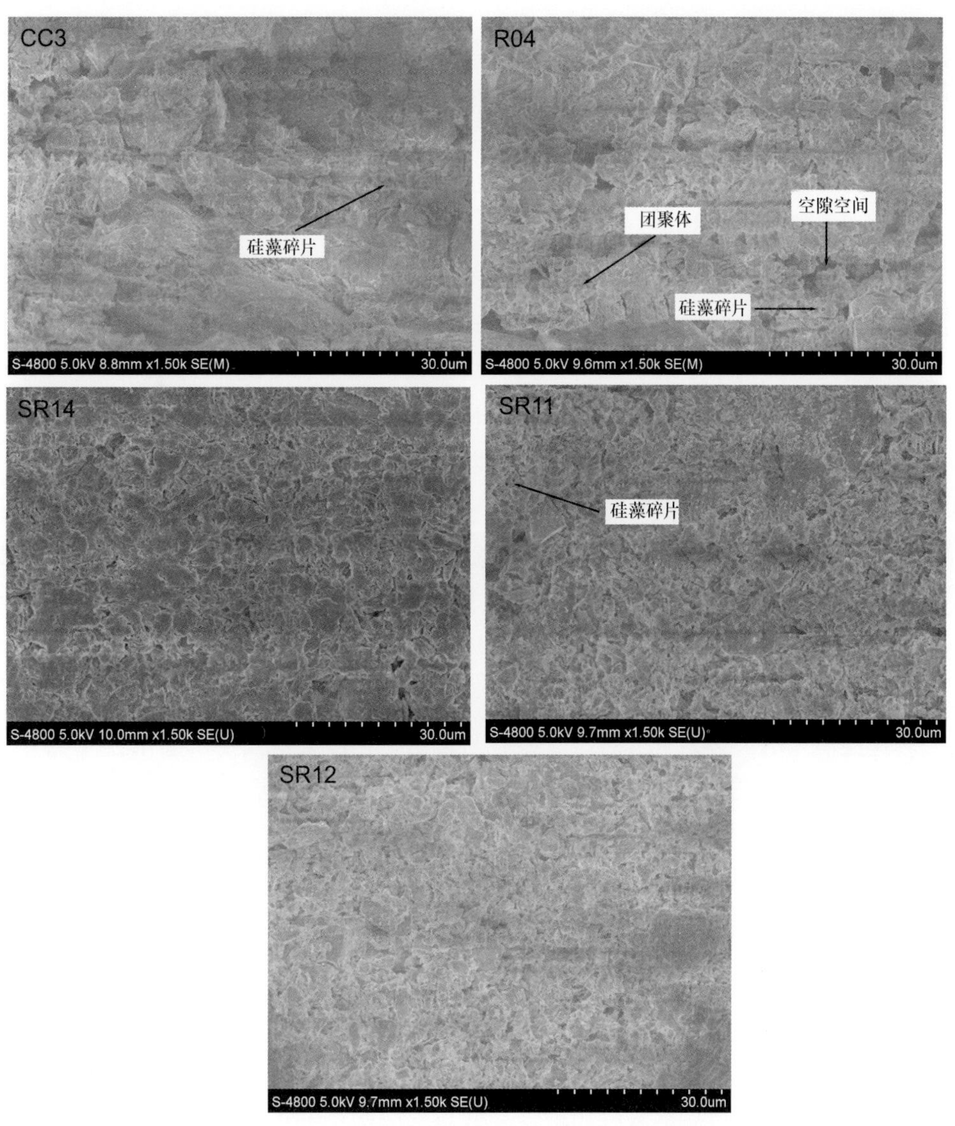

图5-86 楚科奇海海底沉积物样品的FE-SEM微结构图像

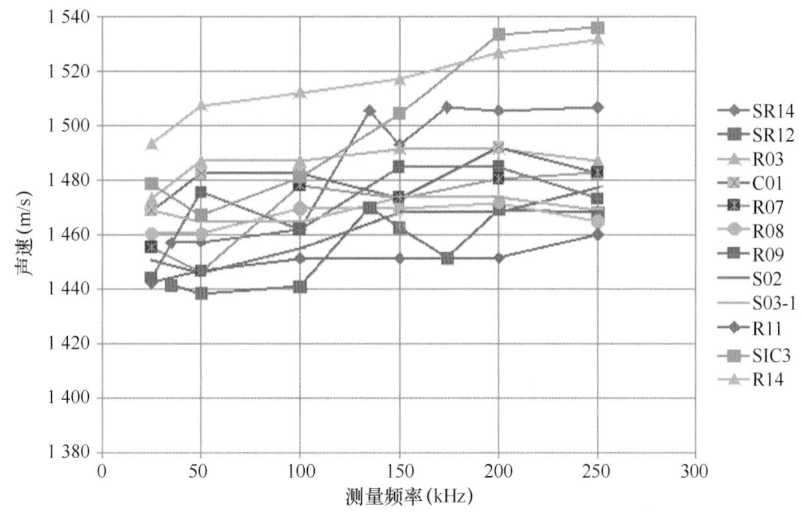

图5-87 声速与测量频率关系

5.2.8 基于船载双频 GPS 的北极（80°—87°N）水汽年变化估计

1）简介

水汽是水分和热量传递的基质，是极不稳定的一个气象参数，直接影响大气的垂直稳定性。水汽分布在天气变化中起着十分关键的作用，它的相位变化与降雨直接相关，在大气能量传输和天气系统演变中起着非常重要的作用。大气中的水汽含量是预报中尺度或局地尺度降雨强度的一个必要参数。大气中水汽随时空的变化对气象预报特别是对水平尺度 100 km 左右、生命史只有几小时的中小尺度灾害性天气（暴雨、冰雹、雷雨、大风、龙卷风等）的监视和预报有特别重要的指示意义。由于水汽的时空多变性，水汽也是较难描述的气象参数之一。另外，水汽也是温室效应产生的主要气体之一。

目前水汽探测手段存在许多限制，如常规气球探测时间、空间分辨率低，成本不断增加；水汽微波辐射计费用昂贵；星载辐射计、卫星红外辐射计由于云的存在，使用受到限制；激光雷达费用昂贵，不能全天候观测，难以实现观测业务化等。水汽观测精度的限制以及时间和空间分辨率不足，一直是提高天气预报精度的一大障碍。

与此同时，在空间技术大地测量中，人们发现大气中的水汽是影响精密大地测量的主要因素之一，这促使人们去研究水汽对信号传播的影响。在过去十几年中利用大气对 GPS 信号延迟的噪声发展了 GPS 气象学。GPS 探测与其他手段相比，具有时效性强、时间分辨率高、易于维护和更新、费用较低、可全天候观测、不受气溶胶和云的影响等优点。随着 GPS 的迅猛发展和应用领域的不断扩展，人们越来越关注 GPS 水汽数据在大气研究和天气预报中的应用（Bevis et al.，1992；Brunner and Welsch，1993）。然而，由于坐标精度的限制，利用 GPS 求解水汽应用主要限制于陆地。但是，陆地上的 GPS 水汽受到各种因素的污染，不能准确反应水汽的实际特性，因此，如何开展海洋中 GPS 水汽的求解越来越引起人们的关注。对于这方面的研究，Dodson 和 Chen（2001），Rocken 等（1995），Dodson 和 Baker（1998）等开展了较多工作，得到移动平台求解水汽的精度和静态求解水汽的相当。另外，随着 GPS 单点精密定位技术的发展，特别是动态单点精密定位技术能够提供厘米级的定位，这为利用 GPS 单点精密定位技术求解海洋水汽提供了机会（Zumbergre et al.，1997；Kouba and Héroux，2001；Zhang and Andersen，2006）。

在开阔海域利用船载双频 GPS 求解水汽，其精度能够较好地满足气象和气候研究的要求。同时，开阔海域特别在北极地区求解水汽，能够较好地剔除外界因素的影响，更好地反映水汽的特性。为此，我们利用船载双频 GPS 数据求解北极 80°—87°N 范围内的水汽，并对 2008 年和 2012 年采集的数据进行比较。

2）数据处理方法

船载 GPS 和陆地 GPS 数据求解水汽的区别在于船载 GPS 数据需要逐历元求解位置，因此，利用动态 PPP 求解船载双频 GPS 数据时需要对位置和湿气进行求解。在位置准确估算以后，动态 PPP 求解水汽精度和参考站求解精度相当。

（1）PPP 求解原理

利用 IGS 精密轨道和时钟产品作为已知信息，结合单站双频 GPS 载波和伪距数据，通过一定的算法实现精密单点定位。

通常情况下，精密单点定位采用以下消电离层组合模型进行求解：

$$L_p = \rho + c(dt - dT) + M \cdot zpd + \varepsilon_p \quad (5-14)$$

$$L_\phi = \rho + c(dt - dT) + amb + M \cdot zpd + \varepsilon_\phi \quad (5-15)$$

式中：L_p 是码 P_1 和 P_2 的消电离层组合；L_ϕ是相位 L_1 和 L_2 的消电离层组合；dt 是测站时间偏离值；dT 是卫星钟差偏离值；c 是光速；amb 是消电离层组合非整型模糊度；M 是投影函数；zpd 是天顶对流层延迟改正；ε_p 和 ε_ϕ 表示的是消电离层组合码和相位的噪声；ρ 表示的是接收机（X_r，Y_r，Z_r）到卫星（X_s，Y_s，Z_s）的几何距离。

$$\rho = \sqrt{(X_s - X_r)^2 + (Y_s - Y_r)^2 + (Z_s - Z_r)^2} \quad (5-16)$$

我们把测站坐标、接收机钟差、无电离层组合模糊度及对流层天顶延迟参数视为未知数，在未知数近似值（$X0$）处对式（5－16）和（5－17）进行级数展开，保留至一次项，误差方程矩阵形式为：

$$V = A\delta X + W \quad (5-17)$$

式中：V 为观测值残差向量；A 为设计矩阵；X 为未知数增量向量；W 为常数向量（观测值和计算值之差）；δ 为观测值方差协方差矩阵。式（5－19）中的计算需用 GPS 精密钟差和轨道产品。相关细节可以参考 Zumbergre 等（1997）、Kouba 和 Héroux（2001）。

（2）卡尔曼滤波方法和参数化对流层延迟

用卡尔曼滤波方法估计接收机位置和水汽延迟，其状态参数包括接收机坐标，天顶对流层延迟以及消电离层组合的载波相位模糊度。另外，对流层对高程的影响比水平位置的影响敏感（Brunner and Welsch，1993），我们可以用这个条件检核水汽延迟的计算。基于这种方法，我们对流动平台的接收机位置和湿气进行估算，其中接收机位置的估计是逐历元进行，而对流层延迟由于变化缓慢，对其估计以两小时间隔进行。

3）试验和分析

（1）静态参考站对流层估计

为了验证移动平台求解位置和对流层的可能性，我们利用中国黄河站的 GPS 参考站数据进行计算。该参考站安装了 Leica GRX1200PRO GPS 接收机（图 5－88），数据的采样间隔为 15 s，观测时间为 2008 年 8 月 14 日到 19 日 。

采取静态和静态仿真动态模式，我们用动态 PPP 对参考站 GPS 数据进行计算，获取水汽延迟和天线高信息。

图 5－89 说明利用静态或静态仿真动态求解的湿气除了几个点以外（由于动态求解，这几个点有可能是粗差影响所致），吻合得比较好。它们之间的差值在厘米级范围以内，其 RMS 为 0.008 m（图 5－90）。另外，和湿气相关程度比较大的天线高变化趋势平滑，RMS 为 0.11 m（图 5－91），说明利用 PPP 求解湿气可靠。

（2）利用船载双频 GPS 数据进行湿气估计

为了计算北冰洋（80°—87°N）的水汽延迟，我们对“雪龙”船 GPS 采集的数据进行计算。数据一采集用 Leica 1230 接收机，时间为 2008 年 8 月 16 日到 20 日；数据二来源于 Trimble 551H，获取时间为 2012 年 8 月 24 日到 9 月 1 日。两组数据的采样间隔都为 30 s，安装天线如图 5－92 所示。Trimble 551H 计算的水汽延迟时间序列如图 5－93 所示。从图中可见，在 8 天时间里，水汽变化的范围比较小。从图 5－94 Trimble 551H 天线高的变化来看，其变化趋势比较平缓，而图 5－95 较好地反映了潮位的半周期变化，进一步说明动态 PPP 求解可

图 5－88　中国黄河站 GPS 参考站

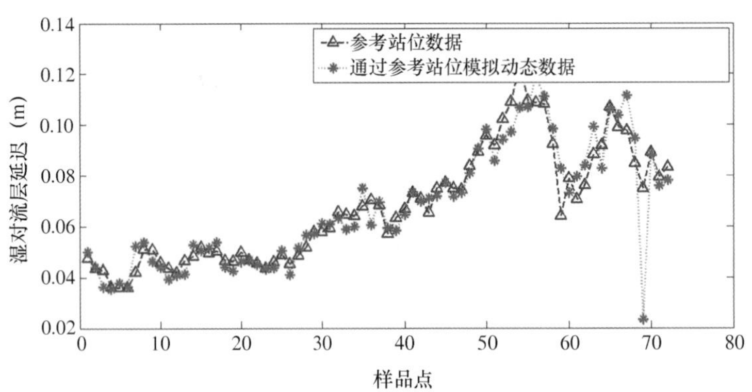

图 5－89　静态和仿真动态湿气比较

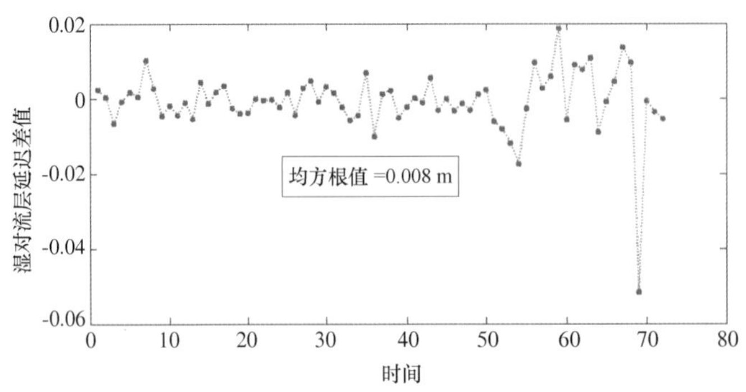

图 5－90　静态和仿真动态数据差值变化

靠。同时，我们对 Leica 1230 接收机的数据进行处理，从图 5－96 可见，天线高数据曲线和 Trimble 551H 天线高数据曲线相似，也说明求解可靠。

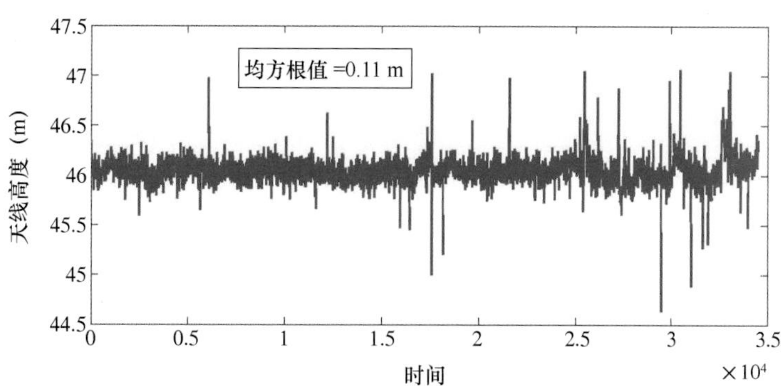

图 5-91　静态仿真动态天线高变化

图 5-92　“雪龙”船 GPS 天线安装示意图

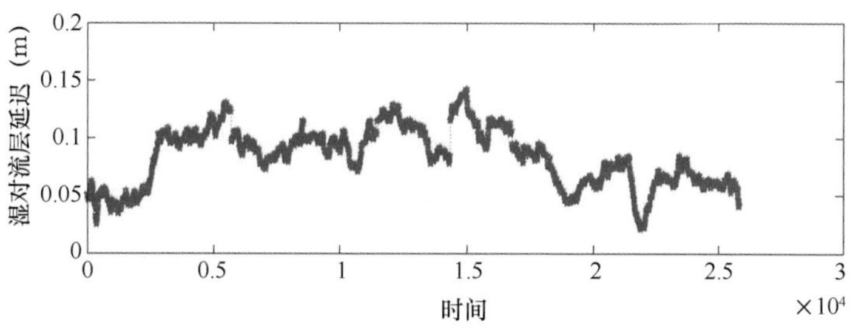

图 5-93　Trimble 551H 数据水汽变化曲线

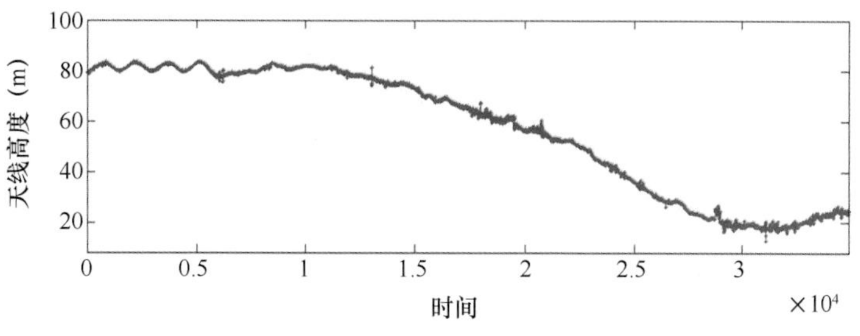

图 5-94　Trimble 551H 天线高变化曲线

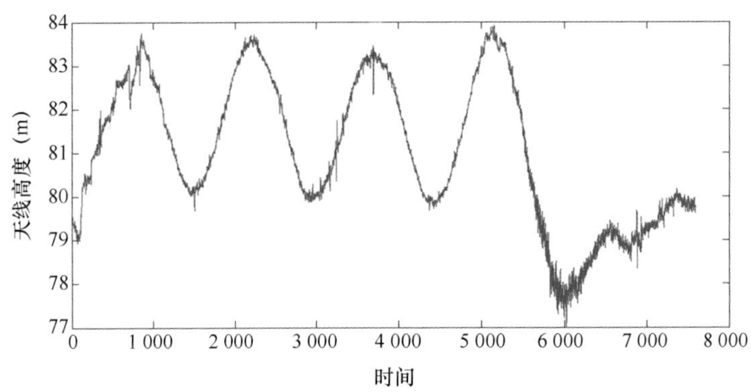

图 5－95　Trimble 551H 天线高半日潮变化曲线

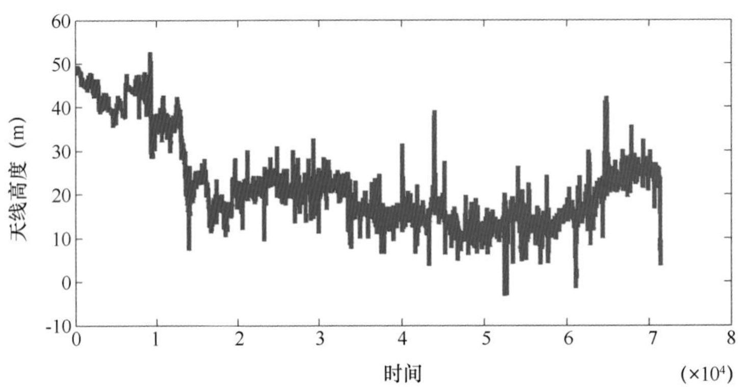

图 5－96　Leica 1230 天线高变化曲线

与 Trimble 551H 计算的水汽类似，Leica 1230 计算水汽变化较小（图 5－97），图5－98是 Trimble 551H 和 Leica 1230 水汽变化比较。

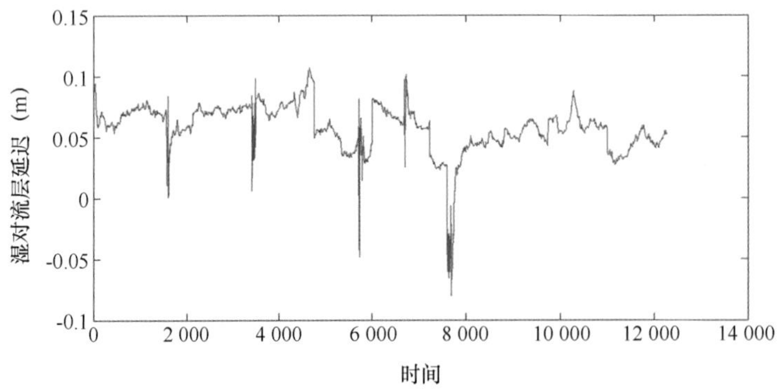

图 5－97　Leica 1230 水汽变化曲线

在图 5－98 中，2012 年的水汽与 2008 年的差值在 5 cm 左右，这意味着，随着时间的推移，水汽含量逐渐增大，这个变化与加强的温室效应趋势一致。

4）结论及建议

本节对船载双频 GPS 获取水汽进行了讨论，利用动态 PPP 对北冰洋地区（80°—87°N）船载双频 GPS 数据进行处理，得到了 2008 年 8 月和 2012 年 8 月两个时段的湿气。从实验分析可知，利用动态 PPP 能够实现水汽分离，从静态数据和静态仿真动态数据的结果来看，精

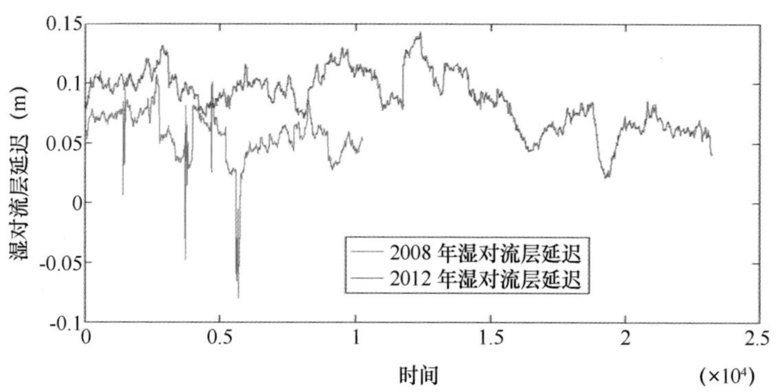

图5-98 2008年和2012年船载GPS水汽变化曲线比较

度可以达到1~2 mm。同时，我们的实验表明，湿气随着时间而增加，这与温室效应逐年增强的现象一致。本节仅为尝试性的工作，如何较好地把这项技术应用到南北极大气环境反演，利用多年的南北极船载GPS数据反演气候的变化，较好地克服海洋环境下GPS多路径效应、粗差或周跳的影响都将是下一步需要开展的工作。

5.2.9 白令海Navarinsky峡谷海底形成机制

1）研究意义

19世纪80年代，Carlson等在白令海调查发现广泛发育的沙波，引起了国内外学者对沙波分布的研究及其成因讨论。2012年中国第五次北极科学考察在白令海区进行了我国的首次地震作业，得到连续的两条地震剖面（图5-99）。航次得到的高分辨率单道地震资料能够很好地识别出沙波结构。在前人识别的沙波区外，结合附近的IODP资料，本节初步推测出剖面上沙波的沉积历史。同时结合前人研究成果，对沙波的成因进行了分析研究。

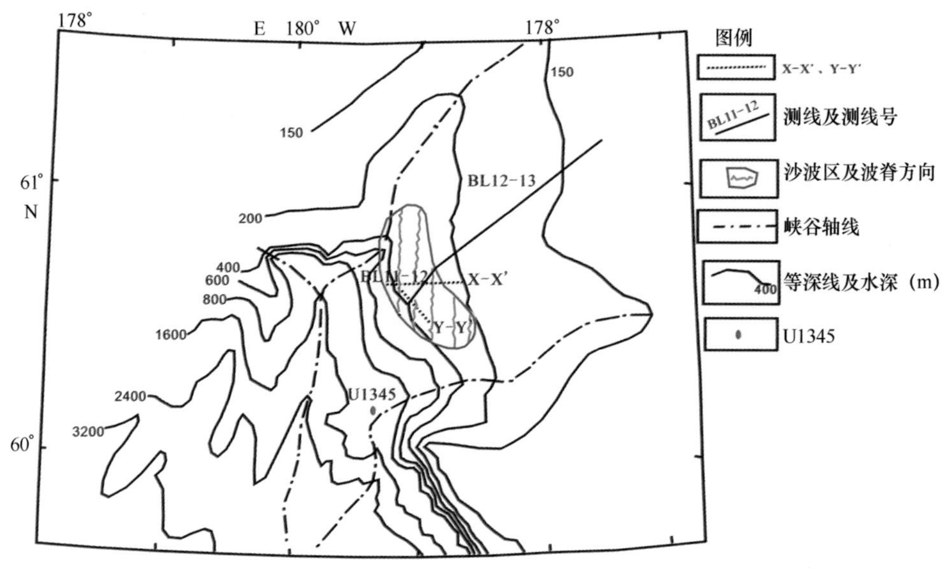

图5-99 研究区概况（改编自Karl等，1988）

2）研究现状

（1）白令海峡谷成因

白令海边缘峡谷的演化过程目前尚未完全清楚，但涉及两个重要事件和演化过程的相互作用。①在晚白垩世或早第三纪，俯冲带从白令海边缘转移到阿留申海槽，因此停止了到目前为止白令海边缘更大范围的构造碰撞；②新生代冰期导致大范围海平面前进和倒退，形成了平坦、宽阔的白令海大陆架（Hopkins，1976）。

Hopkins（1979）认为在晚更新世（0.014～0.02 Ma）期间，白令海陆架部分暴露出来，为干燥和草原型气候。他进一步指出气候的季节性特征和现今的相同，夏季有开阔的砂质海岸，冬季有浮冰。在最大冰期期间，一个冰川延伸到西伯利亚半岛和圣劳伦斯岛之间河道的西南部，另一个冰川延伸到 Bristol 湾之上的 Kuskokwim 河口南部（Hopkins，1967）。猜测在晚更新世，海岸线在现今外陆架（陆架坡折向岸处，水深 150～175 m）。通常认为海平面降低 135 m 是一个合理的解释。深拖得到的高分辨率记录显示 Navarinsky 峡谷东北部部分陆架表面下有许多小型河道网络，水深可达 130 m。河道出现在海底面近乎 20 m 下，典型的河道是 100 m 宽 5 m 深，这些河道被解释为冰缘流河道。一些更早的研究人员推测古育空、Kuskokwim 和 Anadyr 河穿越白令海陆架。虽然在阿拉斯加和西伯利亚河口附近陆架上存在埋藏古河道，但是没有证据表明这些河流在陆架边缘存在。大的河流和大型白令海峡谷之间的关系仍然有待进一步研究。

冰期冰水沉积快速积累产生的孔隙水压力将导致沉积物不稳定；碳水化合物气体（大部分是甲烷）积累也能产生不稳定的沉积物块体。如地震、大的风暴潮、海啸和内波周期性地搅动停留在陆架边缘或者上陆坡的底部非稳定沉积物，触发了从缓慢移动到大的滑移的向下陆坡运动，其演化过程如图 5－100 所示。一些滑动块体包含的沉积物量大于 2.5 km^3。当大量块体继续沿着整个白令海大陆边缘运动，外陆架基岩高地和断裂区的位置必然影响了初期沟蚀的位置，并使得冲沟向头部和横向的增大，反复地滑塌和滑动相应地演化为碎屑流、泥流和浊流。峡谷地震剖面上可见的大量充填特征表明峡谷海底谷线的波动相当大。峡谷被滑塌、滑动和沉积物重力流垂直切割而加深；峭陡陆坡被生物侵蚀和块体运动侵蚀，从而使得峡谷加宽。

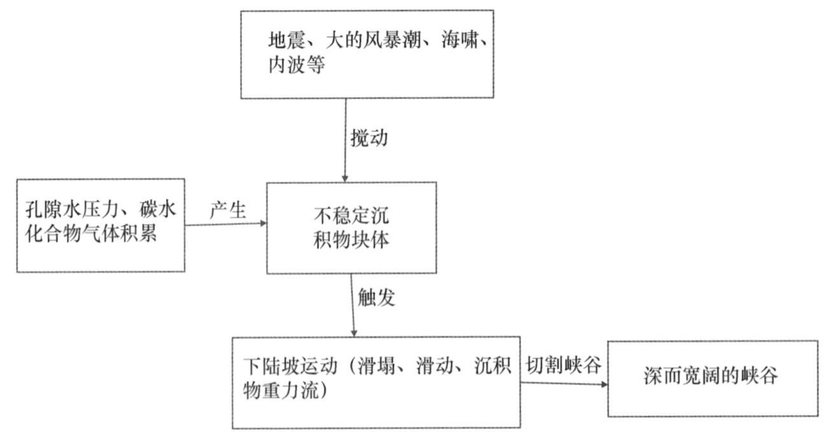

图 5－100　峡谷发育的动力演化过程

当早期的峡谷头部切入大部分暴露于海平面之上的白令海陆架，峡谷头部开始拦阻沿岸流搬运的砂和粉砂，类似现今的加利福尼亚南部（Shepard and Dill，1966）。直到不稳定沉积物在白令海峡谷头部积累，浊流沿峡谷向下，侵蚀海底峡谷并且在毗连的陆坡隆起和深海盆地海底面沉积。大型峡谷口发现的大型埋藏河道是通道，沉积物重力流通过该通道运输砂和泥（Carlson and Karl，1988）。沉积物重力流产生的浊流，结合滑塌和滑移沉积，使阿留申海盆底覆盖了2~11 km厚的沉积物覆盖，最厚的沉积物（4~11 km）形成了陆坡底部的大陆隆起（Cooper et al.，1987）。

最大冰期（晚第三纪—第四纪）和低的海平面（期间融水流搬运沉积物到外陆架）之后，对峡谷的切割和深海河道发育可能达到极点。大量的研究解释了穿越白令海陆架的海平面波动贯穿了第四纪（Hopkins，1967；1976）或者新生代的大部分（Vail et al.，1977）。填充了白令海峡谷和深海河道的沉积物中保存着河道充填的几个阶段，表明海平面波动影响峡谷发育。从埋藏河道的多种等级和尺寸，可以推测这些大型峡谷系统需要更长的时间演化成现在的结构。

通过基于地震剖面的假设和Cooper等（1987）绘制的等厚图，能够推测下伏于大陆隆起沉积物单元内的沉积物量。大陆隆起单元的平均宽度是100 km，长度至少800 km。假设沉积物单元如Cooper等（1987）得到的剖面是向海减薄的，得到的结论是面积80 000 km^2的大陆隆起单元厚度为3 km。因此Cooper等（1987）推测的早第三纪到第四纪沉积物质240 000 km^3。据Menard（1964）估计，远离加利福尼亚中心的大型冲积扇（Monterey and Delgada）沉物质总量在160 000~280 000 km^3，是相关海底峡谷搬运总量的100~1 500倍。白令海峡谷成为陆架沉积物搬运到深海的有效通道。白令海峡谷搬运沉积物量与大陆隆起沉积物总量更小的差异可以从以下5个方面解释：①白令海峡谷的大尺寸将减少沉积物总量差异；②块体运动的剪切角度和形成峡谷的主要过程减少了流经峡谷到大陆隆起单元浊流的相关重要性和要求量；③相比于Monterey－Delgada陆架（5~40 km）白令海陆架相当宽（400 km），并且Monterey－Delgada峡谷系统头部邻近岸边，意味着相比于加利福尼亚峡谷从陆源区更少的沉积物到白令海峡谷头部；④要求大量的沉积物填充白令海陆架上的深海盆（达12 km）；⑤大量的沉积物通过白令海大陆隆起单元流入深阿留申盆地，Cooper等（1987）得到阿留申盆地被2~4 km厚的席状沉积物覆盖；加利福尼亚边缘冲积扇西部被地形起伏数十米的海山限制（Menard，1964）。

白令海边缘峡谷，尤其是Zhemchug、Navarinsky和白令峡谷搬运的沉积物总量达15 500 km^3。这些大尺寸的峡谷可能是陆架边缘俯冲阶段留下的残余构造和大量滑塌和滑移的共同作用的结果（Carlson and Karl，1988）。

（2）Navarinsky峡谷沙波成因机制研究现状

Karl等（1986）最早研究Navarinsky峡谷头部沙波，认为内波是形成沙波的主要动力。他们通过Navarinsky沙波区资料和内波理论，同时考虑到Navarinsky峡谷密度结构，精确地证明周期短于1 h的内波能够合理解释沙波形成的机制。这些高频内波在沙波区可能增强，底部—边界层内产生的剪切力能够有效地移动细砂并且波长与沙波大小相符。Karl归纳的沙波特征与内波起源相吻合：①沙波只分布在峡谷头部，该位置内波能量增强；②沙波发育在特定的水深区，且不同的峡谷水深范围不同；③沙波脊线方向大致与峡谷轴线垂直，与陆架坡折的等深线走向平行；④组成沙波的沉积物能够被内波速度场的边界层增强启动；⑤高频内波波长和沙波波长相符。

对于沙波的成因，Hand（1988）提出了不同的观点，认为这些床形结构是由高密度底流形成的反沙丘。Hand 设想了高密度底流的形成过程：冬季表层水变得更冷并且可能以冰的形式盐度变得更大。这一更稠密的水体沉入海底并且流向下坡越过陆架边缘。Hand 的前提关键在于一点：在冬季陆架水会足够的冷或获得更高盐度从而使其密度大于 1.027 g/cm^3。

Karl 同意这些床形结构可能是反沙丘，但不赞同是由密度差异成因。Karl 也发现 Navarinsky 沙波的上攀特征并因此认为沙波可能是由浊流形成的反沙丘。Karl 等主要从以下三点反驳了 Hand 观点。

a）Hand 设想的高速底流并不出现在高纬度区域。物理上来说，很难产生稠密水羽流。在北极圈，冰的形成期间由冷的表层水或盐水排斥形成的稠密羽状流非常浅（约 5 m），摩擦约束要么使其快速耗尽羽状流，要么使其保持一个低的流速（Aagaard，1987）。

b）冬季白令海陆架水体结构研究较为明确。该稠密的、长期的、高速底流不为人知或不可能在陆架边缘出现。从历史记录来看，白令海冰缘从没有到陆架坡折外（Webster，1979）而冰边缘区通常是融水区（Muench et al.，1983），密度明显低于 1.027 g/cm^3。从陆架的 1.025 7 g/cm^3 到陆架边缘弱的成层区没有特别大于 1.026 2 g/cm^3（Muench，1983）。Muench 等认为（1983）这两层密度结构支持高频率内波。这些界面波的水柱太高（25 ~ 75 m）而不能影响底部。但考虑更新世低海平面相同的冬季条件，它们能够在 Navarinsky 沙波区更大深度的范围影响海底。

c）Schumacher 等（1983）研究了圣劳伦斯岛南部白令海陆架冰间湖冰形成期间盐水排斥现象。冰的形成伴随了较大的风，确实产生于向北流向白令海峡反向的密度驱动流。但是，这些倒转流的持续时间（几天）和流速（小于 10 cm/s）远小于 Hand 的设想。

Karl 等认为沙波并不广泛分布在世界各地海底峡谷头部的事实并不能否认 Navarinsky 峡谷头部沙波的内波成因。潮汐影响着世界各地的陆架，但潮汐流产生的床形结构并没有在任何陆架发现，它们仅在一系列特定的环境下形成。同时，所有的海底峡谷的环境条件并不是相同的。许多特定环境需要考虑，如到海岸线的距离、峡谷头部的水深、峡谷大小形状、原峡谷几何形状、底层特征、沉积物供应、边界流强度和水柱结构都应该分别考虑。

3）资料分析

（1）研究区剖面资料

在 Navarinsky 峡谷头部发现了发育良好的 1 400 km^2 的连续沙波区，Pervenets 沙波区约 800 km^2，Zhemchug 沙波面积 400 km^2。详细调查表明在研究区沙波限制在水深 215 ~ 450 m。对测线数据应用统计和几何学方法，得到沙波波脊走向在 350° ~ 10°（图 5 - 99），波长为 600 ~ 650 m，沿东西方向测线的沙波平均波长 649 m，标准偏差 172 m。波高 2 ~ 15 m，平均波高 5 m，标准差 3 m。沙波单元得到的最大地层厚度为 120 m，包含若干个交叉层厚约 20 m（见图 5 - 101）。

峡谷头部的整个沙波区位于两条主要的峡谷轴线之间（图 5 - 101）。沙波区坡度约 0.4° ~ 0.5°。沙波区上部是外陆架，坡度至少为 0.2°；沙波区之下的上陆坡坡度为 1°。沙波区等深线方向为 300° ~ 0°。分隔沙波的西北方向的峡谷轴线方向为 55°，沙波场东部的峡谷轴线方向 70°。沙波特征包括一般的正弦形状、地层剖面中的向上坡迁移和低的波高/波长比。

沙波波脊走向近乎南北向（北偏东 5°）（图 5 - 99）。沙波不仅表现在海底表面，而且明显出现在海底以下（图 5 - 102）。包含沙波的地层单元总厚度为 100 ~ 120 m，覆盖在平坦、

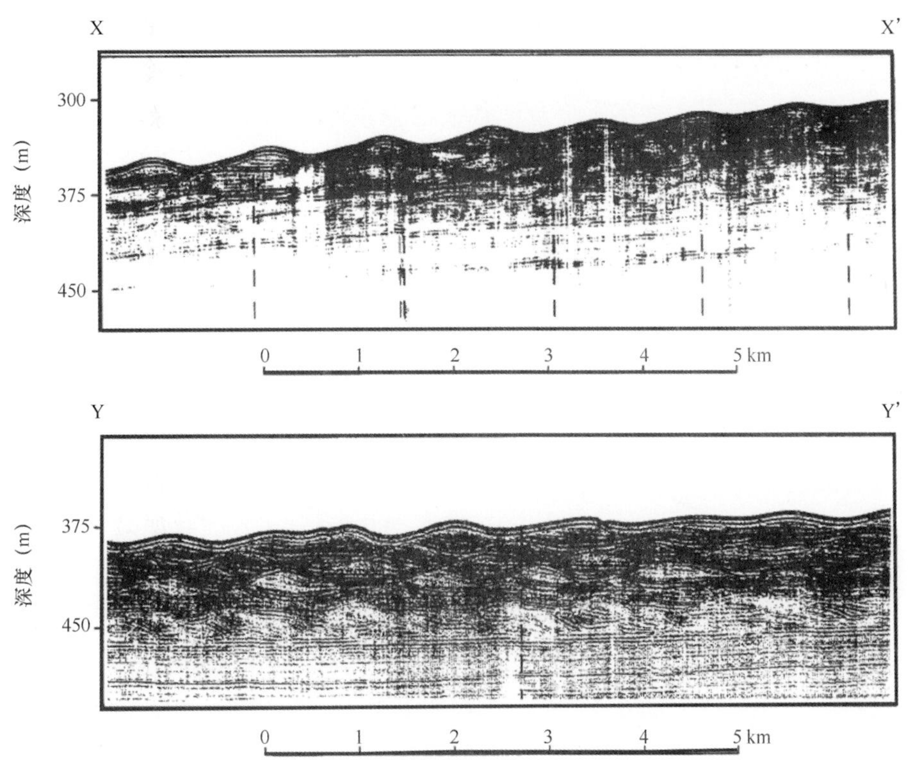

图5－101　电火花震源得到的 Navarinsky 峡谷头部沙波剖面

（测线几乎与波脊正交；上攀现象在剖面很明显）

（引自 Karl 和 Cacchione，1986）

平行的反射层上。交错的地层单元向沙波区西北边界减薄到10～15 m，向东南边界减薄到70～90 m，在沙波区的东南拐角尖灭。沙波在水深300～350 m范围内发育最好。在更浅的水域沙波波高明显减小，在更深的水域床形单元通常被破坏成丘状形态。在断面最厚的部分至少可以识别出7个地层单元，单个的交错层厚度可达20 m（图5－102）。地层单元减薄时地层数量相应的减少。在海底和其下都有发现对称和不对称沙波结构。不对称沙波陡峭的一面和沙波区内部地层明显向东倾斜。

通过地震反射剖面，Carlson 等（1983）在研究区划出了最年轻的地层单元，地层单元基底年龄至少0.03 Ma（Carlson and Karl，1983）。该反射截面可以追踪到 Navarinsky 沙波序列上部的10～20 m（Carlson and Karl，未公布的数据）。这个反射截面下的地层是残余的并且推测上面的地层年龄大于全新世。

Navarinsky 峡谷区床形单元厚的地层序列表明形成过程持续了较长的时间，期间大量砂被运移到该区域。交错的7个层序列像爬升波痕比例明显增大的序列（图5－102）。此相似性表明100 m厚的断面形成期间有一个持续的高沉积速率。

（2）U1345 站位

IODP232 航次在研究区 U1345 钻孔（位置见图5－99）取得了5个点（U1345A、U1345B、U1345C、U1345D、U1345E）的岩芯。该站位的主要目的是研究邻近河道（水深约1 008 m）高分辨率全新世—晚更新世的古海洋学。站位位于远离白令海陆架 Navarinsky 海底峡谷头部附近的河间隆起上。该站位推测在冰期和间冰期有来源于陆架陆源的沉积物流。陆

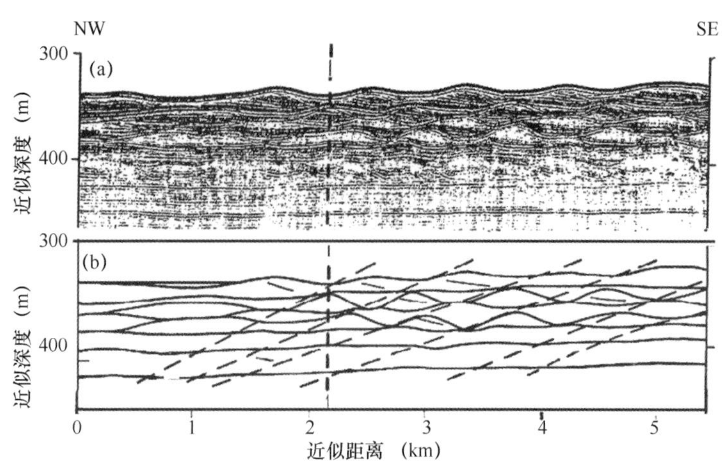

图 5－102　Navarinsky 峡谷沙波

（a）电火花记录，（b）解释图，实线标示沙波层，

虚线标示上攀角度，粗的竖直虚线是时间标记

（引自 Karl 和 Carlson，1982）

坡流源于从阿留申经白令海流进阿拉斯加的河流。在冰期—间冰期周期中，该站对于季节性和长年海冰覆盖范围的变化很敏感。基于该站位 4 个钻孔的研究，有孔虫生物地层基准（Lychnocanoma nipponica sakaii 和 Spongodiscua sp 最近一次出现的时间）用来计算沉积速率（Ling，1973）。单一的沉积速率约为 28 cm/ka（图 5－103）。考虑到测线附近没有更相近的 IODP/ODP 站位，且 U1345 站位相邻近的地震测线 W1174 BS－001A 与测线 BL11－12 难以做层位对比，文中只能使用 U1345 的沉积速率用对地层沉积时间做粗略的估算。参考同航次邻近站位 U1344 岩芯前 150 m 的纵波速率，可以将测线表层纵波速率粗略定为 1 569 m/s。

（3）测线 BL11－12 剖面分析（图 5－104）

图 5－99 中灰色区为 Karl 等（1986）观测得到的沙波位置。测线 BL11－12 处理出来的资料 1 647 ~3 051炮穿过 Navarinsky 峡谷头部沙波区。结合前面处理得到的剖面图，可以解释表面波浪形构造为沙波。根据沙波的形态，测线 BL11－12 得到的沙波是不对称的，陡的一面指向陆架方向。沙波层向陆架方向相对减薄，下伏地层为平形反射层。A、B、C 三层的底面，B 起伏最大，A、C 起伏稍弱；D 层的底面近乎平坦。

（4）测线 BL12－13 剖面分析（图 5－105）

测线 BL12－13 在沙波区外，剖面表层没有发现沙波。A1、A2、B1、C1、C2 五层 5 000 炮之前的地层底面可以看到一些沙波构造，总体上沙波的波高和波长明显比 BL11－12 剖面上的小，规律性上也要差。A 层底面沙波波高最小，越往下沙波越为明显。2 500 炮附近地层底面有一个大型沙波，波高约 9 m，波长 4 478 m。5 000 炮附近有一个明显的沉积洼地，总体长度约 15 km，下凹约 36 m，越往上部洼地越平坦，往下洼地越明显。可以设想这样一个沉积过程，自中更新世 0.237 Ma 以来，最低海平面－122 m 或－133 m 条件下，白令海陆架大部分暴露在海平面以上，大量从陆架来的沉积物迅速充填了该大型洼地。

4）Navarinsky 峡谷沙波成因讨论

（1）沙波特征统计

BL11－12 测线 1 647 ~3 051 炮穿过 Navarinsky 峡谷头部沙波区段（图 5－101）。从剖面

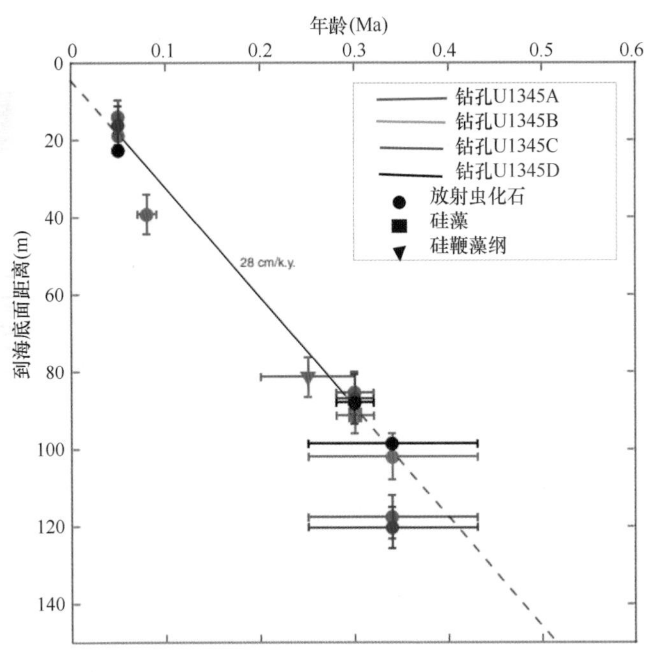

图5-103　U1345站的年龄-深度关系

（包含所有生物地层的和古地磁资料，沉积速率是基于古地磁反转数据和一些生物地层资料）

（引自IODP323航次初步报告）

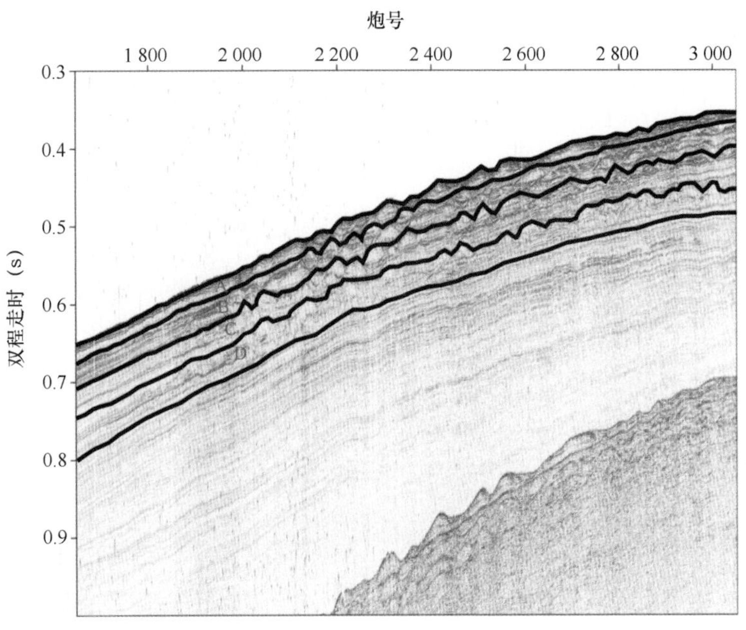

图5-104　BL11-12剖面地层划分

上统计得到沙波平均波高与Karl和Carlson在该区域沙波描述基本吻合（表5-8），陡坡角度1°，对称指数（缓坡/陡坡）1.75，缓陡坡区别不太明显，对称性较好。

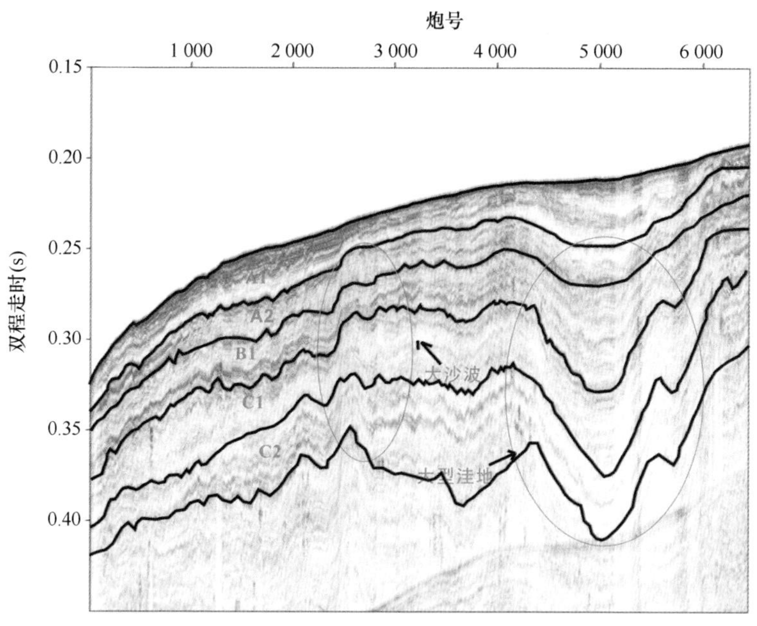

图 5－105　BL12－13 剖面地层划分

表 5－8　沙波特征对比

剖面	陆坡坡度（°）	平均波高（m）	平均波长（m）
X－X′，Y－Y′	0.4～0.5	5	649
BL11－12	0.57	9	882
BL12－13	0.095	较小	较小
La Chapelle bank	—	8～12	850

测线 BL11－12 的地层划分如图 5－104 所示，沙波是多期次叠加形成的，从剖面上可以分出 A、B、C 三个期次，D 期次沙波结构模糊。A、B、C 三层总厚度约 72 m，总的沉积时间尺度约为 0.2～0.3 Ma，说明沙波沉积可以追溯到中更新世。测线 BL12－13 剖面可以划分出 A1、A2、B1、C1、C2 五个沉积层（图 5－105）。五层总厚度约 72 m，沙波总的沉积时间尺度约为 0.2～0.3 Ma（表 5－9），可以追溯到中更新世。

表 5－9　BL11－12 地层统计

地层	A	B	C	A1	A2	B1	C1	C2
厚度（m）	19	25	28	12	8	21	21	10
沉积时间（Ma）		0.2～0.3				0.2～0.3		

测线 BL12－13 处理后得到的剖面地层非常清晰。BL12－13 海底面没有出现沙波，下部地层出现沙波，总体上沙波的波高和波长明显比 BL11－12 剖面上的小，规律性较差，且越往下部沙波越明显，说明随着时间推移水动力条件越不适合大范围沙波的形成。两条测线剖面上沙波特征差异可能与所处陆坡坡度有关（表 5－8），合适的坡度有利于营造形成沙波的水动力条件。

测线 BL11 - 12 和 BL12 - 13 之间只有很小的间隔，可以近似认为是一条测线，地层上应该是连续的。比较测线 BL11 - 12、BL12 - 13 地层厚度，发现 BL11 - 12 剖面 A 层厚度与 BL12 - 13 剖面 A1、A2 层的厚度之和较为相近，可以近似认为是同一套地层。BL11 - 12 剖面 B 层厚度与 BL12 - 13 剖面 B1 层厚度较为相近，可以近似认为是同一套地层。BL11 - 12 剖面 C 层厚度与 BL12 - 13 剖面 C1、C2 层厚度较为相近，可以近似认为是同一套地层。

初步计算得到 B、B1 层底部对应的时间约 0.12 Ma，时间点上对应倒数第二次冰期最大海退。这与 B 层底部与 C 层上部、B1 层底部与 C1 层上部沉积物组成上的明显差异相吻合。

（2）物源距离

Navarinsky 峡谷沙波区沉积物在北面来源于俄罗斯的阿纳德尔河，东面来源于阿拉斯加的育空河。少量碎屑可能来自 St. Matthew 岛和 Pribilof 岛也可能源于冬季冰的漂浮物（Karl and Carlson，1984b）。0.25 Ma 以来海退期间大部分陆架暴露在外面，为沉积物的运移提供了通道，同时也缩短了陆源到沙波的距离，使得细砂 - 超细砂运移到沙波区成为可能。沙波区与古海岸线的距离随着海平面波动不断变化（表 5 - 10），低的海平面有利于粒度大的沉积物运移到沙波区，高的海平面有利于粒度细的沉积物运移到沙波区。

陆架上的潮汐流速约为 20 cm/s（Pelto and Peterson，1984）。Kinder 等（1975）认为陆坡流平均流速为 5 ~ 10 cm/s。Muench（1983）从 1980 年 10 月初到 1981 年 6 月初在白令海陆架的两个站位进行了流速测量，水深分别为 119 m 和 76 m。研究区内测量站位上整个记录长度上的平均流速是 3.3 cm/s，方向 347°。结合 Hujulstrom 曲线知道研究区的水动力条件较弱，只适合颗粒的沉降，不能进行颗粒的运移。

表 5 - 10　海平面变化下测线与古海岸线的距离

海平面降低/时间	133 m/0.13 Ma	122 m/0.237 Ma	95 m/0.0176 Ma
BL11 - 12 前部	145 km	157 km	205 km
BL12 - 13 后部	出露	16 km	81 km

砂质地层覆盖的白令海外陆架和陆坡并没有形成沙波构造。考虑到研究区地震测线覆盖的均匀性（图 5 - 99），不可能偶然只在峡谷头部发现了沙波，沙波应该与海底峡谷相联系。为了推测沙波的形成模型，需要确定沙波是活动的还是残留结构。

两类的证据表明沙波表层已经不再活动。首先，没有可靠的物理海洋学资料表明任何强的或特殊的流能够产生沙波。其次，覆盖沙波的薄泥层或底沙颗粒运动证据的缺失表明床形单元在观测的时候不是活动的。因为远离陆源，现今没有砂质从陆架运移到 Navarinsky 峡谷头部。沙波表层不活动，保持不被覆盖至少有两个原因：一是因为这个区到沉积物源有很长一段距离，只有非常少量的砂和泥沉积在沙波上；二是沙波区的流强到足以阻止沉积或者定期移动已沉积的细沉积物。

沙波是在 0.25 Ma 以来的历史产物，说明海平面降低有利于沙波的形成。研究区沉积物基本上由泥、细砂和超细砂组成，地层剖面上可以看到沉积物粒度的变化，说明地层沉积物粒度对海平面变化有一个很好的响应。

（3）沙波成因讨论

陆架大部分被粉砂和黏土质粉砂覆盖。沿着部分陆架坡折和海底峡谷的头部主要是粉砂质砂和砂质粉砂（Karl and Carlson，1984b）。据 Karl 等（1984a）在沙波区采集到的表层岩芯样品，砂的含量超过 50%，平均粒径范围为细砂－超细砂。第五次北极科学考察在站位 BL12、BL13（即测线 BL11－12 和 BL12－13 的末端）箱式取样得到的沉积物特征均为粉砂质黏土（马德毅，2013）。站位 BL12、BL13 在 Karl 等圈定的沙波区外且更靠近陆架。总结以上观测，可以认为沙波区表层沉积物粒度较附近其他区域大，说明沙波区水动力条件较强且刚好适合细砂、极细砂的沉积。如果认为是潮流作用形成沙波，那么潮汐强度应该是越靠近陆架越强。沙波可能是内波作用在峡谷头部区域能量显著增强的结果。

从图 5－105 剖面上，统计出沙波的水深范围（表 5－11）。即使海平面降低最大情况下，沙波最深的位置在 270 m，这样的水深潮流作用微弱，不可能有效作用于粒度为细砂、极细砂的沉积物。

表 5－11　沙波水深统计

测线	BL11－12	BL12－13	Karl 等的测线
水深（m）	403－252	228－135	450－215

根据前人的研究，沉积物波的内部结构及外部形态规则性明显，波长、波高的变化及两者之间的比率也具规律性，等深流成因或浊流成因较难解释此类现象。不同流动系统中的沉积物波的波高/波长关系似乎受相同的机制控制，某些流动产生的内波的波高/波长比率与海底沉积物波的波高/波长比率相匹配。内波的规模与沉积物波的规模较为一致，海洋内波波高可达 100 m 甚至以上，波长可达数十千米；而沉积物波的波高也可达 100 m，波长可达十几千米。这种良好的相关性表明深水沉积物波也可能为内波作用的产物。

Karl 等认为虽然目前得到的数据不能证明峡谷头部内波流的存在，但是其环境与海洋中内波存区域较为相似。例如，与 Navarinsky 沙波在形状和大小上非常相似的沙波（表 5－8）出现在远离法国大陆边缘附近水深 150～160 m 的区域（La Chapelle bank），认为是由内波形成的（Stride and Tucker，1960）。

从沙波区地震剖面图 5－102 和图 5－105 得到，沙波是不对称的。Shepard 等（1979）研究表明许多海底峡谷往上或下的净流为特征，可能是 Navarinsky 峡谷不对称沙波的原因。陡坡在图 5－102 剖面上是指向上陆坡方向，图 5－105 和图 5－101 剖面基本上是指向上坡方向，结合沙波迁移方向与内波传播方向相反的特点，说明形成沙波的内波大体上是沿着下坡传播。沙波区面积较大，剖面上沙波波形较规则，因此不是滑塌成因形成的。结合图5－101，沙波迁移方向与等深流几乎垂直，难以用等深流及浊流成因来解释。部分采样点泥质含量甚至达到 40% 以上，浊流很难解释大型沙波大面积所对应的高能环境与泥质成分所对应的低能环境之间的矛盾。

Southard 和 Caccione（1972）在实验室证明破碎的内波能够产生床形单元。其他研究展示了地质方面的证据，证明经峡谷改变的流和水循环确实影响陆架上沉积物的运动（Knebel and Folger，1976；Karl，1980）。海湾和峡谷物理形态上的结构也能增大如日潮和半日潮的水运动（Southard and Cacchione，1972）。

综上所述，虽然大陆架上尺寸相近的大型沙波和沙丘可以归因于单向流和非常强的潮汐（Swift and Ludwick，1976；Bouma et al.，1978；Fleming，1981），但是在白令海上陆坡 Navarinsky 峡谷头部的沙波不太可能是潮流作用的结果。在所有可能形成沙波的动力（边界流、气象驱动流、密度流、表面潮汐流）中，只有内波产生的底流才可能形成与上述沉积物波在形态、大小和位置方面相吻合的特征。

5）结论

我国第五次北极科学考察以“雪龙”号科考船为平台，在白令海 Navarinsky 峡谷附近进行了高分辨率单道地震作业。文中对 Geo Resources 公司的 Mini－Trace I 系统接收的地震数据进行了后处理。对剖面上沙波波长、波高进行了统计，分析沙波形成的原因。结合前人研究成果，得到如下结论和认识。

（1）测线 BL11－12 水深范围 465～252 m，其中沙波出现在水深 403～252 m 范围内，测线穿过的上陆坡坡度约为 0.57°。测线 BL12－13 水深范围在 232～137 m，其穿过的上陆坡坡度约为 0.095°。BL12－13 海底面没有出现沙波，下部地层出现沙波，总体上沙波的波高和波长明显比 BL11－12 剖面上的小，规律性上也要差，说明随着时间推移水动力条件越不适合大范围沙波的形成。

（2）剖面 BL12－13 上 2 500 炮附近地层底面有一个大型沙波，波高约 9 m，波长 4 478 m。5000 炮附近有一个明显的沉积洼地，总体长度约 15 km，下凹约 36 m。

（3）剖面 BL11－12 上统计得到沙波平均高度约 9 m，平均波长 882 m。陡坡角度 1°，对称指数（缓坡/陡坡）1.75，陡的一面指向陆架方向，缓陡坡度区别不太明显，对称性好。

（4）将剖面 BL11－12 划分为 A、B、C、D 四层，剖面 BL12－13 划分为 A1、A2、B1、C1、C2 五层。通过厚度上的比较，初步认为 A 层与 A1、A2 层为同一套地层，B 层与 B1 层位同一套地层，C 层与 C1、C2 层为同一套地层。

（5）分析 A、B、C 三层沉积物变化情况，结合 0.25 Ma 以来白令海海平面变化历史，推测 B 层底部对应海海平面最低的倒数第二次冰期最大海退。

（6）沙波总的沉积时间尺度约为 0.2～0.3 Ma，说明沙波形成可以追溯到中更新世。对于 Navarinsky 峡谷沙波成因上倾向于内波成因。

5.3 主要成果总结

北冰洋内包含类型丰富的地质构造单元，如扩张洋中脊、残留海盆、残留陆块和地幔柱火成岩省等。着重于这些构造单元对应的科学问题，极地专项“十二五”期间，专题组在北极区域进行了针对性的地球物理考察。通过水深、重力和磁力的资料，重点解决洋中脊海洋岩石圈形成过程中的岩浆活动和构造活动的相互作用，尤其是在慢速—超慢速扩张洋中脊上的岩浆—非岩浆增生和非对称扩张；通过热流资料，重点研究残留陆块的沉降过程和历史；通过重力、近海底磁力等资料，确定了残留海盆的形成年代。除了岩浆与构造研究外，专题组利用双频 GPS 和反射地震剖面等资料，探讨了北极区域水汽年变化和沙波形成机制等与极地环境相关的问题。

第6章　考察的主要经验与建议

6.1　考察取得的重要成果

“十二五”极地专项期间，我国在北极区域首次实施了正式的海洋地球物理调查。通过5年期间多次试航和2个正式北极科学考察航次，专题组积累出一套针对极地特殊性的地球物理作业流程和方案，改造出一系列适应低温和浮冰环境的地球物理仪器，培养了一批富有极地工作经验的内外业队伍。

借助“雪龙”船平台，专题组开展了上海极地码头重力基点联测、黄河站地磁日变观测、第五次北极科学考察、第六次北极科学考察等野外工作以及室内数据处理与成图等。测量项目包括重力基点测量、地磁日变观测、双频GPS、水深、海洋重力、船载三分量磁力、海面拖曳式磁力、近海底磁力、反射地震和海底热流的综合地球物理调查。其中，除第三次北极科学考察试验性进行的水深、重力和海面拖曳式磁力测量外，其余调查项目均为我国在北冰洋区域首次实施。

专题组共完成重力基点测量1个、地磁日变观测站1个、重力测线7 118 km，海洋拖曳式磁力测线3 242 km，近海底磁力测线592 km，反射地震测线757 km，海底热流点20个。测量范围覆盖北冰洋大西洋扇区、太平洋扇区和中心区域，既包括我国在北极传统的调查区加拿大海和楚科奇海，也涵盖了我国首次到达的挪威—格陵兰海以及北极中心区的罗蒙诺索夫脊。

按照极地专项“北极海域地球物理考察”实施方案要求，专题组在航次完成后对实测数据进行了室内处理、解释和成图，形成了测区的测线分布、水深等值线、空间重力异常、布格重力异常、均衡重力异常、地磁ΔT异常、化极磁异常、莫霍面埋深、地壳厚度、地层厚度、岩石圈热结构、综合剖面解释图和构造区划图共13大类106幅成果图件，为研究北极地质构造问题，初步评估北冰洋油气资源潜力提供了坚实的资料基础。

在构造类型上，北冰洋既包括活动的扩张洋中脊、残留的中生代海盆，又包括残留陆块和可能的大火成岩省。借助“十二五”期间极地专项调查资料与国际公开资料，专题组重点研究了海洋岩石圈形成过程中的岩浆和构造活动的相互作用，尤其是慢速—超慢速扩张洋中脊上的非岩浆增生和非对称扩张；通过热流资料，重点研究残留陆块的沉降过程和历史；通过重力、近海底磁力等资料，确定了中生代残留海盆的具体形成年代。除了岩浆与构造研究外，专题组利用双频GPS和反射地震剖面等资料，探讨了北极区域水汽年变化和沙波形成机制等与极地环境相关的问题。

借助“十二五”极地专项工作，课题组共获得相关自然基金5项，培养研究生8人，发表研究论文27篇，其中12篇被SCI（EI）收录。

6.2 考察的主要成功经验

6.2.1 仪器的保障

地球物理仪器应该能够适应极地考察的特殊性，关键部件或者仪器需要做到双备份。为适应北冰洋的浮冰和低温环境，多数入水仪器均需要针对作业环境进行针对性的改造，如采用抗冰的固体缆进行地震作业，采用钢缆配合钛合金拖体拖曳近海底磁力仪。此外，北极科学考察还有不同于常规地球物理调查的固有特点，如较长的航次时间、多专业同船作业以及较短的作业时间窗口等。与之相对应，作业仪器必须能够长时间稳定工作，占用较小的作业空间并且关键部件或者仪器能够有相应的备份。

6.2.2 人员一专多能

上船人员应该具有丰富的海上作业经验，做到一专多能。由于是多专业同航次作业，船上的具体专业人员少于常规测量的配备。这要求所有上船人员均能独立负责和实施其负责的测量项目，并且能够配合地球物理组成员完成其参与的作业项目。在非地球物理作业期间，船上人员还需要协助参与地质、水文以及冰站等作业。

6.2.3 科学问题清晰明确

北冰洋面积广阔，构造类型丰富，未解之谜众多。而我国北极地球物理考察起步较晚，作业时间较短，因此航次前需设计明确的科学目标，如针对加拿大海盆航空磁力数据可信度低、海面磁力测量无法连续工作的特点，专题组设计的近海底磁力测量在浮冰覆盖区域采集到高精度的地磁资料，从而为揭示加拿大海盆的形成年代提供了直接证据。针对摩恩洋中脊的非对称性，在非对称最强烈的区域进行水深、重力和磁力测量。

6.2.4 极地环境与作业窗口

根据极地自然环境变化的规律，选定合适的地球物理测量的时间窗口。地球物理作业大多为拖曳式设备并且要求船只直线匀速航行，更加容易受到浮冰的影响。同时，地球物理调查区域又往往与物理海洋等专业的站位不同，因此在多专业同船作业时，需要和调查队协调好地球物理作业时间窗口，如在第六次北极科学考察中，首席科学家将地球物理安排在8月底浮冰融化程度最大的时间窗口，保证了地球物理作业项目的顺利完成。

6.2.5 立足国际研究现状

目前，我国在北极地区的调查范围和深度仍然落后美国和俄罗斯等环北极国家和传统海洋调查优势国家。为了做好我国的北极地球物理考察，必须积极搜集国际公开资料，消化吸收最新的国际研究成果，全面总结北极地球物理的研究现状。在此基础上寻找我国北极地球物理调查的特色和突破点，在有限的作业时间内对极地考察事业做出实质性的贡献。

6.3 考察中存在的主要问题及原因分析

6.3.1 作业时间限制

地球物理调查工作时间过短，造成采集数据量太少，测区覆盖太小，针对性研究不足。我国在“十二五”期间仅进行了两个航次的北极科学考察，且每次都实行多专业同船作业，每个专业调查的时间均非常有限，采集数据不够丰富。另外，不同专业的目标区域并不一致，如物理海洋、海洋化学和生物等需要重复站位，而地质、地球物理等专业希望在新区域进行测量。同船作业使得各专业无法完全从本专业的角度出发选择调查目标区域。

6.3.2 作业手段相对单一

由于“雪龙”船承担了南极科考站的后勤补给任务，又是多专业同船作业，船上各专业作业空间有限。作业空间极大地限制了地球物理测量的多样性，如需要地震空压机、气枪和接收电缆的反射地震测量。同时，“雪龙”船未配备多波束设备，大大降低了地形测量的质量和效率，也影响了其他地球物理资料的处理和解释。

6.3.3 人员不足

第五次北极科学考察和第六次北极科学考察中地球物理随船作业人员均为 4 人。考虑到地球物理作业的专业性、多样性和连续测量的特点，现场作业人员过少，操作过程中容易出现疏忽。在多项目同步作业时，出现问题后难以及时解决。

6.4 对未来科学考察的建议

6.4.1 设置专业化航次

实施专业化的地球物理航次（航段）。根据地球物理专业的作业要求和区域规划考察方式和时间节点，充分利用调查船的作业空间和时间，有效地进行综合地球物理的调查。这将从根本上解决地球物理作业时间短、作业区域受限、作业人员不足以及各专业相互冲突的问题。同时，一个专业化航次采集的数量和质量均优于同等作业时间的多个综合航次，这实际上节省外业调查时间，降低了外业调查的成本。

6.4.2 加强国际合作

出于政治、资源与科学等角度的考虑，环北极国家和传统海洋调查强国在北极进行了大量的地球物理研究。充分利用国际合作，吸收国外优秀研究成果，借鉴极地考察仪器技术，能够在较短的时间内快速提高我国极地地球物理考察的水平。同时，由于地理上我国并非环北极国家，通过国际联合计划能够更顺利地扩大我国在北极的科考区域，减小非科学因素的干扰。

6.4.3 明确国家需求

俄罗斯和美国在北极区域的地球物理调查均具有明确的科学目的和具体的国家需求，如针对大陆架划界，俄罗斯在北冰洋地形高地上进行了多个航次的地形、反射、折射地震和地质采样调查；针对深水油气资源，美国在加拿大海盆进行了多个航次的反射和折射地震测量。我们国家应尽快明确在北极区域的需求并设计与之配套的科学考察实施方案。

6.4.4 提升极地考察技术

极地特殊的环境限制了很多常规地球物理仪器的应用。为保证地球物理调查多样性，减少资料的多解性，建议对考察仪器进行相应的设计和改造，如改造不受浮冰影响的船载三分量磁力仪和自动躲避浮冰的水下地震仪等。同时，除了“雪龙”船与固定翼飞机外，采集高精度、高分辨率地球物理数据也需要 AUV 等水下自主测量平台的支撑。

参考文献

李官保,刘晨光,华清锋,等.2014.北冰洋楚科奇边缘地的地球物理场与构造格局.海洋学报,36(10):69－79.

马德毅.2013.中国第五次北极科学考察报告.海洋出版社.

王威,高金耀,沈中延,等.2015.罗斯海天然气水合物成藏条件及资源量评估.海洋学研究,1:16－24.

吴文鹂,管志宁,高艳芳,等.2005.重磁异常数据三维人机联作模拟.物探化探计算技术,27(3):227－232.

徐行,施小斌,罗贤虎,等.2006.南海北部海底地热测量的数据处理方法.现代地质,20(3):457－464.

Aagaard K,Foldvik A,Hillman S R. 1987. The West Spitsbergen Current:disposition and water mass transformation. Journal of Geophysical Research:Oceans,92(C4):3778－3784.

Alexandrov,E. A. Lubimova,G. A. Tomara. 1972. Heat flow through the inner seas and lakes in the USSR. Geothermics, 1(2):73－80.

Arrigoni,V. 2008. Origin and Evolution of the Chukchi Borderland,Texas A & M University,74.

Asimow P D,Langmuir C H. 2003. The importance of water to oceanic mantle melting regimes. Nature,421,815－820.

Backman J, Moran K, McInroy D B. 2006. Expedition 302 Scientists. Arctic Coring Expedition (ACEX): Proc. IODP,302.

Baker E T,Chen Y J,Morgan J P. 1996. The relationship between near－axis hydrothermal cooling and the spreading rate of mid－ocean ridges. Earth and Planetary Science Letters,142(1):137－145.

Baker H C. 1998. GPS Water vapour estimation for meteorological applications. Ph. D. Thesis,University of Nottingham.

Bevis M,Businger S,Herring T,et al. 1992. GPS meteorology:remote sensing of atmospheric water vapor using the global positioning system. Journal of Geophysical Research,97.

Berndt C,et al.. 2001. Seismic volcanostratigraphy of the Norwegian Margin:constraints on tectonomagmatic break－up processes. Journal of the Geological Society,158(3):413－426.

Bouma A H,Hampton M A,Rappeport M L,et al. 1978. Movement of sand waves in lower Cook Inlet,Alaska//Offshore Technology Conference. Offshore Technology Conference.

Boyle E A,Huested S S,Jones S P. 1981. On the distribution of copper,nickel,and cadmium in the surface waters of the North Atlantic and North Pacific Ocean. Journal of Geophysical Research:Oceans,86(C9):8048－8066.

Brozena J M,Childers V A,Lawver L A,et al. 2003. New aerogeophysical study of the Eurasia Basin and Lomonosov Ridge:implications for basin development. Geology,31(9):825－828.

Brigaud F,Vasseur G. 1989. Mineralogy,porosity and fluid control on thermal conductivity of sedimentary rocks. Geophysical Journal International,98(3):525－542.

Brunner F K,Welsch W M. 1993. Effect of the troposphere on GPS measurements. GPS World,4(1):42－51.

Bruvoll V,Breivik A J,Mjelde R,et al. 2009. Burial of the Mohn－Knipovich seafloor spreading ridge by the Bear Island Fan:Time constraints on tectonic evolution from seismic stratigraphy. Tectonics,28,TC4001.

Buck W R,Lavier L L,Poliakov A N B. 2005. Modes of faulting at mid－ocean ridges. Nature,434:719－723.

Bullard S E C. 1954. The flow of heat through the floor of the Atlantic Ocean. Processing of the Royal Society of London A,222:408－429.

Cannat M. 1996. How thick is the magmatic crust at slow spreading oceanic ridges? Journal of geophysical research,101 (B2):2847－2857.

Cannat M, Sauter D, Mendel V, et al. 2006. Modes of seafloor generation at a melt – poor ultraslow – spreading ridge. Geology, 34:605 – 608.

Carey S W. 1955. The orocline concept in geotectonics: Royal Society of Tasmania Proceedings, 89:255 – 288.

Carey W M. 1995. Standard definitions for sound levels in the ocean. IEEE journal of oceanic engineering, 20(2):109 – 113.

Carlson P R, Karl H A. 1988. Development of large submarine canyons in the Bering Sea, indicated by morphologic, seismic, and sedimentologic characteristics. Geological Society of America Bulletin, 100(10):1594 – 1615.

Clauser C, Huenges E. 1995. Thermal conductivity of rocks and minerals. Rock physics & phase relations: A handbook of physical constants, 105 – 126.

Cloetingh S. 1988. Intraplate stresses: a new element in basin analysis//New perspectives in basin analysis. Springer New York, 205 – 230.

Cloetingh S, Gradstein F M, Kooi H, et al. 1990. Plate reorganization: a cause of rapid late Neogene subsidence and sedimentation around the North Atlantic? Journal of the Geological Society, 147(3):495 – 506.

Cochran J R, Edwards M H, Coakley B J. 2006. Morphology and structure of the Lomonosov Ridge, Arctic Ocean. Geochemistry Geophysics Geosystems, 70(5):1 – 9.

Crane K, Doss H, Vogt P, et al. 2001. The role of the Spitsbergen shear zone in determining morphology, segmentation and evolution of the Knipovich Ridge. Mar. Geophys. Res., 22:153 – 205.

Crane K, Sundvor E, Buck W R, et al. 1991. Rifting in the northern Norwegian – Greenland Sea: Thermal tests of asymmetric spreading. J. Geophys. Res., 96:14529 – 14550.

Crough S T. 1983. The correction for sediment loading on the seafloor. J. Geophys. Res., 88:6449 – 6454.

Dauteuil O, Brun J P. 1993. Oblique rifting in a slow – spreading ridge.

Dauteuil O, Brun J P. 1996. Deformation partitioning in a slow spreading ridge undergoing oblique extension: Mohns Ridge, Norwegian Sea. Tectonics, 15:870 – 884.

DeMets C, Gordon R G, Argus D F, et al. 1990. Current plate motions. Geophys. J. Int., 101:425 – 478.

Dick H J B, Lin J, Schouten H. 2003. An ultraslow – spreading class of ocean ridge. Nature, 426:405 – 412.

Divins D L. 2003. Total Sediment Thickness of the World's Oceans & Marginal Seas, NOAA National Geophysical Data Center, Boulder, CO..

Dodson A H, Baker H C. 1998. The accuracy of GPS water vapour estimation. Proceedings of the ION National Technical Meeting, Navigation 2000, California, January, 21 – 23.

Drachev S S, Malyshev N A, Nikishin A M. 2010. Tectonic history and petroleum geology of the Russian Arctic Shelves: an overview. Petroleum Geology Conference series 7, 591 – 619.

Duckworth G L, Baggeroer A B. 1985. Inversion of refraction data from the Fram and Nansen basins of the Arctic Ocean. Tectonophysics, 114(1 – 4):55 – 102.

Dyment J, Lin J, Baker E T. 2007. Ridge – hotspot interactions: What mid – ocean ridges tell us about deep Earth processes. Oceanography, 20:102 – 115.

Ehlers B M, Jokat W. 2009. Subsidence and crustal roughness of ultra – slow spreading ridges in the northern North Atlantic and the Arctic Ocean. Geophysical Journal International, 177(2):451 – 462.

Eldholm O, Karasik M A, Reksnes P A. 1990. The North American plate boundary, in Grantz A, Johnson L, Sweeny J F. (Eds.). The Geology of North America, vol. L. The Artic Ocean Region. Geol. Soc. of Am., Boulder, CO, pp. 171 – 184.

Eldholm O, Windisch C C. 1974. Sediment Distribution in the Norwegian – Greenland Sea. Geol. Soc. Am. Bull., 85, 1661 – 1676.

Eldholm O, et al. . 2000. Atlantic volcanic margins: a comparative study. Geological Society, London, Special Publications, 167(1):411 – 428.

Elgered G, Ronnang B, Winberg E, et al. 1985. Satellite – earth range meaurements 1. Correction of the excess path length due to atmospheric water vapour by ground – based microwave radiometry. Research Report, No. 147.

Embry A F. 1990. Geological and geophysical evidence in support of anticlockwise rotation of northern Alaska. Mar. Geol. , 93:317 – 329.

Embry A F. 1998. Counterclockwise Rotation of the Arctic Alaska Plate: Best Available Model or Untenable Hypothesis for the Opening of the Amerasia Basin, polarforschung, 68:247 – 255.

Escartín J, Smith D K, Cann J, et al. 2008. Central role of detachment faults in accretion of slow – spreading oceanic lithosphere. Nature, 455:790 – 794.

Faleide J I, et al. . 2008. Structure and evolution of the continental margin off Norway and the Barents Sea. Episodes, 31 (1):82.

Fontaine F J, Cannat M, Escartin J. 2008. Hydrothermal circulation at slow – spreading mid – ocean ridges: The role of along – axis variations in axial lithospheric thickness. Geology, 36(10):759 – 762.

Forsyth D A, Mair J A. 1984. Crustal structure of the Lomonosov ridge and the Fram and Makarov basins near the north pole. Journal of geophysical research. 89 (B1):437 – 481.

Frey F A, Coffin M F, Wallace P J, et al. 2000. Origin and evolution of a submarine large igneous province: the Kerguelen Plateau and Broken Ridge, southern Indian Ocean. Earth and Planetary Science Letters, 176(1):73 – 89.

Gaina C, Werner S C, Saltus R, et al. 2011. Circum – Arctic mapping project: new magnetic and gravity anomaly maps of the Arctic. Geological Society, London, Memoirs, 35(1):39 – 48.

Garcia E S, Sandwell D T, Smith W H F. 2014. Retracking CryoSat – 2, Envisat and Jason – 1 radar altimetry waveforms for improved gravity field recovery. Geophys. J. Int. .

Géli L. 1993. Volcano – tectonic events and sedimentation since late Miocene times at the Mohns Ridge, near 72°N, in the Norwegian – Greenland Sea. Tectonophysics, 222:417 – 444.

Géli L, Renard V, Rommevaux C. 1994. Ocean crust formation processes at very slow spreading centers: A model for the Mohns Ridge, near 72°N, based on magnetic, gravity, and seismic data. J. Geophys. Res. , 99:2995 – 3013.

Georgen J E, Lin J, Dick H J. 2001. Evidence from gravity anomalies for interactions of the Marion and Bouvet hotspots with the Southwest Indian Ridge: effects of transform offsets. Earth Planet. Sci. Lett. , 187:283 – 300.

Grantz A L, Eittreim S, Dinter D. 1979. Geology and tectonic development of the continental margin north of Alaska, Tectonophysics, 590:263 – 291.

Grantz A, Clark D L, Phillips R L, et al. 1998. Phanerozoic stratigraphy of Northwind Ridge, magnetic anomalies in the Canada basin, and the geometry and timing of rifting in the Amerasia basin, Arctic Ocean. Geological Society of America Bulletin, 110(6):801 – 820.

Grantz A, Eittreim S, Dinter D A. 1979. Geology and tectonic development of the continental margin north of Alaska. Tectonophysics, 59(1):263 – 291.

Grantz A, Hart P E, May S D. 2004. Seismic reflection and refraction data acquired in Canada Basin, Northwind Ridge and Northwind Basin, Arctic Ocean in 1988, 1992 and 1993. U. S. Geological Survey Open – File Report(2004 – 1243), 33.

Grantz A L, Hart P, Childers V. 2011. Geology and tectonic development of the Amerasia and Canada Basins, Arctic Ocean. Geol. Soc. Lond. Mem, 35(1):771 – 799.

Grantz A, Scott R A, Drachev S S, et al. 2011. Sedimentary successions of the Arctic Region(58 – 64° to 90°N) that may be prospective for hydrocarbons//Spencer A M, Embry A F, Gautier D L, et al. Arctic Petroleum Geology,

Memoirs 35. The Geological Society of London, 17 – 37.

Halgedahl S L, Jarrard R D. 1987. Paleomagnetism of the Kuparuk River Formation from oriented drill core: Evidence for rotation of Arctic Alaska Plate, in Tailleur, I. L., and Weimer, P., eds. Alaskan North Slope geology, Volume 2: Bakersfield, California, Pacific Section, Society of Economic Paleontologists and Mineralogists and Anchorage, Alaska Geologic Society, 581 – 617.

Hegewald A. 2012. The Chukchi Region – Arctic Ocean – Tectonic and Sedimentary Evolution. Digitale Bibliothek Thüringen.

Hegewald A, Jokat W. 2013. Tectonic and sedimentary structures in the northern Chukchi region, Arctic Ocean. Journal of Geophysical Research: Solid Earth, 118: 3285 – 3296.

Hyndman R D, Erickson A J, VonHerzen R P. 1974. Geothermal measurement on DSDP Leg 26 // Davies Luyendyk TA, BP. Initial Reports of the Deep Sea Drilling Project 26 Washington: US Government Printing Office, 675 – 742.

Ito K. 1974. Petrological models of the oceanic lithosphere: geophysical and geochemical tests. Earth and Planetary Science Letters, 21(2): 169 – 180.

Ito G, Lin J, Gable C W. 1996. Dynamics of mantle flow and melting at a ridge – centered hotspot: Iceland and the Mid – Atlantic Ridge. Earth Planet. Sci. Lett., 144: 53 – 74.

Ito G, Lin J, Graham D. 2003. Observational and theoretical studies of the dynamics of mantle plume – mid – ocean ridge interaction. Rev. Geophys., 41: 1017.

Jackson H R, Forsyth D A, Hall J K, et al. 1990. Seismic reflection and refraction//Grantz A, Johnson L, Sweeney J F. The Arctic Ocean Region. Geological Society of America, Boulder, 153 – 170.

Jakobsson M, Mayer L, et al. 2002. "The International Bathymetric Chart of the Arctic Ocean (IBCAO) Version 3.0." Geophysical Research Letters, 39 (12).

Jakobsson M, Macnab R, Mayer L, et al. 2008a. An improved bathymetric portrayal of the Arctic Ocean: Implications for ocean modeling and geological, geophysical and oceanographic analyses. Geophysical Research Letters, pp. 5.

Johnson G L, Heezen B C. 1967. The Arctic mid – oceanic ridge. Nature, (215): 724 – 725.

Johnson S, Doré A G, Spencer A M. 2001. The Mesozoic evolution of the southern North Atlantic region and its relationship to basin development in the south Porcupine Basin, offshore Ireland. Geological Society, London, Special Publications, 188(1): 237 – 263.

Jokat W, Ritzmann O, Schmidt – Aursch M C, et al. 2003. Geophysical evidence for reduced melt production on the Arctic ultraslow Gakkel mid – ocean ridge. Nature, 423(6943): 962 – 965.

Jokat W, Uenzelmann N G, Kristoffersen Y, et al. 1992. Lomonosov Ridge—a double – sided continental margin. Geology, 20(10): 887 – 890.

Jokat W. 2005. The sedimentary structure of the Lomonosov Ridge between 88°N and 80°N. Geophysical Journal International, 163(2): 698 – 726.

Karl H A, Cacchione D A, Carlson P R. 1986. Internal – wave currents as a mechanism to account for large sand waves in Navarinsky Canyon head, Bering Sea. Journal of Sedimentary Research, 56(5).

Keep M, McClay K. 1997. Analogue modelling of multiphase rift systems. Tectonophysics, 273(3): 239 – 270.

Kenyon S, Forsberg R, Coakley B. 2008. New gravity field for the Arctic. Eos, Transactions American Geophysical Union, 89(32): 289 – 290.

Klingelhofer F, Géli L, White R. 2000. Geophysical and geochemical constraints on crustal accretion at the very – slow spreading Mohns Ridge. Geophysical Research Letters, 27(10): 1547 – 1550.

Klingelhöfer F, Géli L, Matias L, et al. 2000. Crustal structure of a super – slow spreading center: a seismic refraction study of Mohns Ridge, 72° N. Geophys. J. Int., 141, 509 – 526.

Kouba J, Héroux P. 2001. Precise Point Positioning using IGS orbit and clock products. GPS Solutions, 5(2): 12 – 28.

Kristoffersen Y, Husebye E S. 1985. Multi – channel seismic reflection measurements in the Eurasian Basin, Arctic Ocean, from US ice station Fram – IV. Tectonophysics, 114(1 – 4): 103 – 115.

Kuo B Y, Forsyth D. 1988. Gravity anomalies of the ridge – transform system in the South Atlantic between 31° and 34.5°S: Upwelling centers and variations in crustal thickness. Mar. Geophys. Res., 10, 205 – 232.

Kutas R I, Lubimova E A, Smirnov Y B. 1976. Heat flow map of the European part of the USSR and its geological and geophysical interpretation//Geoelectric and Geothermal Studies (East – Central Europe, Soviet Asia). Akadémiai Kiadó Budapest, 443 – 449.

Kuzmichev A B. 2009. Where does the South Anyui suture go in the New Siberian islands and Laptev Sea?: Implications for the Amerasia basin origin. Tectonophysics, 463: 86 – 108.

Lane L S. 1997. Canada Basin, Arctic Ocean: evidence against a rotational origin. Tectonics, 16: 363 – 387.

Langmuir C H, Forsyth D W. 2007. Mantle melting beneath mid – ocean ridges. Oceanography, 20: 78 – 89.

Langmuir C H, Klein E M, Plank T. 1992. Mantle Flow and Melt Generation at Mid – Ocean Ridges. American Geophysical Union, Geophysical Monographj.

Langseth M G, Westbrook G K, Hobart M. 1990. Contrasting geothermal regimes of the Barbados Ridge accretionary complex. Journal of Geophysical Research: Solid Earth, 95(B6): 8829 – 8843.

Laske G, Masters G. 1997. A Global Digital Map of Sediment Thickness, EOS Trans. AGU, 78, F483.

Lawver L, Scotese C. 1990. A review of tectonic models for the evolution of the Canada Basin. In: Grantz A, Johnson L, Sweeney, J. (Eds.), The Arctic Ocean Region. Vol. Geology of North America. Geological Society of America, Boulder, Colorado, 593 – 618.

Lawver L A, Grantz A, Gahagan L M. 2002. Plate kinematic evolution of the present Arctic region since the Ordovician. Special Papers – Geological Society of America, 333 – 358.

Lawver L A, Hornbach M J, Davis M B, et al. 2008. Pockmarks, Western Ross Sea, Antarctica and Mendeleev Ridge, Central Arctic Ocean: Recent and/or Prevalent? //AGU Fall Meeting Abstracts. 1: 0080.

Laxon S, McAdoo D. 1994. Arctic Ocean gravity field derived from ERS – 1 satellite altimetry. Science, 265: 621 – 624.

Li G B, Liu C G, Hua Q F, et al. 2014. Geophysical field and tectonic framework of the Chukchi Borderland, Arctic Ocean. Acta Oceanologica Sinica (in Chinese), 36(10): 69 – 79.

Lin J, Purdy G M, Schouten H, et al. 1990. Evidence from gravity data for focused magmatic accretion along the Mid – Atlantic Ridge. Nature, 344, 627 – 632.

Linthout K, Helmers H, Wijbrans J R, et al. 1996. $^{40}Ar/^{39}Ar$ constraints on obduction of the Seram ultramafic complex: consequences for the evolution of the southern Banda Sea. Geological Society, London, Special Publications, 106(1): 455 – 464.

Lister C R B. 1970. Heat flow west of the Juan de Fuca Ridge. Journal of Geophysical Research, 75(14): 2648 – 2654.

Lubimova E A, Polyak B G. 1969. Heat flow map of Eurasia. The earth's crust and upper mantle, 82 – 88.

Lundin E, Doré A. 2002. Mid – Cenozoic post – breakup deformation in the , Äòpassive, Äômargins bordering the Norwegian, ÄìGreenland Sea. Marine and Petroleum Geology, 19(1): 79 – 93.

Mair J A, Forsyth D A. Crustal structure of the Canada Basin near Alaska, the Lomonosov Ridge, and adjoining basins near the North Pole. Tectonophysics, 89: 239 – 254.

Mair J A, Lyons J A. 1981. Crustal structure and velocity anisotropy beneath the Beaufort Sea. Canadian Journal of Earth Sciences, 18(4): 724 – 741.

Maus S, Barckhausen U, Berkenbosch H, et al. 2009. EMAG2: A 2 – arc min resolution Earth Magnetic Anomaly Grid compiled from satellite, airborne, and marine magnetic measurements. Geochemistry, Geophysics, Geosystems, 10(8).

Michael P J, Langmuir C H, Dick H J, et al. 2003. Magmatic and amagmatic seafloor generation at the ultraslow – spreading Gakkel Ridge. Arctic Ocean. Nature, 423(6943): 956 – 961.

Miller E L, Toro J, Gehrels G, et al. 2006. New insights into Arctic paleogeography and tectonics. from U – Pb detrital zircon geochronology. tectonics, vol. 25.

Minakov A N, Podladchikov Y Y. 2012. Tectonic subsidence of the Lomonosov Ridge. Geology, 40(2): 99 – 102.

Montesi L G J, Behn M D. 2007. Mantle flow and melting underneath oblique and ultraslow mid – ocean ridges. Geophysical Research Letters, 34(24).

Morrow R, Church J, Coleman R, et al. 1992. Eddy momentum flux and its contribution to the Southern Ocean momentum balance. Nature, 357: 482 – 484.

Mosar J, Lewis G, Torsvik T H. 2002. North Atlantic sea – floor spreading rates: implications for the Tertiary development of inversion structures of the Norwegian – Greenland Sea. J. Geol. Soc., 159: 503 – 515.

Mosher D C, Shimeld J, Hutchinson D, et al. 2012. Submarine landslides in arctic sedimentation: Canada Basin//Submarine Mass Movements and Their Consequences. Springer Netherlands, 147 – 157.

Muench R D, LeBlond P H, Hachmeister L E. 1983. On some possible interactions between internal waves and sea ice in the marginal ice zone. Journal of Geophysical Research: Oceans, 88(C5): 2819 – 2826.

Müller R D, Roest W R, Royer J Y. 1998. Asymmetric sea – floor spreading caused by ridge – plume interactions. Nature, 396: 455 – 459.

Müller R D, Sdrolias M, Gaina C, et al. 2008. Age, spreading rates, and spreading asymmetry of the world's ocean crust. Geochem. Geophys. Geosyst., 9, Q04006.

Neumann E R, Schilling J G. 1984. Petrology of basalts from the Mohns – Knipovich Ridge; the Norwegian – Greenland sea. Contributions to Mineralogy and Petrology, 85(3): 209 – 223.

Nørgaard – Pedersen N, Mikkelsen N, Lassen S J, et al. 2007. Reduced sea ice concentrations in the Arctic Ocean during the last interglacial period revealed by sediment cores off northern Greenland. Paleoceanography, 22(1).

Okino K, et al. 2002. Preliminary analysis of the Knipovich Ridge segmentation: influence of focused magmatism and ridge obliquity on an ultraslow spreading system. Earth and Planetary Science Letters, 202(2): 275 – 288.

Oldenburg D W, Brune J N. 1975. An explanation for the orthogonality of ocean ridges and transform faults. Journal of Geophysical Research, 80(17): 2575 – 2585.

Ostenso N A, Wold R J. 1977. A seismic and gravity profile across the Arctic Ocean Basin. Tectonophysics, 37(1 – 3): 1 – 24.

Parker R L. 1973. The Rapid Calculation of Potential Anomalies. Geophys. J. R. Astron. Soc., 31, 447 – 455.

Parker R L, Huestis S P. 1974. The inversion of magnetic anomalies in the presence of topography. Journal of Geophysical Research, 79(11): 1587 – 1593.

Pedersen R B, Thorseth I H, NygåRd T E, et al. 2013. Hydrothermal Activity at the Arctic Mid – Ocean Ridges, in: Rona P A, Devey C W, Dyment J, Murton B J(Eds.). Diversity Of Hydrothermal Systems On Slow Spreading Ocean Ridges. AGU, 67 – 89.

Penna N, Dodson A, Chen W. 2001. Assessment of EGNOS tropospheric correction model. The Journal of Navigation, 54 (01): 37 – 55.

Phipps M J, Parmentier E M, Lin J. 1987. Mechanisms for the origin of mid – ocean ridge axial topography: Implications for the thermal and mechanical structure of accreting plate boundaries. J. Geophys. Res., 92: 12823 – 12836.

Poselov V A, Verba V V, Zholondz S M. 2007. Typification of the Earth's crust of Central Arctic Uplifts in the Arctic Ocean. Geotecton, 41: 296 – 305.

Ratcliffe E H. 1960. The thermal conductivities of ocean sediments. Journal of Geophysical Research, 65 (5): 1535 – 1541.

Reeves C, Korhonen J V. 2007. Magnetic anomalies for geology and resources//Encyclopedia of Geomagnetism and Paleomagnetism. Springer Netherlands, 477 – 481.

Renard V, Avedik F, Géli L, et al. 1989. Characteristics of the Oceanic crust formation of the part of the Mohns Ridge, near 72°N, in the Norwegian – Greenland sea. Part I, Morphological study and underway geophysics (abstract), Terra Cognita, 1: 207.

Rocken C, Van H T, Johnson J, et al. 1995. GPS/STORM – GPS sensing of atmospheric water vapour for meteorology. Journal of Atmospheric and Oceanographic Technology, 12: 468 – 478.

Royden L, Keen C E. 1980. Rifting process and thermal evolution of the continental margin of eastern Canada determined from subsidence curves. Earth and Planetary Science Letters, 51(2): 343 – 361.

Sandwell D T, Smith W H F. 1997. Marine gravity anomaly from Geosat and ERS – 1 satellite altimetry. J. Geophys. Res., 102: 10039 – 10054.

Schön J H. 2004. Physical Properties of Rocks: Fundamentals and Principles of Petrophysics. Elsevier, Heidelberg, 600.

Scholl D W, Buffington E C, Marlow M S. 1975. Plate tectonics and the structural evolution of the Aleutian – Bering Sea region. Geological Society of America Special Papers, 151: 1 – 32.

Scholl D W, Von Huene R, Vallier T L, et al. 1980. Sedimentary masses and concepts about tectonic processes at underthrust ocean margins. Geology, 8(12): 564 – 568.

Sherwood K W, Johnson P P, Craig J D, et al. 2002. Structure and stratigraphy of the Hanna Trough, U. S. Chukchi Shelf, Alaska, and supplementary material on CD//Miller E L, Grantz A, Klemperer S L, Tectonic Evolution of the Bering Shelf – Chukchi Sea – Arctic Margin and Adjacent Landmasses. The Geological Society of America Special Paper, Boulder, 39 – 66.

Smith D K, Cann J R, Escartín J. 2006. Widespread active detachment faulting and core complex formation near 13°N on the Mid – Atlantic Ridge. Nature, 442: 440 – 443.

Smith D K, Escartín J, Schouten H, et al. 2008. Fault rotation and core complex formation: Significant processes in seafloor formation at slow – spreading mid – ocean ridges (Mid – Atlantic Ridge, 13° – 15°N). Geochem. Geophys. Geosyst, 9: Q03003.

Smith W H F, Sandwell D T. 1997. Global Sea Floor Topography from Satellite Altimetry and Ship Depth Soundings. Science, 277: 1956 – 1962.

Southard J B, Cacchione D A. 1972. Experiments on bottom sediment movement by breaking internal waves. In: shelf sediment transport: process and pattern.

Sparks R S J, Huppert H E, Turner J S, et al. 1984. The fluid dynamics of evolving magma chambers (and discussion). Philosophical Transactions of the Royal Society of London A: Mathematical, Physical and Engineering Sciences, 310 (1514): 511 – 534.

Stein C A, Stein S. 1992. A model for the global variation in oceanic depth and heat flow with lithospheric age. Nature, 359: 123 – 129.

Sweeney J F. 1983. Evidence for the origin of the Canada Basin margin by rifting in Early Cretaceous time.

Swift D J P, Ludwick J C. 1976. Substrate response to hydraulic process: grain – size frequency distributions and bed forms//Marine sediment transport and environmental management. Wiley New York, NY, 159 – 196.

Szitkar F, Dyment J, Fouquet Y, et al. The magnetic signature of ultramafic – hosted hydrothermal sites. Geology.

Talwani M, Eldholm O. 1977. Evolution of the Norwegian – Greenland Sea. Geol. Soc. Am. Bull, 88: 969 – 999.

Taylor P, Kovacs L, Vogt P, et al. 1981. Detailed aeromagnetic investigation of the Arctic Basin, 2. J Geophys Res., 86

(B7):6323 – 6333.

Tivey M A,Johnson H P. 1987. The central anomaly magnetic high:Implications for ocean crust construction and evolution. Journal of Geophysical Research:Solid Earth,92(B12):12685 – 12694.

Tivey M A,Schouten H,Kleinrock M C. 2003. A near – bottom magnetic survey of the Mid – Atlantic Ridge axis at 26° N:Implications for the tectonic evolution of the TAG segment. J. Geophys. Res. ,108:2277.

Torsvik T H,Mosar J,Eide E A. 2001. Cretaceous – Tertiary geodynamics:a North Atlantic exercise. Geophys. J. Int. , 146:850 – 866.

Torsvik T H,et al. ,2001. Reconstructions of the continents around the North Atlantic at about the 60th parallel. Earth and Planetary Science Letters,187(1):55 – 69.

Tucholke B E,Behn M D,Buck W R,et al. 2008. Role of melt supply in oceanic detachment faulting and formation of megamullions. Geology,36:455 – 458.

Tucholke B E,Lin J. 1994. A geological model for the structure of ridge segments in slow spreading ocean crust. J. Geophys. Res. ,99:11937 – 11958.

Tucholke B E,Lin J,Kleinrock M C. 1998. Megamullions and mullion structure defining oceanic metamorphic core complexes on the Mid – Atlantic Ridge. J. Geophys. Res. ,103:9857 – 9866.

Turcotte D L,Schubert G. 2002. Geodynamics,Cambridge Univ. Press,New York.

Van A E,Lin J. 2004. Time variation in igneous volume flux of the Hawaii – Emperor hot spot seamount chain. J. Geophys. Res. ,109,B11401.

Van W J,Blackman D. 2007. Development of en echelon magmatic segments along oblique spreading ridges. Geology,35 (7):599 – 602.

Van W J,et al. . 2001. Melt generation at volcanic continental margins; no need for a mantle plume? Geophysical Research Letters,28(20):3995 – 3998.

Vogt P R,Taylor P,Kovacs L,et al. 1979. Detailed aeromagnetic investigation of the Arctic Basin. J Geophys Res. ,84 (B3):1071 – 1089.

Vogt P R,Perry R K. 1981. North Atlantic Ocean:Bathymetry and plate tectonic evolution. Geol. Soc. Am. Map and Chart. Ser. MO – 35.

Vogt P R. 1986. Plate kinematics during the last 20 May and the problem of present motions,in:Vogt,P. R. ,Tucholke, B. E. (Eds.),The Geology of North America. Volume M,The Western North Atlantic Region. Geol. Sot. Am. ,Boulder,CO,405 – 425.

Vogt P R. 1986. Geophysical and geochemical signatures and plate tectonics. The Nordic Seas,413:662.

Vogt P R,Kovacs L C,Bernero C,et al. 1982. Asymmetric geophysical signatures in the Greenland – Norwegian and Southern Labrador Seas and the Eurasia Basin. Tectonophysics,89:95 – 160.

Vogt P R,Johnson G L. 1973. Magnetic telechemistry of oceanic crust? Nature,245:373 – 375.

Vogt P R,Johnson G,Kristjansson L. 1980. Morphology and magnetic anomalies north of Iceland. J. Geophys,47:67 – 80.

Weber J R,Roots E F. 1990. Historical background:exploration,concepts,and observations. The Arctic Ocean region. Edited by A. Grantz,L. Johnson,and JF Sweeney. Geological Society of America,Boulder,Colo. ,The Geology of North America,50:5 – 36.

Wang T,Lin J,Tucholke B E. 2014. Spatial and Temporal variations in crustal production at the Mid – Atlantic Ridge, 24° – 27°10′N and 0 – 28 Ma. Geochem. Geophys. Geosyst. .

Wessel P,Smith W H F. 1991. Free software helps map and display data. Eos,Trans. AGU,72:441 – 446.

Yogodzinski G M,Rubenstone J L,Kay S M,et al. 1993. Magmatic and tectonic development of the western Aleutians:

An oceanic arc in a strike – slip setting. Journal of Geophysical Research: Solid Earth, 98(B7): 11807 – 11834.

Zhang X, Andersen O B. 2006. Surface ice flow velocity and tide retrieval of the Amery ice shelf using precise point positioning. Journal of Geodesy, 80(4): 171 – 176.

Zumberge J F, Heflin M B, Jefferson D C, et al. 1997. Precise point positioning for the efficient and robust analysis of GPS data from large networks. Journal of Geophysical Research: Solid Earth (1978 – 2012), 102(B3): 5005 – 5017.

附　件

附件 1　考察区域及站位图

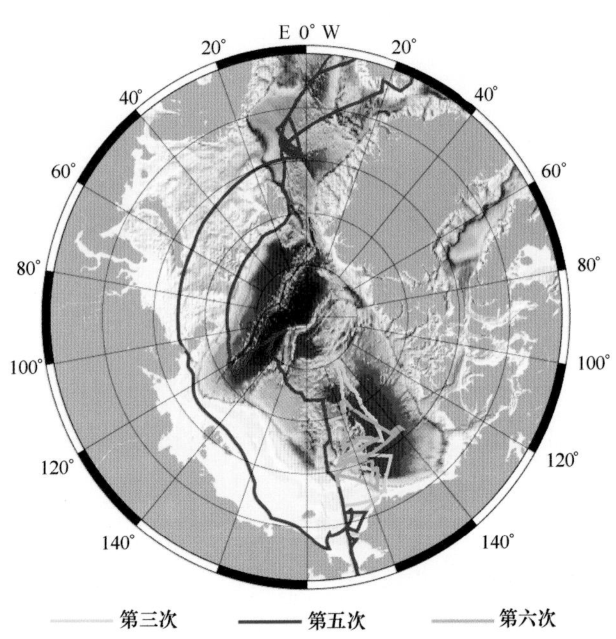

附图 1－1　三次北极海域地球物理考察航迹

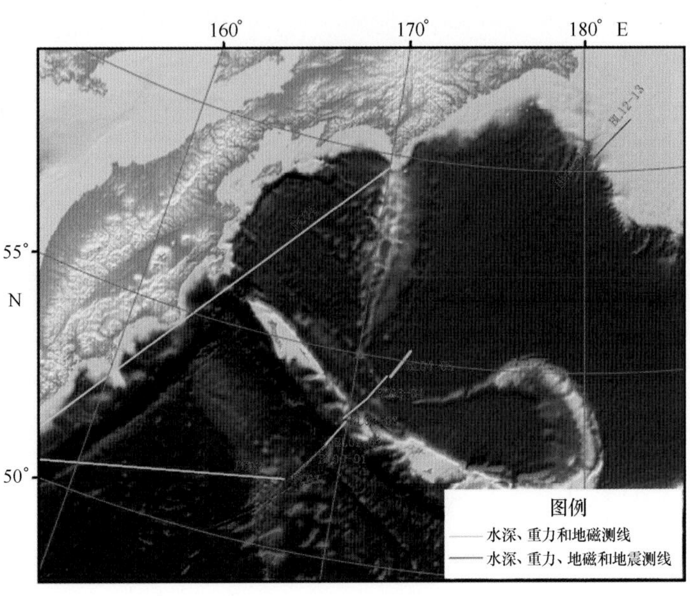

附图 1－2　第五次北极科学考察白令海及周边区域地球物理测线

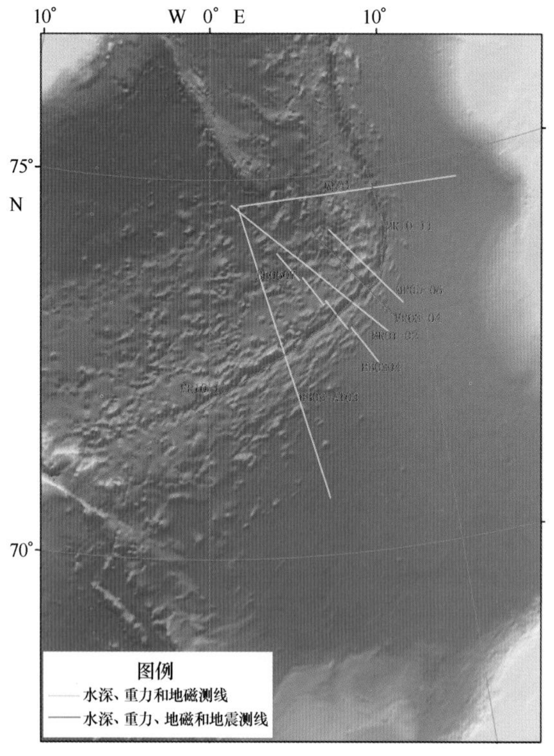

附图 1－3　第五次北极科学考察大西洋扇区地球物理测线

附图 1－4　第五次北极科学考察中心区地球物理测线

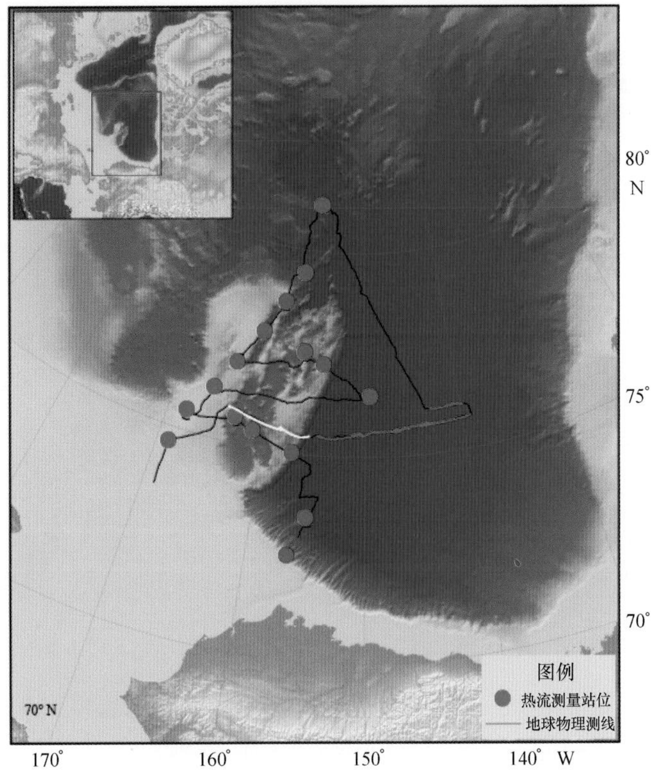

附图 1－5　第六次北极科学考察地球物理测线－站位分布

附件2　主要仪器设备一览表

序号	仪器（标准物质）名称	生产公司	型　号	所属单位	用　途
1	GPS	Trimble 公司	SPS551、R7	国家海洋局第二海洋研究所	定位
1	陆地重力仪	美国 Micro－g 公司	L&R G	武汉大学	重力基点测量
3	高分辨率地震电缆	西安虹陆洋	24 道液体缆	国家海洋局第二海洋研究所	采集海底地层数据
4	海洋重力仪	德国 Bodensee Gravity Geosystem 公司	KSS31M	国家海洋局第一海洋研究所	采集海洋重力数据
5	海洋重力仪	美国 Micro－g 公司	L&R S	国家海洋局第一海洋研究所	采集海洋重力数据
6	铯光泵磁力仪	Geometrics 公司	G882SX	国家海洋局第三海洋研究所	采集海洋磁力数据
7	铯光泵磁力仪系统	Geometrics 公司	G880SX	国家海洋局第三海洋研究所	采集海洋磁力数据
8	海底地磁日变站	Marine Magnetics 公司	Sentinel_ Base_ Station	国家海洋局第二海洋研究所	测量海底磁力变化
9	船载三分量磁力仪	国家海洋局第二海洋研究所	TCM－S－101	国家海洋局第二海洋研究所	地磁三分量
10	多道地震电缆	美国 Hydroscience 公司	24 道固体缆	国家海洋局第二海洋研究所	接收地震数据
11	单道电缆	荷兰 Geosource 公司	液体单道缆	国家海洋局第二海洋研究所	接收地震数据
12	等离子电火花震源	浙江大学	PC－30000	国家海洋局第二海洋研究所	发射震源信号
13	热流探针	台湾海洋大学	6000 m	国家海洋局第二海洋研究所	测量海底温差变化
14	压力传感器	海鸟公司	SBE 7000 m	国家海洋局第二海洋研究所	拖体深度
15	甲板热导率单元	Teka 公司	TK04	国家海洋局第二海洋研究所	沉积物热导率

附件3　承担单位及主要人员一览表

序号	姓名	专业	参加航次	工作内容	单位
1	张　涛	地球物理	第五次北极科学考察 第六次北极科学考察	现场采集、数据处理与反演	国家海洋局第二海洋研究所
2	肖文涛	地球物理	第五次北极科学考察	现场采集、地震数据解释	国家海洋局第二海洋研究所
3	王　威	地球物理	第六次北极科学考察	现场采集、地震数据处理	国家海洋局第二海洋研究所
4	高金耀	大地测量与地球物理		航次设计	国家海洋局第二海洋研究所
5	杨春国	地球物理		绘图与显示	国家海洋局第二海洋研究所
6	吴招才	地球物理		重磁反演	国家海洋局第二海洋研究所
7	罗孝文	地球物理		定位数据处理	国家海洋局第二海洋研究所
8	沈中延	地球物理		地震资料解释	国家海洋局第二海洋研究所
9	韩国忠	地球物理		重力方案设计	国家海洋局第一海洋研究所
10	李官保	地球物理		构造分析	国家海洋局第一海洋研究所
11	华清锋	地球物理		重力数据处理	国家海洋局第一海洋研究所
12	刘晨光	地球物理		重力数据反演	国家海洋局第一海洋研究所
13	裴彦良	地球物理		地磁数据处理与分析	国家海洋局第一海洋研究所
14	孟祥梅	地球物理		地声数据测试与分析	国家海洋局第一海洋研究所
15	李先锋	地球物理		重力仪器维护	国家海洋局第一海洋研究所
16	孙　蕾	地球物理		数据处理	国家海洋局第一海洋研究所
17	胡　毅	地球物理	第五次北极科学考察	磁力数据解释	国家海洋局第三海洋研究所

续表

序号	姓名	专业	参加航次	工作内容	单位
18	王立明	地球物理		磁力数据处理	国家海洋局第三海洋研究所
19	钟贵才	应用物理		磁力数据处理	国家海洋局第三海洋研究所
20	房旭东	环境工程		磁力数据处理	国家海洋局第三海洋研究所
21	黄贤招	电子		磁力数据处理	国家海洋局第三海洋研究所
22	陈振超	环境工程		磁力数据处理	国家海洋局第三海洋研究所
23	李海东	地球物理	第六次北极科学考察	磁力数据采集	国家海洋局第三海洋研究所
24	鄂栋臣	大地测量		实施方案设计	武汉大学
25	杨元德	大地测量		陆地重力基点实施	武汉大学
26	李　斐	大地测量		卫星测高反演方案设计	武汉大学
27	柯　灏	大地测量		数据处理	武汉大学
28	郝卫峰	大地测量		地球物理解释	武汉大学
29	袁乐先	大地测量		测高数据处理	武汉大学
30	熊云琪	大地测量		测高数据处理	武汉大学

附件 4　考察工作量一览表

序号	考察内容	里程数（km）	数据格式
1	GNSS 定位	航次全程	. 12n . T01
2	水深	航次全程	. raw . txt
3	海洋重力	17 366	. dat . txt
4	海面拖曳式磁力	3 242	. int . txt
5	船载三分量	航次全程	. mag
6	近海底磁力	592	. mag . asc
7	反射地震	757	. segy
8	热流站点	20	. asc . ord

附件 5　考察数据一览表

序号	考察内容	采集年份	文件格式	数据量
1	GNSS 定位	2012、2015	第五次北极科学考察 第六次北极科学考察	28 G
2	水深	2012、2015	第五次北极科学考察 第六次北极科学考察	82 G
3	海洋重力	2012、2015	第五次北极科学考察 第六次北极科学考察	480 M
4	海面拖曳式磁力	2012、2015	第五次北极科学考察 第六次北极科学考察	231 M
5	船载三分量	2012	第五次北极科学考察	12 G
6	近海底磁力	2015	第六次北极科学考察	26 M
7	反射地震	2012、2015	第五次北极科学考察 第六次北极科学考察	52 G
8	热流站点	2012、2015	第五次北极科学考察 第六次北极科学考察	346 M
合计	175 G			

附件6　考察要素图件一览表

序号	要素	数量（幅）	数据来源
1	测线分布图	4	第五次北极科学考察 第六次北极科学考察
2	水深等值线	6	International Bathymetric Chart of the Arctic Ocean
3	空间重力异常	6	International Bathymetric Chart of the Arctic Ocean CAMPGM - GM 第五次北极科学考察 第六次北极科学考察
4	布格重力异常	6	
5	均衡重力异常	6	
6	地磁 ΔT 异常	6	
7	化极磁异常	6	
8	莫霍面埋深图	6	
9	地壳厚度	6	
10	重力基底	6	
11	磁性基底	6	
12	居里面	6	
13	沉积基底	6	Crust 1.0 NGDC
14	沉积厚	6	
15	岩石圈热结构图	6	第五次北极科学考察 第六次北极科学考察
16	动力地形	1	Gplate
17	板块重构	1	
18	地壳年龄	1	
19	地层厚度面解释图	5	第五次北极科学考察 第六次北极科学考察
20	地质—地球物理综合剖面	5	
21	构造区划	5	Grantz 等
合计			106 幅

附件7 论文、专著等公开出版物一览表

序号	题目	发表年份	第一作者	第一单位	收录情况
1	Mantle melting factors and amagmatic crustal accretion of the Gakkel ridge, Arctic Ocean	2015	ZHANG Tao	国家海洋局第二海洋研究所	SCI
2	Estimation of annual variation of water vapor in the Arctic Ocean between 80° – 87° N using shipborne GPS data based on kinematic precise point positioning	2015	LUO Xiaowen	国家海洋局第二海洋研究所	SCI
3	Magmatism and tectonic processes in the area of hydrothermal vent on Southwest Indian Ridge	2013	ZHANG Tao	国家海洋局第二海洋研究所	SCI
4	环南极区域古水深演化特征	2013	孙运凡	国家海洋局第二海洋研究所	核心
5	Heat flow measurements on the Lomonosov Ridge	2013	XIAO Wentao	国家海洋局第二海洋研究所	SCI
6	GNSS 在海洋科学研究中的应用探讨	2015	LUO Xiaowen	国家海洋局第二海洋研究所	SCI
7	白令海 Navarinsky 海底峡谷地震剖面解译	2014	肖文涛	国家海洋局第二海洋研究所	核心
8	Sound velocity and related properties of seafloorsediments in the Bering Sea and Chukchi Sea	2015	MENG Xiangmei	国家海洋局第一海洋研究所	SCI
9	北冰洋楚科奇边缘地的地球物理场与构造格局	2014	李官保	国家海洋局第一海洋研究所	核心
10	Heavy metal element sedimentary record adjacent to the Pingtan Island	2013	HU Yi	国家海洋局第三海洋研究所	SCI
11	Shallow gas accumulation in a small estuary and its implications: A case history from in and around Xiamen Bay	2012	HU Yi	国家海洋局第三海洋研究所	SCI
12	一种有效的地震道插值方法	2012	王立明	国家海洋局第三海洋研究所	核心
13	北大西洋摩恩洋中脊扩张地壳构造特征的研究	2014	王立明	国家海洋局第三海洋研究所	核心
14	能量差法拾取直达波初至的应用研究	2013	郑江龙	国家海洋局第三海洋研究所	核心
15	海上单道地震勘探中船舶等背景噪声的影响分析及压制	2015	郑江龙	国家海洋局第三海洋研究所	核心
16	鲍威尔海盆的重磁场特征及其指示意义	2015	胡毅	国家海洋局第三海洋研究所	核心

续表

序号	题目	发表年份	第一作者	第一单位	收录情况
17	GPS - derived velocity and strain fields around Dome Argus	2014	YANG Yuande	武汉大学	SCI
18	A fixed full - matrix method for determining ice sheet height change from satellite altimeter：an ENVISAT case study in East Antarctica with backscatter analysis	2014	YANG Yuande	武汉大学	SCI
19	利用 Envisat 数据探测中山站至 Dome A 条带区域冰盖高程变化	2013	杨元德	武汉大学	核心
20	利用调和常数内插的局部无缝深度基准面构建方法	2014	柯灏	武汉大学	核心
21	利用潮汐性质相似性的长江口水域深度基准面传递精度研究	2015	柯灏	武汉大学	核心
22	联合 ERS - 1 和 ICESAT 卫星测高数据构建南极冰盖 DEM	2013	王泽民	武汉大学	核心
23	利用 ICESat 测量南极冰盖表面高程变化	2014	鄂栋臣	武汉大学	核心
24	几种插值方法在构建南极冰盖 DEM 中的比较研究	2013	杨元德	武汉大学	核心
25	南极恩德比地冰盖高程变化研究	2013	吴云龙	武汉大学	核心
26	基于 GRACE RL05 数据反演南极冰盖质量变化的滤波方法分析与比较	2015	王星星	武汉大学	EI
27	1994 ~ 2014 年南极沿岸验潮站海平面绝对变化确定与分析	2015	柯灏	武汉大学	SCI